水质控制
胶体与界面化学 第二版

常青 编著

化学工业出版社
·北京·

本书介绍了天然水和水处理中所涉及的胶体与界面化学的基本原理和方法。第 1 至 7 章为胶体化学部分，包括胶体化学的发展简史与基本概念、扩散与布朗运动、沉降、渗透压、光学性质、流变性质、电学性质等，第 8 至 10 章为界面化学部分，包括液体的表面、溶液的表面、固体的表面等，第 11 章介绍粗分散体系，包括乳状液、泡沫、凝胶等。在选择安排内容时所遵循的原则是既保证理论的系统性及循序渐进的原则，也充分讨论与水环境、水处理的相关性。

　　本书的特点是简明扼要，推理严谨细致，紧密联系水处理理论与技术，并附有必要的例题解析，其中大多需要进行数学运算，少量为思考题，有助于加深对基本概念的理解，易学易懂，便于自学。本书可作为给水排水工程、环境工程、环境科学等专业的研究生教学用书，适合于短学时授课，也可供水处理科技工作者参考或进一步学习之用。

图书在版编目（CIP）数据

水质控制胶体与界面化学/常青编著. —2 版 .—北京：
化学工业出版社，2020.3（2021.11 重印）
ISBN 978-7-122-36057-1

Ⅰ.①水…　Ⅱ.①常…　Ⅲ.①胶体化学-应用-水质
控制②表面化学-应用-水质控制　Ⅳ.①TU991.21

中国版本图书馆 CIP 数据核字（2020）第 013070 号

责任编辑：董　琳　　　　　　　　装帧设计：李子姮
责任校对：刘曦阳

出版发行：化学工业出版社（北京市东城区青年湖南街 13 号　邮政编码 100011）
印　　装：涿州市般润文化传播有限公司
787mm×1092mm　1/16　印张 13½　字数 326 千字　2021 年 11 月北京第 2 版第 2 次印刷

购书咨询：010-64518888　　　　　　售后服务：010-64518899
网　　址：http://www.cip.com.cn
凡购买本书，如有缺损质量问题，本社销售中心负责调换。

定　　价：78.00 元　　　　　　　　　　　　　版权所有　违者必究

　　本书编著者长期从事水处理的基础理论教学和科研攻关工作，在此过程中认识到胶体与界面化学是水处理科学与技术最为重要的理论基础之一，它贯穿于几乎所有水处理的原理与方法中，并集中体现在混凝、沉淀、吸附、过滤、气浮、隔油、膜分离、污泥脱水、阻垢缓蚀及环境催化等许多分支领域，学好这门知识对加深理解水处理理论与技术具有重要的意义，并为进一步学习和掌握新的水处理知识奠定必要的基础。编著者始终认为基础知识对一个人是最为重要的，扎实的基础知识会使人受益终生。在当今这样一个知识高速发展的社会，终生学习是必需的，有了扎实的基础，就可以进一步学会和掌握新的知识和技术，进入新的领域。编著者真诚希望青年学者高度重视基础知识的学习，特别是重视学习像胶体与界面化学这样一些精深的基础课程。

　　本书是编著者为给水排水、环境工程、环境科学等专业的研究生讲授胶体与界面化学的讲义，经二十几载的推敲、取舍和锤炼形成。由于研究生课时有限，编写时采用的原则是尽可能简明扼要，融会贯通。本书第一版出版后得到了广大水处理工作者和研究生的衷心欢迎。本次修订时为了便于水处理工作者参考和研究生进一步学习，根据近年来水处理学科的进展又补充了一些新的内容，使之更显丰富和实用。对研究生的课程学习，如学时不够时建议选学和逐步深入学习。由于絮凝和吸附是水处理的重要方法，而且往往是不可缺少的方法，相对于其他水处理方法所涉及的胶体与界面化学原理更多，其最重要的科学基础就是胶体表面电化学和固水界面化学，本书对这两部分内容赋予了较大的篇幅，做了较详尽的介绍，因此对于从事絮凝和吸附研究的科技工作者，本书是最佳的选择。由于编著者水平有限，不当之处和疏漏在所难免，希望各位读者批评指正。如果本书能为培养祖国的水质工作者尽到微薄之力，编著者会感到万分欣慰。

　　兰州交通大学环境与市政工程学院的同仁们，在四十多年的教学和科研中给予了无私的帮助，特此致谢。

　　本书的出版得到了国家自然科学基金项目（No. 21277065）的资助，谨此致以衷心的感谢。

常青

于兰州交通大学

2019 年 8 月 10 日

目录

第7章　电学性质 / 53

第8章　液体的表面 / 107

第 11 章　乳状液、泡沫、凝胶 / 177

第1章 胶体化学的发展简史与基本概念

胶体与界面化学是研究胶体分散体系、一般粗分散体系及界面（表面）现象的化学分支。随着对胶体体系研究的深入，人们认识到胶体与界面化学是和生产与生活联系最为紧密、应用最为广泛的化学分支之一，有人认为世界上50%以上的产品和天然物质属于胶体分散体系或与物质的界面（表面）性质相关。近半个世纪以来，因为环境问题的突出，胶体与界面化学在环境科学领域的应用更是获得了快速的发展。由于胶体与界面化学的发展涉及多种基础科学和应用技术领域，如化学、数学、物理学和新的科学仪器的运用，所以也被称为"胶体与界面科学"。为加深读者对这门学科的理解，本书首先介绍胶体化学的发展简史及基本概念。

1.1 胶体名称的来源

把一种物质分散在另一种物质中所形成的体系被称为分散体系，前者称为分散质，而后者则称为分散剂。例如，把氯化钠溶解于水中，就形成一种分散体系，其中氯化钠为分散质，而水为分散剂。分散质被分散后可形成大小不等的微粒，微粒越小，分散度越高，微粒越大，分散度越低。

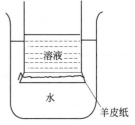

图 1-1 Graham 实验装置

早在 1861 年，Graham 就研究了各种分散体系透过羊皮纸的特性，所用的实验装置见图 1-1。Graham 根据不同物质透过羊皮纸的特性将分散体系分为两大类：

① 真溶液 扩散快，易透过，蒸干后得晶体，如糖、无机盐、尿素等；

② 胶体 扩散慢，难透过，蒸干后得无定形胶状物，英文为 colloid，原意是难于透过羊皮纸的物质，如明胶、氢氧化铝、聚硅酸等。

以后 Beǔmph 的实验证明上述两类物质可以相互转化。例如，将氯化钠分散于水中得真溶液，但将它分散于酒精中则得到胶体。像这样的例子还有许多。它们说明胶体或真溶液并非物质存在的本质，而是物质的两种不同的存在状态，之所以有此不同的存在状态，是因为被分散物质的颗粒大小即分散度不同，仅此而已，与其他因素无关。据此有如图 1-2 所示分散体系分类的界定标准。

图 1-2 分散体系分类

由于以上的历史原因，上述"colloid"一词一直被沿用至今，意即胶体。

1.2 胶体的分类

胶体的粒径被界定在 $1 \sim 1000nm$ 范围内，但在此范围内的微粒还可根据其特性分类。一种分类方法是按表面性质的不同分类。

① 溶胶　分散相与分散介质之间有相界面和界面自由能，属热力学不稳定体系，可暂时稳定存在，聚沉后不能恢复原状，称为憎液胶体；

② 高分子溶液　分散相与分散介质之间无相界面和界面自由能，属热力学稳定体系，可稳定存在，聚沉后可恢复原状，由于其分散相尺度处于胶体范围，故将其视为胶体，称为亲液胶体。

这两类胶体分散体系既有共性，也有不同之处，由于微粒尺度相近，因而与尺度有关的一些性质（如动力性质、光学性质、流变性质等）相近，而与界面有关的性质（如电学性质、吸附性质等）则不同。

悬浊体系中微粒的尺度大于胶体分散体系中微粒的尺度，属于粗分散体系，但由于悬浊体系的分散质与分散剂之间存在明显的界面，许多性质与胶体分散体系相似，因此也将对它的研究归入胶体化学的研究范畴。

天然水、工业废水和生活污水除含有溶解盐而形成真溶液外，常含有胶体和悬浊物，因此它们常常既是真溶液，又是胶体分散体系，也是悬浊体系，是复杂的综合性体系。水处理的任务常常包括去除溶解性有毒有害物质、胶体及悬浮物质等。

另一种分类是依据分散相和分散介质的种类做出的，如表1-1所示。

表 1-1　胶体分散体系的分类及举例

分散相	分散介质	名　称	举　例
液	气	气溶胶	雾
固	气	气溶胶	烟、尘
气	液	泡沫	肥皂泡
液	液	乳状液	含油废水
固	液	溶胶	涂料
气	固	固溶胶	泡沫塑料
液	固	固溶胶	珍珠
固	固	固溶胶	合金

乳状液、泡沫和凝胶（固溶胶）属于粗分散体系，也是胶体化学研究的对象，对水处理而言，溶胶、乳状液、泡沫、凝胶的知识都是非常重要的。天然浑浊水属于溶胶和悬浊体系，工业废水和含油生活污水常形成乳状液，含有蛋白质和表面活性剂的废水一般会产生泡沫，而水处理的作用实质上就是破坏这些分散体系的稳定性，而凝胶在水处理中也有广泛的应用。

1.3 胶体分散体系的分散度及比表面积

通常以比表面积 A_0 表示多相分散体系的分散程度，其定义为：

$$A_0 = \frac{A}{V} \tag{1-1}$$

式中，A 表示体积为 V 的物质所具有的表面积。所以比表面积 A_0 就是单位体积（或单位质量）物质所具有的表面积，其数值随着分散相粒子的变小而迅速增加。当把边长为 1cm 的立方体逐渐分割为小立方体时，比表面积增长的情况见表 1-2。

表 1-2 立方体的分割及比表面积

边长/cm	立方体数	比表面积/cm^{-1}	边长/cm	立方体数	比表面积/cm^{-1}
1	1	6	10^{-4}	10^{12}	6×10^4
10^{-1}	10^3	6×10	10^{-5}	10^{15}	6×10^5
10^{-2}	10^6	6×10^2	10^{-6}	10^{18}	6×10^6
10^{-3}	10^9	6×10^3	10^{-7}	10^{21}	6×10^7

由此可见，分割得越细比表面积就越大。在胶体分散体系中粒子的大小在 1~1000nm 范围内，具有很大的比表面积，表面效应非常突出。实际上胶体化学中所研究的许多问题都属于表面化学。

● **【例 1-1】微粒几何形状对比表面积的影响**

某种密度为 ρ 的材料被分割为半径为 R_c 长度为 L 的均匀圆柱形颗粒，导出比表面积 A_0 的表达式，分别考察当 R_c 和 L 非常小时 A_0 的极限形式。

解：1 个圆柱形颗粒的表面积等于 2 个底面积与圆柱面积之和。

$$A = 2(\pi R_c^2 + 2\pi R_c L)$$

1 个圆柱形颗粒的体积等于 $\pi R_c^2 L$，质量等于 $\rho \pi R_c^2 L$，对 n 个圆柱形颗粒，单位质量的面积为：

$$A_0 = \frac{n(2\pi R_c^2 + 2\pi R_c L)}{n\rho \pi R_c^2 L}$$

$$= \frac{2(R_c^2 + R_c L)}{\rho R_c^2 L}$$

$$= \left(\frac{2}{\rho}\right)\left(\frac{1}{R_c} + \frac{1}{L}\right)$$

对很细的长棒，$L \gg R_c$：

$$A_0 \approx \left(\frac{2}{\rho}\right)\left(\frac{1}{R_c}\right)$$

对很薄的圆盘，$R_c \gg L$：

$$A_0 \approx \left(\frac{2}{\rho}\right)\left(\frac{1}{L}\right)$$

1.4 胶体微粒的形状

胶体分散体系中微粒的形状对体系的性质有显著的影响。比如：聚苯乙烯乳胶的微粒是球形，所以黏度很低，即使浓度达到 10％～20％，依然具有很好的流动性；五氧化二钒胶体的微粒是丝状，所以黏度很高，即使浓度低至 0.01％，也会失去流动性；水处理中使用的聚丙烯酰胺是线型链状分子，黏度很高，为便于投加，实验室中常将其稀释为 0.05％～0.1％的溶液，生产中也要作适当的稀释。

微粒的形状可大致分为以下 3 种。

① 球形　以其半径 r 表征；

② 椭球形　如图 1-3 所示，以轴比 a/b 表征，其值表示微粒形状偏离球形的程度。当 $a/b=1$ 时为球形微粒，当 $a>b$ 时为长椭球体，当 $a<b$ 时为扁椭球体，当 $a\gg b$ 时为棒状微粒，当 $a\ll b$ 时为盘状微粒。

③ 线型大分子　常为无规线团，如图 1-3 所示，以其分子量表征。

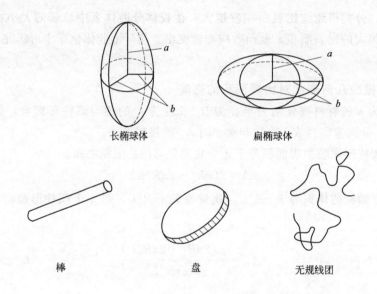

长椭球体　　　　　扁椭球体

棒　　　　　盘　　　　　无规线团

图 1-3　非球形微粒的几何模型

1.5 胶体微粒多分散性及平均大小

分散体系中分散相所有微粒的尺度相同时，称其具有单分散性，这在天然体系中是很少见的，但人工合成的体系可以具有这种特性，例如聚苯乙烯乳胶可具有单分散性。分散体系中分散相微粒的尺度不相同时，称其具有多分散性，具有此性质的体系是很普遍的，天然水和受污染的水皆是如此。对于多分散体系，可以用平均直径或平均分子量表征微粒的尺度，其中平均直径常用于溶胶，而平均分子量则常用于高分子溶液。

（1）平均直径

平均直径有 3 种算法。

① 数均直径 $\overline{d_n}$　数均直径是对微粒数目平均得到的直径，如式（1-2）所示：

$$\overline{d_n}=\frac{\sum n_i d_i}{\sum n_i}=\sum f_i d_i \tag{1-2}$$

式中，n 为微粒的数目；下标 i 的数值指示微粒的尺度；d 为微粒的直径；f 为加权因子，其表达式如下：

$$f_i = \frac{n_i}{\sum n_i} \tag{1-3}$$

用显微镜观察测得的平均直径属于数均直径。

② 面均直径 $\overline{d_S}$ 面均直径是由吸附实验得到的平均面积 $\overline{A}$ 折合得到的均方根直径。

因为：
$$\overline{A} = \frac{\sum n_i A_i}{\sum n_i} = \frac{\sum n_i \pi d_i^2}{\sum n_i} = \pi \sum f_i d_i^2 \tag{1-4}$$

又：
$$\overline{A} = \pi (\overline{d_S})^2 \tag{1-5}$$

由式(1-4) 和式(1-5) 得：
$$\pi \sum f_i d_i^2 = \pi (\overline{d_S})^2$$
$$\overline{d_S} = (\sum f_i d_i^2)^{\frac{1}{2}} \tag{1-6}$$

③ 体均直径 $\overline{d_V}$ 体均直径是由密度测定得到的平均体积 $\overline{V}$ 折合得到的直径。

因为：
$$\overline{V} = \frac{\sum n_i V_i}{\sum n_i} = \frac{\sum n_i \frac{\pi}{6} d_i^3}{\sum n_i} = \frac{\pi}{6} \sum f_i d_i^3 \tag{1-7}$$

又：
$$\overline{V} = \frac{\pi}{6} (\overline{d_V})^3 \tag{1-8}$$

由式(1-7) 和式(1-8) 得：
$$\frac{\pi}{6} \sum f_i d_i^3 = \frac{\pi}{6} (\overline{d_V})^3$$
$$\overline{d_V} = (\sum f_i d_i^3)^{\frac{1}{3}} \tag{1-9}$$

对于多分散系，以上3种平均直径有如下关系：
$$\overline{d_n} < \overline{d_S} < \overline{d_V} \tag{1-10}$$

对于单分散系则有：
$$\overline{d_n} = \overline{d_S} = \overline{d_V} \tag{1-11}$$

一般以比值 $\overline{d_S}/\overline{d_n}$ 表示体系多分散性的显著程度，此比值偏离1越多，则多分散性越显著。

（2）平均分子量

平均分子量按平均方法分为3种，介绍如下。

① 数均分子量 $\overline{M_n}$ 数均分子量是对微粒数目平均得到的分子量：
$$\overline{M_n} = \frac{W}{\sum n_i} = \frac{\sum n_i M_i}{\sum n_i} = \sum f_i M_i \tag{1-12}$$

式中，n 为微粒的数目；下标 i 的数值指示微粒的尺度；W 为微粒的总重量；M 为微粒的分子量；f 为加权因子，其表达式如下：
$$f_i = \frac{n_i}{\sum n_i} \tag{1-13}$$

在一般情况下小微粒的数目较多，因而其加权因子较大，对数均分子量的贡献较大，所以数均分子量比较接近于小微粒的分子量。

由依属性原理测得的分子量属于数均分子量，如用渗透压法、沸点升高法、凝固点降低法等测得的分子量是数均分子量。

② 重均分子量 $\overline{M_w}$ 重均分子量是对微粒的重量平均得到的分子量：

$$\overline{M_w} = \frac{\sum W_i M_i}{\sum W_i} = \sum f'_i M_i \tag{1-14}$$

式中，f' 为加权因子，其表达式如下：

$$f'_i = \frac{W_i}{\sum W_i} \tag{1-15}$$

在一般情况下大微粒的重量较大，因而其加权因子较大，对重均分子量的贡献较大，所以重均分子量比较接近于大微粒的分子量。重均分子量也可以通过式(1-16)求出：

$$\overline{M_w} = \frac{\sum W_i M_i}{\sum W_i} = \frac{\sum n_i M_i^2}{\sum n_i M_i} = \frac{\sum f_i M_i^2}{\sum f_i M_i} \tag{1-16}$$

由光散射原理测得的分子量属于重均分子量。

③ Z 均分子量 $\overline{M_z}$ Z 均分子量是对微粒的质量与分子量乘积平均得到的平均分子量：

$$\overline{M_z} = \frac{\sum W_i M_i^2}{\sum W_i M_i} = \sum f''_i M_i \tag{1-17}$$

式中，f'' 为加权因子，表达式如下：

$$f''_i = \frac{W_i M_i}{\sum W_i M_i} \tag{1-18}$$

在一般情况下大微粒的质量和分子量更大，因而其加权因子更大，对 Z 均分子量的贡献更大，所以 Z 均分子量更加接近于大微粒的分子量。Z 均分子量也可以通过式(1-19)求出：

$$\overline{M_z} = \frac{\sum W_i M_i^2}{\sum W_i M_i} = \frac{\sum n_i M_i M_i^2}{\sum n_i M_i M_i} = \frac{\sum f_i M_i^3}{\sum f_i M_i^2} \tag{1-19}$$

由沉降平衡原理测得的分子量属于 Z 均分子量。对于多分散系，以上 3 种平均分子量有如下关系：

$$\overline{M_z} > \overline{M_w} > \overline{M_n} \tag{1-20}$$

对于单分散系则有：

$$\overline{M_z} = \overline{M_w} = \overline{M_n} \tag{1-21}$$

一般以比值 $\overline{M_w}/\overline{M_n}$ 表示体系多分散性的显著程度，此比值偏离 1 越多，则多分散性越显著。

●【例 1-2】高聚物的分子量

某高聚物分子量为 1×10^3 和 1×10^5 两级分，各取 1g 混合，所得胶体的数均、重均和 Z 均分子量各是多少？从你的计算结果可以得到哪些有普遍意义的结论？

解：(1)

$$f_1 = \frac{\dfrac{1}{1 \times 10^3}}{\dfrac{1}{1 \times 10^3} + \dfrac{1}{1 \times 10^5}} \approx 1$$

$$f_2 = \frac{\dfrac{1}{1 \times 10^5}}{\dfrac{1}{1 \times 10^3} + \dfrac{1}{1 \times 10^5}} \approx 1 \times 10^{-2}$$

$$\overline{M_n} = \sum f_i M_i \approx 1 \times 10^3 + 1 \times 10^{-2} \times 10^5 \approx 2 \times 10^3 \ (kg/mol)$$

(2)
$$f_1' = \frac{1}{1+1} = \frac{1}{2}$$

$$f_2' = \frac{1}{1+1} = \frac{1}{2}$$

$$\overline{M_w} = \sum f_i' M_i = \frac{1}{2} \times 1 \times 10^3 + \frac{1}{2} \times 1 \times 10^5 = 5 \times 10^4 \ (kg/mol)$$

(3)
$$f_1'' = \frac{1 \times 1 \times 10^3}{1 \times 1 \times 10^3 + 1 \times 1 \times 10^5} \approx 10^{-2}$$

$$f_2'' = \frac{1 \times 1 \times 10^5}{1 \times 1 \times 10^3 + 1 \times 1 \times 10^5} \approx 1$$

$$\overline{M_z} = \sum f_i'' M_i \approx 10^{-2} \times 1 \times 10^3 + 1 \times 1 \times 10^5 \approx 10^5 \ (kg/mol)$$

由此可见，数均分子量接近于低分子量组分的分子量，Z 均分子量接近于高分子量组分的分子量，且有 $\overline{M_z} > \overline{M_w} > \overline{M_n}$。

1.6 天然水中的胶体污染物

在天然水中有许多种类的胶体颗粒，例如各种矿物、水合金属氧化物、水合硅氧化物、腐殖质、蛋白质、油珠、空气泡、表面活性剂半胶体及生物胶体（包括藻、细菌及病毒等）。

（1）矿物颗粒

天然水中常见的胶体矿物颗粒属于硅酸盐矿物，包括石英、长石、云母及黏土矿物，黏土矿物有蒙脱石、伊利石及高岭土。石英和长石不易破碎，颗粒较大。云母、蒙脱石及高岭土易破碎，颗粒较细小。天然水中的黏土矿物具有显著的胶体化学性质，它们是在矿物分化过程中由原生矿物分化而成的次生矿物，主要为铝和镁的硅酸盐，具有层状结构。

（2）水合金属氧化物

天然水中常见的水合金属氧化物颗粒有水合氧化铁、水合氧化铝、水合氧化锰及水合氧化硅（类金属）等，它们一般被看作是多核配合物，是在水合金属从离子态向氢氧化物态转化过程中形成的中间产物。由于在水合离子的水解反应中存在酸碱平衡，许多高价金属氧化物是两性的，所以对于水合氧化物，氢离子和氢氧根离子是主要的电势决定离子，水合氧化物的电荷与介质的 pH 值密切相关。

（3）腐殖质

腐殖质被认为是天然水中天然有机物最重要的部分。多种生物材料都可以转化为腐殖质，它们是酚及具有羟基、羧基的奎宁的聚合物。腐殖质的分子量在 300～30000 之间。根据它们在酸和碱中的溶解性，腐殖质可以分为 3 类。溶于碱性溶液的成分称为腐殖酸，既溶于碱性溶液又溶于酸性溶液的成分称为富里酸，既不溶于碱性溶液又不溶于酸性溶液的成分称为腐黑物。与腐殖酸和腐黑物相比，富里酸具有较小的分子量和更加亲水的官能团。

图 1-4 表示天然水中微粒的粒径谱，一般来说其中的分子尺度小于 $10^{-3}\mu m$，因而不能通过沉降和过滤作用从水中出去；胶体微粒可以穿过大部分过滤介质的空隙，沉降速度也很低，所以它们也不能通过沉降和过滤作用从水中除去；由于悬浮颗粒的尺度大于 $1\mu m$，因而可以通过沉降和过滤从水中除去。

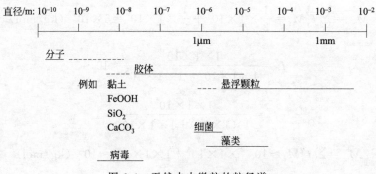

图 1-4　天然水中微粒的粒径谱

第2章 扩散与布朗运动

扩散与布朗运动属于溶胶的运动性质。溶胶中的微粒与溶液中的溶质分子一样，总是处在不停的热运动中，不同的是胶体微粒比一般分子大得多，故运动强度较小，它们在微观上表现为布朗运动，在宏观上则表现为扩散。布朗运动和扩散在分散的体系传质方面起着重要的作用，对水环境中物质的迁移转化及水处理效能有着重要的影响。

2.1 扩散

扩散是物质由高浓度处向低浓度处的自发迁移过程，扩散的最终结果是均匀分布。由化学势判据知，扩散发生的原因是物质在高浓度处的化学势高于低浓度处的化学势，而物质总是从化学势高的地方向化学势低的地方迁移，所以有扩散发生。扩散有两条基本定律，它们是 Fick 第一定律和 Fick 第二定律。

2.1.1 Fick 第一定律

设 m 为物质的质量，A 为在扩散方向上某截面的面积，c 为物质的浓度，x 为扩散方向上的距离，t 为时间，D 为扩散系数。在 dt 时间内通过该截面的物质质量为：

$$dm = -DA\frac{dc}{dx}dt \qquad (2-1)$$

此式为 Fick 第一定律。式中，dc/dx 为在扩散方向上物质的浓度梯度，由于扩散的方向是由高浓度处向低浓度处，所以其值恒为负，为此在公式中加一负号。扩散系数 D 的意义是单位截面积及单位浓度梯度下，dt 时间内通过截面的物质质量。由 Fick 第一定律可以看出，在 dt 时间内通过某截面的物质质量与截面积成正比，与浓度梯度成正比，与时间成正比。

2.1.2 Fick 第二定律

在扩散发生的过程中，高浓度处的物质浓度逐渐降低，而低浓度处的物质浓度逐渐升高，最终达到均匀分布。Fick 第二定律解决扩散过程中某处物质浓度随时间的变化规律。

在扩散方向上取一立方体，如图 2-1 所示。

图 2-1 中 A 为立方体的横截面积；x 为扩散方向上的距离。这里研究小体积元 Adx 中物质质量的变化，设 m 为物质质量，在 dt 时间内进入小体积元的物质质量是 dm，离开小体积元的物质质量是 dm'，根据 Fick 第一定律有：

$$dm' = -DA\left(\frac{dc}{dx} + \frac{\partial^2 c}{\partial x^2}dx\right)dt \qquad (2-2)$$

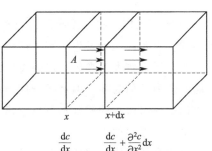

图 2-1 扩散方向上物质的迁移

式(2-2)中，$\left(\dfrac{\partial^2 c}{\partial x^2}\mathrm{d}x\right)$ 为从 x 处到 $x+\mathrm{d}x$ 处浓度梯度的增加值，$\left(\dfrac{\mathrm{d}c}{\mathrm{d}x}+\dfrac{\partial^2 c}{\partial x^2}\mathrm{d}x\right)$ 则为 $x+$ $\mathrm{d}x$ 处的浓度梯度。所以在 $\mathrm{d}t$ 时间内小体积元中物质质量的增加量可以用式(2-1)减去式(2-2)得到：

$$\mathrm{d}m-\mathrm{d}m'=DA\left(\dfrac{\partial^2 c}{\partial x^2}\mathrm{d}x\right)\mathrm{d}t$$

所以：

$$\dfrac{\mathrm{d}m-\mathrm{d}m'}{A\mathrm{d}x}=D\dfrac{\partial^2 c}{\partial x^2}\mathrm{d}t$$

因为 $A\mathrm{d}x$ 为小体积元的体积，所以有：

$$\dfrac{\partial c}{\partial t}=D\dfrac{\partial^2 c}{\partial x^2} \tag{2-3}$$

此式为 Fick 第二定律，指出了小体积元中浓度随时间的变化率，它与浓度对扩散方向上距离的二阶导数有关，此式可以积分求解。

- ● **【例 2-1】扩散**

在下述各图中，实线表示起始浓度随距离的分布，虚线则表示经短时间扩散后的浓度分布情况，请判断哪个图是正确的？

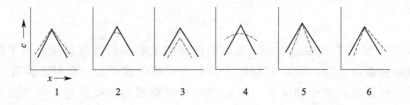

答： 扩散发生时，高浓度处的浓度逐渐降低，低浓度处浓度逐渐升高，最终结果是达到均匀分布，所以图 4 是正确的。

2.2 布朗运动

1826 年英国植物学家布朗将花粉悬浮于水中，发现花粉微粒在作不规则的运动，即布朗运动。对布朗运动发生原因的解释是：悬浮于水中的颗粒受到来自四面八方介质分子的撞击，对于尺度较大的颗粒，同时发生的撞击次数极高，以至于各方向的撞击次数的差别可以忽略，合力近似为零。但对于胶体微粒，由于尺度较小，同时发生的撞击次数有限，以至于各方向的撞击次数的差别不可以忽略，合力不为零，导致了微粒的不规则运动。Einstein 布朗运动公式导出如下。

首先介绍平均位移的概念。虽然微粒在作不规则的运动，但在观察一段时间后发现还是有一定的位移。设 x 为微粒位移在横坐标方向的投影，在时间 t 内平均位移为：

$$\bar{\Delta} = (\overline{x^2})^{\frac{1}{2}} = \left(\sum_{i=1}^{n} \frac{x_i^2}{n}\right)^{\frac{1}{2}} \tag{2-4}$$

式中，i 指示不同的微粒；n 为微粒的数目。可以看出，平均位移是位移的均方根，为正值。设在充满胶体分散系的管中取一截面 AB，其面积为 S，在 AB 的两侧有 2 个液层，液层的厚度与 t 时间内微粒的平均位移 $\bar{\Delta}$ 相等，左侧液层中微粒的平均浓度为 c_1，右侧液层中微粒的平均浓度为 c_2，且 $c_1 > c_2$，如图 2-2 所示。

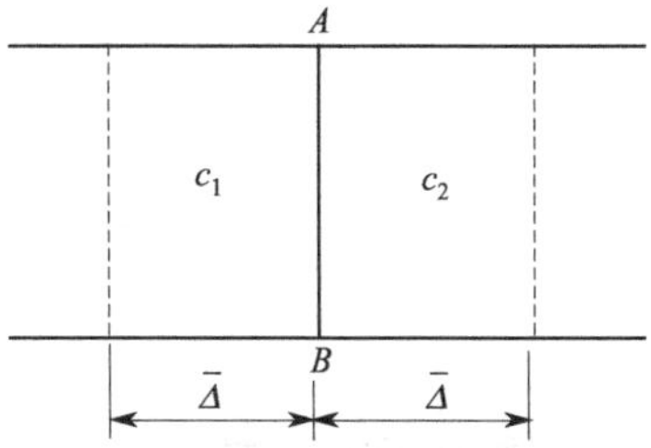

按照图 2-2，由于液层的厚度为平均位移，所以即使处于左侧液层左边缘的微粒也能在时间 t 内到达截面，所以在时间 t 内通过截面 AB 迁移到右方的微粒量为：

$$\frac{1}{2}c_1\bar{\Delta}S$$

图 2-2 布朗运动与扩散过程

式中的 1/2 是因为布朗运动是各个方向的，其在横坐标上的投影还存在相反方向的位移，其概率各为一半。同理，由于液层的厚度为平均位移，所以即使处于右侧液层右边缘的微粒也能在时间 t 内到达截面，所以在时间 t 内通过截面 AB 迁移到左方的微粒量为：

$$\frac{1}{2}c_2\bar{\Delta}S$$

式中的 1/2 同样是因为布朗运动是各个方向的，其在横坐标上的投影还存在相反方向的位移，其概率各为一半。于是在横坐标方向的净迁移量为：

$$m = \frac{1}{2}(c_1 - c_2)\bar{\Delta}S \tag{2-5}$$

由于液层很薄，所以有：

$$\frac{c_1 - c_2}{\bar{\Delta}} \approx -\frac{dc}{dx}$$

式(2-5) 就成为：

$$m = -\frac{1}{2}(\bar{\Delta})^2 \frac{dc}{dx}S \tag{2-6}$$

将式(2-6) 与式(2-1) 相比较，则有：

$$\frac{1}{2}(\bar{\Delta})^2 = Dt$$

$$\bar{\Delta} = (2Dt)^{\frac{1}{2}} \tag{2-7}$$

此即 Einstein 布朗运动公式，该式将布朗运动与扩散联系了起来。同时 Einstein 曾导出扩散系数的公式：

$$D = \frac{K_B T}{f} \tag{2-8}$$

式中，K_B 为玻耳兹曼常数；T 为热力学温度；f 为阻力系数，即微粒在介质中以单位速度运动时受到的阻力。对于球形微粒：

$$f = 6\pi\eta r \tag{2-9}$$

此即 Stokes 定律。式中，η 为介质的黏度系数；r 为微粒的半径。

【例 2-2】布朗运动

某球形溶胶粒子的平均直径为 4.2nm，设其黏度和水的相同，求：（a）25℃时胶粒的扩散系数；（b）在 1s 内由于布朗运动粒子沿 x 轴方向的平移是多少？

解：（a）

$$D = \frac{K_B T}{f} = \frac{K_B T}{6\pi\eta r} = \frac{1.38 \times 10^{-23} \times 298}{6 \times 3.14 \times 0.89 \times 10^{-3} \times 2.1 \times 10^{-9}}$$

$$= 1.16 \times 10^{-10} \ (m^2/s)$$

（b）

$$\bar{\Delta} = (2Dt)^{\frac{1}{2}} = (2 \times 1.16 \times 10^{-10})^{\frac{1}{2}}$$

$$= 1.52 \times 10^{-5} \ (m) = 1.52 \times 10^{-2} \ (mm)$$

2.3 扩散的应用

2.3.1 计算球形微粒的半径和摩尔质量

将式(2-9)代入式(2-8)得：

$$D = \frac{K_B T}{6\pi\eta r}$$

$$r = \frac{K_B T}{6\pi\eta D} \tag{2-10}$$

由此式求出的微粒半径称为流体力学半径，代入式(2-11)得摩尔质量：

$$M = \frac{4\pi r^3 N_A}{3\overline{V}} \tag{2-11}$$

式中，N_A 为阿伏伽德罗常数；$\overline{V}$ 为物质的偏微比容，m^3/g。

2.3.2 计算非球形微粒的轴比值

如前所述，非球形微粒的不对称性可用轴比表示。欲求其轴比，首先用其他方法测得物质的"干分子量"M，并设分子为球形，由式(2-11)求出等效圆球的半径：

$$r = \left(\frac{3\overline{V}M}{4\pi N_A}\right)^{\frac{1}{3}} \tag{2-12}$$

等效圆球的阻力系数：

$$f_0 = 6\pi\eta \left(\frac{3\overline{V}M}{4\pi N_A}\right)^{\frac{1}{3}} \tag{2-13}$$

已知扩散系数：

$$D = \frac{K_B T}{f} \tag{2-14}$$

根据实际测得的扩散系数 D 可得真实的阻力系数：

$$f = \frac{K_B T}{D} \tag{2-15}$$

由此可计算出阻力系数比 f/f_0，其值与微粒的轴比 a/b 有关。Perrin 导出了阻力系数比与轴比的关系如下。

对于长椭球体（$a>b$）：

$$\frac{f}{f_0}=\frac{\left[1-\left(\frac{b}{a}\right)^2\right]^{\frac{1}{2}}}{\left(\frac{b}{a}\right)^{\frac{2}{3}}\ln\left\{\dfrac{1+\left[1-\left(\frac{b}{a}\right)^2\right]^{\frac{1}{2}}}{\left(\frac{b}{a}\right)}\right\}} \tag{2-16}$$

对于扁椭球体（$b>a$）：

$$\frac{f}{f_0}=\frac{\left[\left(\frac{b}{a}\right)^2-1\right]^{\frac{1}{2}}}{\left(\frac{b}{a}\right)^{\frac{2}{3}}\tan^{-1}\left[\left(\frac{b}{a}\right)^2-1\right]^{\frac{1}{2}}} \tag{2-17}$$

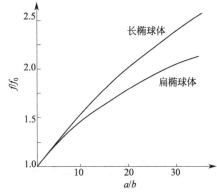

图 2-3 阻力系数比随轴比的变化情况

图 2-3 表示由上述两式算出的阻力系数比随轴比的变化情况。

2.3.3 估算微粒的最大溶剂化量

微粒除了有不对称的情况外，常有溶剂化的情况。溶剂化的结果也能使 f/f_0 大于 1，Kraemer 将溶剂化引起的 f/f_0 写成：

$$\left(\frac{f}{f_0}\right)_{溶剂化}=\left(1+\frac{w}{\overline{V}\rho_0}\right)^{\frac{1}{3}} \tag{2-18}$$

式中，W 为 1g 质点结合的溶剂量；ρ_0 为溶剂的密度；$\overline{V}$ 为溶质的比容。

同时考虑溶剂化和不对称，则有：

$$\left(\frac{f}{f_0}\right)_{实验}=\left(\frac{f}{f_0}\right)_{溶剂化}\left(\frac{f}{f_0}\right)_{不对称} \tag{2-19}$$

设 $(f/f_0)_{溶剂化}=1$，由式（2-16）或式（2-17）可求出最大轴比值。

设 $(f/f_0)_{不对称}=1$，由式（2-18）可求出最大溶剂化值。

● 【例 2-3】微粒的形状与溶剂化

人体血红蛋白分子在 20℃时的扩散系数是 $6.9\times10^{-11}\,m^2/s$，计算该粒子的阻力系数 f，该粒子的质量 $m=1.03\times10^{-22}$ kg/粒子，密度是 $1.34g/cm^3$，求 f_0，指出与 f/f_0 相符的可能的溶剂化状态和椭圆形状态。

解：根据式（2-15）

$$f=\frac{K_BT}{D}=\frac{1.38\times10^{-23}\times293}{6.9\times10^{-11}}=5.86\times10^{-11}(kg/s)$$

以密度除质量得到 1 个粒子的体积是 $7.69\times10^{-26}\,m^3$，非溶剂化球形离子的半径

$$r=\left(\frac{3V}{4\pi}\right)^{\frac{1}{3}}=2.64\times10^{-9}(m)$$

按照式（2-9），代入水的黏度 0.01P（0.001Pa·s）

$$f_0 = 6\pi \times 10^{-3} \times 2.64 \times 10^{-9} = 4.98 \times 10^{-11} (\text{kg/s})$$

$$\frac{f}{f_0} = \frac{5.86 \times 10^{-11}}{4.98 \times 10^{-11}} = 1.18$$

根据式(2-19) 如果 $(f/f_0)_{\text{不对称}} = 1$，粒子为球形，则有 $(f/f_0)_{\text{溶剂化}} = 1.18$，利用式 (2-18) 可以求出每克血红蛋白上有 0.48g 溶剂化水。如果 $(f/f_0)_{\text{溶剂化}} = 1$，则有 $(f/f_0)_{\text{不对称}} = 1.18$。如果粒子是长椭球体，利用式(2-16) 可求出 $b/a = 0.24$，如果粒子是扁椭球体，利用式(2-17) 可求出 $b/a = 4$。

2.4 扩散理论在天然水与水处理中的作用

水处理的效果与传质效率有重要的关系，而扩散就是一种重要的传质形式。扩散的理论和方程被广泛应用于水处理理论中，最典型的是它在异向凝聚中的应用，所谓异向凝聚就是由布朗运动引起的凝聚，利用 Fick 第一定律成功导出了异向凝聚的速度公式，读者可参见本书7.6.1节；扩散的理论也是水中气体传质双模型的理论基础之一，在此模型中应用了 Fick 第一定律和亨利定律，建立了气液两相传质的基本方程式，该方程对研究水体中气体物质（如氧、二氧化碳）的迁移转化规律具有重要的作用；在 Streeter-Phelps 水质模型（S-P 模型）的建立中，Streeter 和 Phelps 利用 Fick 第二定律并根据质量守恒原理，提出了一维稳态河流的 BOD-DO 耦合模型的基本方程式，该模型在水体环境容量的确定中具有重要意义。

第3章

沉　　降

　　沉降是胶体分散体系的运动性质之一。微粒或大分子在外力场中的定向运动称为沉降。沉降与扩散是两个相对抗的过程：沉降使微粒浓集，扩散则使微粒均匀分布。因此存在三种情况：微粒很小或力场较弱时，表现为扩散；微粒较大或力场较强时，表现为沉降；两种作用强弱相等时，形成沉降平衡。微粒的沉降分为重力场中的沉降和离心力场中的沉降。沉降对水环境中物质的迁移转化有着重要的影响，在水处理中对污染物的分离起着重要的作用，分别介绍如下。

3.1 重力场中的沉降

3.1.1　沉降速度

　　悬浮于流体中的固体颗粒在重力作用下与流体分离的过程称为重力沉降。设颗粒在流体中受到的力为 F，则有：

$$F = \varphi(\rho - \rho_0)g \tag{3-1}$$

式中，φ 为颗粒的体积；ρ 和 ρ_0 分别为颗粒和介质的密度；g 为重力加速度。当 $\rho > \rho_0$ 时，颗粒作下沉运动。颗粒在介质中下沉时必然受到介质的摩擦阻力，当其运动速度不太大时（胶体的沉降属于此种情形），阻力与速度 v 成正比，设该阻力为 F'，阻力系数为 f，则有：

$$F' = fv \tag{3-2}$$

随着颗粒运动速度的加快，F' 也随之增大，最终将等于 F，而达到平衡，即

$$\varphi(\rho - \rho_0)g = fv \tag{3-3}$$

此时颗粒受到的净作用力为零，保持恒速 v 运动，此即沉降速度。事实上，颗粒达到这种恒稳态速度用的时间极短，一般只需几微秒到几毫秒。对于球形颗粒，由 Stokes 定律知：

$$f = 6\pi\eta r \tag{3-4}$$

由此得到：

$$\frac{4}{3}\pi r^3(\rho - \rho_0)g = 6\pi\eta r v$$

于是：

$$v = \frac{2r^2}{9\eta}(\rho - \rho_0)g \tag{3-5}$$

此即重力场中的沉降速度公式。此式很重要，它指示出：

　　① 沉降速度与微粒半径的平方成正比，即对颗粒大小有显著的依赖关系（见表3-1），工业上测定颗粒粒度分布的沉降分析法即以此为依据；

　　② 说明调节密度差，可以适当控制沉降过程；

③ 沉降速度与介质的黏度成反比，通常人们可以能动地改变介质黏度，从而可加快或抑制沉降。

表 3-1 不同粒径的球形微粒在水中的下沉时间

微粒半径/μm	沉降 1cm 所需要的时间
100	0.45s
10	0.77min
1	1.25h
0.1	125h

注：水温 20℃，微粒密度 2.0kg/dm³。

表 3-1 中的微粒沉降时间是由式(3-5) 计算出的。可以看出，当微粒的半径在 $10\mu m$ 以上时，借助自然沉降的方法可以使之与水分离，而半径小于上述值的微粒由于其沉降速度极慢，单靠其本身，自然沉降已无实际意义，例如当微粒半径为 $1\mu m$ 时，微粒下沉 1cm 所需的时间长达 1.25h，无法满足水处理中沉淀池和澄清池出水负荷的要求。这就预示了要使这些较小的微粒与水分离，必须使之相互结合而变为较大的微粒，然后借助于重力沉降而分离。这正是混凝处理所能达到的作用。在混凝过程中，借助于适宜的流体力学条件和化学条件，小微粒可以长大为大粒子，从而达到较高的沉降速度，与水分离。但是在北方地区的冬季，由于水温很低，水的黏度较高，由式(3-5) 可以看出，微粒的沉降速度较小，加上混凝剂在水温较低时反应较慢，使水处理效果变差，特别是低温低浊水的处理更为困难。

● **【例 3-1】重力场中的沉降**

直径为 $1\mu m$ 的玻璃小珠 20℃下在水中下沉，问下沉 1cm 需时多少？设玻璃的相对密度是 2.6。

解： $v = \dfrac{2r^2}{9\eta}(\rho-\rho_0)g = \dfrac{2\times(0.5\times10^{-6})^2}{9\times0.001}\times(2.6-1)\times1000\times9.8 = 871\times10^{-9}$

$= 8.71\times10^{-5}$ (cm/s)

$t = \dfrac{1}{v} = \dfrac{1}{8.71\times10^{-5}} = 0.1148\times10^5$ (s) $= 3.189$ (h)

3.1.2 沉降分析法测定粒度分布

图 3-1 是沉降分析法测定粒度分布的实验装置。实验开始后随着分散相微粒的沉降，盘上的沉积物越来越多，用扭力天平记录盘上的沉积物重量随时间变化，得到沉降曲线，如图 3-2 所示。

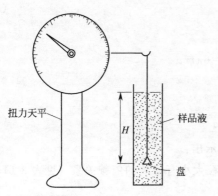

图 3-1 沉降分析法测定粒度分布的实验装置

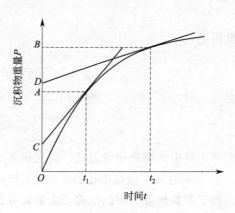

图 3-2 沉降曲线

设在时间 t_1 时沉积在盘上的微粒的重量是 P_1，按照粒度可将 P_1 分为两部分：一部分属于时间 t_1 时能够完全沉降的粒度较大的微粒，设其重量为 S_1；另一部分来自尚处于沉降中的那些粒度较小的微粒。例如，若盘距液面的距离为30cm，t_1 为300s，则下沉速度 $v \geqslant 0.1$cm/s 的微粒可完全沉降，落在盘上。设 $\rho = 31$kg/dm^3，$\rho_0 = 1$kg/dm^3，$\eta = 0.001$Pa·s，自式(3-5)计算得完全沉降的微粒的半径 $r \geqslant r_1 = 1.52 \times 10^{-3}$cm，设它们的重量为 S_1，而 $r \leqslant r_1 = 1.52 \times 10^{-3}$cm 的微粒，根据实验开始时离盘的远近，一部分已落在了盘上，一部分还在沉降途中，此即上面所说的尚未完全沉降的那些粒度的微粒，这部分微粒引起沉积物重量增加的速率应是固定的，可用 $\mathrm{d}P/\mathrm{d}t$ 表示，因此经过时间 t_1 时，落在盘上的这类微粒的重量应该是 $t_1 \dfrac{\mathrm{d}P}{\mathrm{d}t}$。由此看来盘上的沉积物重量应是上述两部分微粒重量之和：

$$P_1 = S_1 + t_1 \frac{\mathrm{d}P}{\mathrm{d}t} \tag{3-6}$$

在实验测得的 $P\text{-}t$ 曲线上，任取一点 (t_1, OA)，过此点做切线与 P 轴交于 C，则 $AC = \left(\dfrac{\mathrm{d}P}{\mathrm{d}t}\right)t_1$，$OA = P$。自图3-2知，$OC = OA - AC = S_1$。因此线段 OC 代表在时间 t_1 时完全沉降的粒度的微粒落在盘上的重量，也就是半径 $r \geqslant r_1$ 的微粒的总重量。同理，图3-2中对于沉降时间 t_2 所作切线得到的线段 OD 代表在时间 t_2 时完全沉降的粒度的微粒落在盘上的重量，也就是半径 $r \geqslant r_2$ 的微粒的总重量，因而 $OD - OC$ 则是半径在 r_1 与 r_2 之间的微粒的重量，以此重量除以微粒总重量则可得尺度在 $r_1 \sim r_2$ 的微粒所占的重量百分比，如此就可求得体系的粒度分布。

微粒的粒度分布对水处理方法的确定及处理效果研究来说是重要的信息，如在膜过滤处理中，有纳滤、微滤和超滤等，其截留微粒的粒径一般并不相同，因而会引起粒度分布的相应变化。

3.1.3　沉降平衡和高度分布定律

微粒在水中沉降的结果使之在水体下部的浓度较上部的大而造成浓度差。由于浓度差的存在，发生扩散作用。扩散的方向系由高浓度到低浓度，即由下往上，与沉降方向相反，成为阻碍沉降的因素。当沉降速度与扩散速率相等时，物系达到平衡状态，称为沉降平衡。1910年Perrin根据这一思想推导出一个公式，并进一步证明了其正确性，介绍如下。

设在横截面积为 A 的容器内盛有某种溶胶且达平衡，如图3-3所示。

若球形微粒的半径为 r，微粒和介质的密度分别为 ρ 和 ρ_0，微粒的数目浓度为 n，在离开容器底面的高度分别为 x_1 和 x_2 之处，微粒的数目浓度分别为 n_1 和 n_2，g 为重力加速度，则在厚度 $\mathrm{d}x$ 的一层溶胶中，使微粒沉降的重力为：

$$nA\mathrm{d}x \frac{4}{3}\pi r^3 (\rho - \rho_0)g$$

由于使微粒发生扩散的力与使介质透过半透膜的渗透力相等。所以在该层中微粒所受的扩散力是：

$$-A\mathrm{d}\Pi$$

这里 Π 代表渗透压，负号表示扩散力与重力在方向上相反，$\mathrm{d}\Pi$ 代表半透膜两侧的渗透压力差。根据 van't Hoff 渗透压公式 $\Pi = cRT$（式中，c 为物质的量浓度）得到：

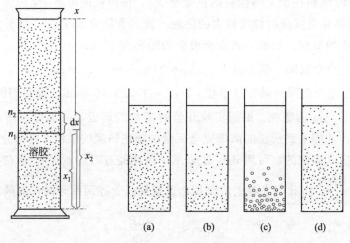

图 3-3 沉降平衡

(a)、(b)、(c) 为不同分散度的单种溶胶的沉降平衡；(d) 为由 (a)、(b)、(c) 三种溶胶组成的多种溶胶的沉降平衡

$$-A\,\mathrm{d}\Pi = -ART\,\mathrm{d}c = -ART\,\frac{\mathrm{d}n}{N_A}$$

在恒温下达沉降平衡时则有：

$$-ART\,\frac{\mathrm{d}n}{N_A} = nA\,\mathrm{d}x\,\frac{4}{3}\pi r^3 (\rho - \rho_0) g$$

式中，N_A 为阿伏伽德罗常数。积分后得：

$$\ln\frac{n_2}{n_1} = -\frac{N_A}{RT} \times \frac{4}{3}\pi r^3 (\rho - \rho_0)(x_2 - x_1) g \tag{3-7}$$

或

$$\frac{n_2}{n_1} = \exp\left[-\left(\frac{N_A}{RT}\right)\frac{4}{3}\pi r^3 (\rho - \rho_0)(x_2 - x_1) g \right] \tag{3-8}$$

式(3-8) 称为高度分布定律。由此式可以看出，在体系达到沉降平衡时，形成一定的浓度梯度。当微粒的质量较大时，其浓度随高度的升高较迅速地减小，微粒多集中于下部。当微粒的质量较小时，其浓度随高度的升高较缓慢地减小，微粒分布较均匀。这就是说，高度越高，质量越小的微粒越多；反之，高度越低，质量越大的微粒越多。应该指出，式(3-8) 所表示的高度分布是沉降达到平衡后的情形，微粒较大的体系一般沉降较快，扩散力也小，可以较快地达到平衡。相反，微粒较小的高分散体系则需要较长的时间才能达到平衡。体系在达到沉降平衡后，微粒则停止下沉，因而水不能得到澄清。

● 【例 3-2】沉降平衡

今有一金的水溶胶，胶粒半径为 3×10^{-8} m，25℃时在重力场中达到平衡，在某一高度处单位体积中有 166 个粒子，试计算比该高度低 10^{-4} m 处单位体积中粒子的数目为多少？已知金的密度为 19300kg/m³，水的密度为 1000kg/m³。

解：
$$\ln\frac{n_2}{n_1} = -\frac{N_A}{RT} \times \frac{4}{3}\pi r^3 (\rho - \rho_0)(x_2 - x_1) g$$

$$\ln\frac{n_2}{166}=-\frac{6.02\times10^{23}}{8.314\times298}\times\frac{4}{3}\times3.14\times(3\times10^{-8})^3\times(19300-1000)\times(-10^{-4})\times9.8$$

$$n_2=272$$

在给水处理中常遇到两种沉降情形：一种是颗粒在沉降过程中，彼此没有干扰，只受颗粒本身在水中的重力和扩散力的作用，其规律服从式(3-5)，称为自由沉降；另一种是颗粒在沉淀过程中，彼此相互干扰，虽然其粒度和第一种相同，但沉降速率很小，高浊度水的沉降即属于此种，称为拥挤沉降。本章3.3节将做出较为详细的介绍。

3.2 离心力场中的沉降

3.2.1 速度法

按照物理学原理，微粒在离心力场中离开转轴 x 处所受的离心力为：

$$M(1-\overline{V}\rho_0)\omega^2x \tag{3-9}$$

式中，M 为微粒的摩尔质量；$\overline{V}$ 为微粒的偏微比容；ρ_0 为分散介质的密度；ω 为角速度。微粒在离心力场中沉降时受到的阻力可用下式计算：

$$N_A f_s\frac{\mathrm{d}x}{\mathrm{d}t} \tag{3-10}$$

式中，N_A 为阿伏伽德罗常数；f_s 为阻力系数；x 为离开转轴的距离；t 为时间。在离心力与阻力平衡时有：

$$N_A f_s\frac{\mathrm{d}x}{\mathrm{d}t}=M(1-\overline{V}\rho_0)\omega^2x \tag{3-11}$$

设沉降系数即单位离心力场中的沉降速度为：

$$S=\frac{\mathrm{d}x}{\omega^2x\,\mathrm{d}t} \tag{3-12}$$

解方程(3-11)则有：

$$M=\frac{N_A f_s}{1-\overline{V}\rho_0}S \tag{3-13}$$

若沉降实验中的阻力系数与扩散实验中的阻力系数相等，即 $f_s=f_d$，根据式(3-13)：

$$M=\frac{N_A f_s}{1-\overline{V}\rho_0}S=\frac{N_A K_B T f_d}{K_B T(1-\overline{V}\rho_0)}S=\frac{RT}{\dfrac{K_B T}{f_d}(1-\overline{V}\rho_0)}S \tag{3-14}$$

$$=\frac{RT}{D(1-\overline{V}\rho_0)}S$$

式中，K_B 为玻耳兹曼常数，它与阿伏伽德罗常数 N_A 的乘积为气体常数 R。式(3-13)称为 Svedberg 公式，是离心沉降法测定分子量的基础，可以看出，欲得到微粒的分子量，须先测得沉降系数 S。

按照式(3-12)可以得到：

$$S=\frac{\mathrm{d}x}{\omega^2x\,\mathrm{d}t}=\frac{\mathrm{d}\ln x}{\omega^2\,\mathrm{d}t}$$

$$dt = \frac{\mathrm{d}\ln x}{\omega^2 S}$$

$$\int_{t_1}^{t_2} dt = \frac{1}{\omega^2 S} \int_{x_1}^{x_2} \mathrm{d}\ln x$$

$$t_2 - t_1 = \frac{\ln \dfrac{x_2}{x_1}}{\omega^2 S}$$

$$S = \frac{\ln \dfrac{x_2}{x_1}}{\omega^2 (t_2 - t_1)} \tag{3-15}$$

实际离心过程中，会形成随时间逐渐远离转轴的固液界面，可采用折光率法测量得到坐标系中浓度 c 对距离 x 的曲线，再将其转化为 $\mathrm{d}c/\mathrm{d}x$ 对 x 的曲线，如图 3-4 所示。图 3-4(a) 表明在固液界面处浓度发生突变，图 3-4(b) 中两个峰值对应固液界面在两个不同时刻 t_1 和 t_2 的位置 x_1 和 x_2，代入式(3-12)可得沉降系数 S，再由式(3-14)得到分子量。

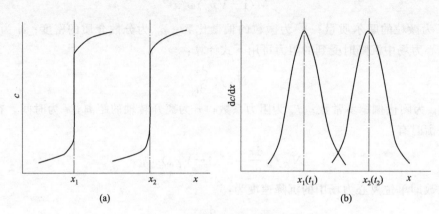

图 3-4　折光率法测定沉降系数

●【例 3-3】离心力场中的沉降-速度法

在离心力场中分子量为 60000g/mol 的微粒形成沉降界面，如果要使该界面在 10min 内从 $x_1 = 6.314\mathrm{cm}$ 迁移至 $x_2 = 6.367\mathrm{cm}$，离心机的转速应达到多少？粒子和介质的密度分别为 $0.728\mathrm{g/cm^3}$ 和 $0.998\mathrm{g/cm^3}$，阻力系数为 $5.3 \times 10^{-11}\mathrm{kg/s}$。

解：根据式(3-11)，令粒子的体积为 V，密度为 ρ，可以得到：

$$N_A f_s \frac{\mathrm{d}x}{\mathrm{d}t} = (M - M\overline{V}\rho_0) \omega^2 x$$

$$N_A f_s \frac{\mathrm{d}x}{\mathrm{d}t} = V(\rho - \rho_0) \omega^2 x$$

$$\frac{N_A f_s}{\rho} \frac{\mathrm{d}x}{\mathrm{d}t} = V\left(1 - \frac{\rho_0}{\rho}\right) \omega^2 x$$

$$\frac{f_s}{\omega^2 x} \frac{\mathrm{d}x}{\mathrm{d}t} = \frac{M}{N_A}\left(1 - \frac{\rho_0}{\rho}\right)$$

$$S = \frac{M}{N_A f_s}\left(1 - \frac{\rho_0}{\rho}\right)$$

因为：

$$M = 60000(\text{g/mol}) = 60(\text{kg/mol})$$

所以：

$$S = \left(\frac{60}{6.02 \times 10^{23} \times 5.3 \times 10^{-11}}\right)\left[1 - \left(\frac{0.998}{0.728}\right)\right] = 6.98 \times 10^{-13}(\text{s})$$

由式（3-15）得：

$$\omega^2 = \frac{\ln\left(\dfrac{x_2}{x_1}\right)}{S(t_2 - t_1)} = \frac{1.997 \times 10^7}{S^2}$$

$$\omega = 4.47 \times 10^3 (\text{rad/s})$$

除以 2π 得到：

$$\omega = 711 \ (\text{r/s})$$

3.2.2 平衡法

微粒在离心力场中的沉降会造成浓度差，浓度差的存在会导致扩散的发生，扩散的方向是由高浓度向低浓度，与沉降的方向相反。当沉降速率与扩散速率相等时，达到平衡。根据式（3-11），沉降速度为：

$$v = \frac{M(1 - \overline{V}\rho_0)\omega^2 x}{N_A f_s} \tag{3-16}$$

设分散体系具有一截面 AB，其面积是单位面积，在此界面的左方取一液层，其厚度等于 $v\text{d}t$，其中，v 为沉降速度，t 为沉降时间，由于 AB 界面的面积等于 1，所以 $v\text{d}t$ 也是液层的体积，如图 3-5 所示。则在 $\text{d}t$ 时间内通过 AB 截面的物质量为：

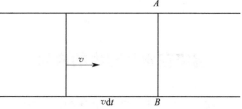

图 3-5 $\text{d}t$ 时间内通过 AB 截面的物质量

$$\text{d}m_s = vc\text{d}t = \frac{M(1 - \overline{V}\rho_0)\omega^2 x}{N_A f_s}c\text{d}t \tag{3-17}$$

根据 Fick 第一定律，扩散速度为：

$$\text{d}m_d = -D\frac{\text{d}c}{\text{d}x}\text{d}t = -\frac{K_B T}{f}\frac{\text{d}c}{\text{d}x}\text{d}t = -\frac{RT}{N_A f}\frac{\text{d}c}{\text{d}x}\text{d}t \tag{3-18}$$

平衡时式（3-17）与式（3-18）相等：

$$\frac{M(1 - \overline{V}\rho_0)\omega^2 x}{N_A f_s}c\text{d}t = -\frac{RT}{N_A f}\frac{\text{d}c}{\text{d}x}\text{d}t$$

于是：

$$M = \frac{RT\text{dln}c}{(1 - \overline{V}\rho_0)\omega^2 x\text{d}x} \tag{3-19}$$

积分得：

$$M = \frac{2RT\ln\frac{c_2}{c_1}}{(1-\overline{V}\rho_0)\omega^2(x_2^2-x_1^2)} \tag{3-20}$$

测定离心力场中 x_1 和 x_2 处 c_1 和 c_2，代入式(3-20)，可求得分子量。

由沉降平衡法测得的分子量属于 Z 均分子量。

● 【例3-4】离心力场中的沉降平衡法

离心沉降在298K下39h达到离心沉降的平衡，离心机转数 $n=8700$ r/min，溶剂密度 $\rho_0=1.008\times10^3$ kg/m³，血红蛋白的偏微比容 $\overline{V}=0.740\times10^{-3}$ m³/kg，在距离转轴 x_1 和 x_2 处血红蛋白的质量分数 c_1 和 c_2 如下:

$x_1=4.46\times10^{-2}$ m，$c_1=0.832\%$；$x_2=4.51\times10^{-2}$ m，$c_2=0.930\%$，计算血红蛋白的分子量 M。

解：将离心机转数换算为角速度：

$$\omega = \frac{2\pi n}{60} = 2\times3.14\times\frac{8700}{60} = 910 \ (\text{s}^{-1})$$

$$M = \frac{2RT\ln\frac{c_2}{c_1}}{(1-\overline{V}\rho_0)\omega^2(x_2^2-x_1^2)} = \frac{2\times8.31\times293\times\ln\frac{0.930}{0.832}}{(1-0.749\times10^{-3}\times1.008\times10^3)\times910^2}\times$$
$$\frac{1}{4.51^2\times10^{-4}-4.46^2\times10^{-4}} = 59.4 \ (\text{kg/mol})$$

3.3 沉降在水处理中的应用

沉降法是水处理和废水处理中最重要的基本方法和单元操作之一，它利用水中悬浮颗粒的可沉降性能，在重力场或离心力场的作用下产生沉降作用，以达到固液分离的目的。按照水的性质不同及所要求的处理程度不同，沉降法可以是水处理中的一个单元操作，也可以是唯一的处理操作。

3.3.1 重力沉降法

重力沉降法常应用于给水处理预沉淀及絮凝后的沉淀，也常应用于废水处理的预处理阶段及污水进入生物处理构筑物之前的初次沉淀，也可应用于生物处理后的二次沉淀，以分离生物处理中产生的微生物脱落物及污泥等。重力沉降在污泥处理中主要将来自初沉池和二沉池的污泥进一步浓缩，以减少污泥的体积，降低后续处理构筑物的尺寸及处理费用。重力沉降也是化学沉淀法处理废水的重要步骤，例如在含有重金属离子或氟离子的工业废水中，加入 $Ca(OH)_2$ 以产生沉淀物（金属氢氧化物或氟化钙），然后利用这些沉淀物的沉降从废水中除去重金属离子或氟离子。此化学沉淀法处理的效果在很大程度上取决于沉淀物的沉降效率。

3.3.2 离心力沉降法

除了重力场中的沉降外，沉降法还包括离心力场中的沉降。离心力场中的沉降在水处理中主要应用在离心机、水力旋流器、水力旋流沉淀池及污泥的浓缩脱水中。压力式水力旋流器的上部呈圆筒形，下部呈锥形。欲分离的液体以水泵提供能量，沿切线方向进入器内，受边壁约束，切向运动变为旋转运动，产生很大的离心力，较为粗大的颗粒被甩向器壁，并在其本身重量的作用下，沿器壁向下滑动，在底部排出，而较清的液体则通过上部出水管排出。水力旋流沉淀池一般靠水位差产生的作用进行旋流分离，设备容积较大，但能耗较低，表面负荷较低。

近年来，随着城市给水处理和污水处理的发展，生物和化学污泥的大量产生使污泥脱水问题显得非常重要起来。从经济和空间的角度考虑，人们最感兴趣的方法是滤带压滤和离心法。其中离心法的主要设备离心机可以连续操作，系统密闭卫生条件好，设备紧凑，占地面积和空间小，调理剂耗量较少，对絮体的大小、强度要求较低，运行过程中不需要冲洗网带等，因而得到了越来越多的应用。

在中国北方地区，冬天较低的水温会导致水的黏度升高，根据方程(3-5)，微粒的沉降速度随之降低，此外在低温下絮凝剂的水解反应速度也较慢，所以冬季的水处理要比其他季节困难。

3.3.3　高浊度水的沉降特性及工艺

水中泥沙的沉淀运动，根据泥沙浓度的大小及沉淀时表观现象的不同，可分为以下 3 种类型。

（1）自由沉淀

泥沙颗粒或絮凝颗粒在沉淀过程中不受其他因素干扰而自由下沉，球形颗粒在黏性状态下遵守 Stokes 公式，其沉速与粒径的平方成正比。自由沉降的表现特性是当沉淀进行一段时间后，由于泥沙颗粒的不断下沉，沉降水柱呈现从下往上的不断变清，除了在水柱底部有积泥外，清水与浑水之间没有明显的界面。

（2）约制沉淀

由于水中泥沙颗粒较多，所以某个颗粒在沉淀时除了受到水的阻力的影响外，还受到其他颗粒的干扰。这种颗粒间的相互干扰导致颗粒在约制沉淀时的沉速远远低于在自由沉淀条件下的沉速。约制沉淀时的表现特征是当沉淀过程进行一段时间后，在沉降水柱的上部形成一个清水层，下部为浑水层，其间有一个明显的交界面，称为"浑液面"，泥沙的下沉在表观上表现为浑液面的下沉。

为了找到浑液面随时间下沉的规律，可以用浑液面的界面高度为纵坐标，沉淀时间为横坐标，画出一条浑液面下沉曲线，如图 3-6 所示。

沉淀开始一个短时间后，在 B 点处可以明显看出浑液面，这段 AB 过程是浑液面形成过程，一般解释为颗粒间的凝聚变大的过程。BC 段为一条直线，与曲线 AB 在 B 点相切，说明浑液面以直线下降到 C 点。CD 段曲线表示浑液面下降速度逐渐变小，C 点叫作沉降临界点，CD 这段表示沉淀物的压实过程，随着时间的增长，压实越慢，最后压实高度为 H_∞。

（3）压挤沉淀

当水中泥沙含量更多，颗粒间已相互接触而形成

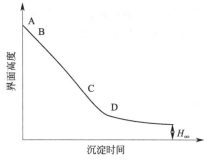

图 3-6　浑液面下沉曲线

空间网状结构时发生压挤沉淀。严格来说，压挤沉淀已不应视作沉淀，而应归于习惯所称的浓缩范畴。给水处理沉淀池底部的积泥浓缩，即为压挤沉淀的结果。压挤沉淀在表面上的特征为：它与约制沉淀一样形成上部清水层、下部浑水层及其间的浑液面，但与约制沉淀相比较，其清水层更清，浑液面更明晰，浑液面沉速更小。

根据上述 3 种沉淀类型，从沉淀的角度出发可以认为，所谓高浊度水，就是其中的泥沙沉淀是以约制沉淀为主的水，约制沉淀的主要特性是：泥沙颗粒不再根据各自粒径的大小，按照各自的沉速自由下沉，而是各种不同大小的泥沙颗粒以相同的沉速组成一个群体下沉，此群体的沉速就是可以方便地加以观测的浑液面沉速。

浑液面的形成可以这样来理解，高浊度水中含泥沙较多，而泥沙占据体积，当泥沙下沉时，必须将同体积的水挤向上方，这就形成了一个上升的水流，产生水的上升流速，上升水流把较细小的泥沙也带往上升。在浑液面与清水层的交界面处，由于清水层泥沙极少，上升流速在此处突然降低为零，被上升水流带至交界面处的泥沙突然停止上升而开始下沉，所以泥沙颗粒均不能脱离浑液面，而是随之一起下沉。

上升水流所能带动的泥沙，决定于水的上升流速及泥沙颗粒的沉速，凡颗粒沉速大于上升水流流速的泥沙，将不被水流所托住，而可自行下沉。尽管这些颗粒在高浊度水中的沉速较典型自由沉淀时的沉速要小，但其沉淀基本上仍属自由沉淀，它们将较快地从水中不断地沉淀除去。粒径越大，除去越快，这部分泥沙称为高浊度水中的不稳定泥沙。当这部分泥沙沉淀基本完毕后，余下的那些颗粒沉速等于或小于水流上升流速的泥沙则将被上升水流所控制，组成均浓浑水层，这部分泥沙称为高浊度水中的稳定泥沙。

均浓浑水层中的稳定泥沙是高浊度水处理和研究的主要对象。高浊度水的一系列特征主要都是由稳定泥沙所表现的。就其含量来说，也占整个泥沙含量的大部分，以典型的高浊度水河流即我国的黄河为例，在黄河上游地段，稳定泥沙占整个含沙量的 80% 左右，在黄河中下游，则全部泥沙几乎都为稳定泥沙。对高浊度水若采用自然沉淀进行处理时，由于其浑液面沉速很小，沉淀池的容积将是非常庞大的。所以现代化的大型水厂，当以高浊度水为原水时，都进行絮凝沉淀处理。絮凝处理的目标实际上是为提高絮凝浓度，从而加快浑液面的沉降，大大缩小所需沉淀池的容积，使高浊度水的处理在大规模生产中切实可行。

由于泥沙沉淀机理的不同，一般以压缩双电层、吸附脱稳、卷扫等为主要作用的铁盐、铝盐或无机高分子等絮凝剂，在高浊度水处理中常不能获得满意的结果。实践证明，硫酸铝的最大处理含沙量只能达到 $20kg/m^3$，三氯化铁只能达到 $40kg/m^3$，聚合氯化铝只能达到 $40kg/m^3$。此时的投加量很大，而且絮体结构疏松，沉淀排出的泥浆浓度低、体积大，这些情况使铁盐或铝盐等絮凝剂在高浊度水的生产处理中无法使用。一些厂家开始研究和使用以吸附架桥为主要机理的聚丙烯酰胺作为絮凝剂，取得了良好的效果。实践证明聚丙烯酰胺的最大处理含沙量能达到 $100 \sim 150kg/m^3$。

第4章　渗透压

渗透是胶体分散体系的运动性质之一。由渗透产生的渗透压在自然界中的存在非常普遍，例如在渗透压的作用下，植物才能将水从土壤中吸收到体内，并在体内输运至每个枝叶，在此过程中植物根部的表皮起到了半透膜的作用。在学习渗透压之前，首先应该明白渗透压不宜直接用于憎液胶体的研究，原因之一是憎液胶体具有聚结不稳定性和沉降不稳定性，原因之二是憎液胶体的渗透压效应一般很小。但渗透压对高分子溶液来说是一种重要的研究方法。渗透压是一种依数性，但与凝固点降低、沸点升高等依数性相比，其效应十分显著，因而研究结果的准确性较高。渗透压也是水处理中反渗透处理方法的基本原理。

4.1 理想溶液的渗透压

为便于介绍高分子溶液的渗透压，需先介绍理想溶液的渗透压。所谓理想溶液，是指溶质-溶剂、溶质-溶质、溶剂-溶剂的分子间作用力均相等的溶液。图 4-1 是渗透压实验装置。装置的中间设置一个半透膜，该半透膜仅允许溶剂分子透过，不允许溶质分子透过。在半透膜的左方（膜内）注入溶剂，在半透膜的右方（膜外）注入溶液，溶剂就会透过半透膜从左方进入右方，使右方液面上升，而左方液面下降。此即渗透现象，产生渗透现象的驱动力即渗透压，通常以 Π 表示。

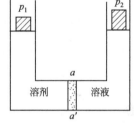

图 4-1　渗透压实验装置

在图 4-1 所示装置的左右两边分别施加压力 p_1 和 p_2，若 $p_2 > p_1$，且 $p_2 - p_1 = \Pi$，则达到渗透平衡，液面不再升高和降低。此时半透膜左方溶剂的化学势等于半透膜右方溶剂的化学势，以 p 表示 p_1，以 $p + \Pi$ 表示 p_2，其中下标 1 表示溶剂，下标 2 表示溶质，以 x 表示摩尔分数，$\overline{V}$ 表示偏摩尔体积，则有：

$$\mu_1^0(p) = \mu_1(p + \Pi, x_1)$$

$$\mu_1^0(p) = \mu_1^0(p + \Pi) + RT\ln x_1 = \mu_1^0(p) + \int_p^{P+\Pi} \overline{V} \mathrm{d}p + RT\ln x_1$$

$$\mu_1^0(p) = \mu_1^0(p) + \Pi\overline{V} + RT\ln x_1$$

$$-RT\ln x_1 = \Pi\overline{V} \tag{4-1}$$

从本书附录 7 可知：

$$\ln x_1 = \ln(1 - x_2) \approx -x_2 \approx -\frac{n_2}{n_1}$$

所以式(4-1)可变为：

$$RT\frac{n_2}{n_1}=\Pi\overline{V}$$

$$\Pi=\frac{RTn_2}{n_1\overline{V}}=\frac{n_2}{V}RT \tag{4-2}$$

或

$$\Pi=RT\frac{c}{M} \tag{4-3}$$

式中，V 为溶液的体积；M 为摩尔质量，kg/mol；c 为质量浓度，kg/m^3。式(4-2) 在形式上与理想气体状态方程相似。

4.2 高分子溶液的渗透压

高分子溶液的性质与理想溶液之间是有偏差的，这种偏差可以用多个校正项校正：

$$\Pi=RT(A_1c+A_2c^2+A_3c^3+\cdots) \tag{4-4}$$

式中，A_1、A_2、$A_3\cdots$称为维利系数。其中第一维利系数：

$$A_1=\frac{1}{M}$$

对高分子稀溶液，可取前两项：

$$\Pi=RT(A_1c+A_2c^2)=cRT(A_1+A_2c) \tag{4-5}$$

或

$$\frac{\Pi}{c}=RT\left(\frac{1}{M}+A_2c\right) \tag{4-6}$$

以 $\dfrac{\Pi}{c}$ 对 c 作图得直线，根据其斜率和截距可求得摩尔质量和第二维利系数 A_2。第二维利系数 A_2 反映高分子与溶剂的关系。

$A_2>0$，高分子链段之间的吸引力较弱，链段与溶剂间的吸引力较强，溶剂为良溶剂；

$A_2=0$，高分子链段之间的吸引力等于链段与溶剂间的吸引力，溶液为理想溶液；

$A_2<0$，高分子链段间的吸引力较强，链段与溶剂间的吸引力较弱，溶剂为不良溶剂。

当温度改变时，第二维利系数 A_2 会随之发生变化，当 A_2 变为零时，温度为 θ 温度；当溶剂改变时，第二维利系数 A_2 也会随之发生变化，当 A_2 变为零时，溶剂为 θ 溶剂。在 θ 温度或 θ 溶剂下，溶液为理想溶液。

●【例 4-1】渗透压是溶液的依数性之一，故可以用来测定分子量。用渗透压法测定分子量时有一定的适用范围，即分子量大致在 $10^4\sim10^6$ 之间，请说明原因。

答：分子量太小在选择半透膜上有困难，即小分子能穿过半透膜；分子量太大时渗透压太小，难以准确测定。

●【例 4-2】高分子溶液的渗透压

异丁烯聚合物溶于苯中，在 25℃ 下测得不同浓度下的渗透压数据如下：

c （g/L）：		5.0	10.0	15.0	20.0
Π （Pa）：		49.54	101.04	155.0	210.9

求此聚合物的摩尔质量。

解：对于高分子稀溶液有：

$$\frac{\Pi}{c}=RT\left(\frac{1}{M}+A_2c\right)$$

以 $\dfrac{\Pi}{c}$ 对 c 作图得直线，根据其截距可求得摩尔质量，为此将已知数据表示为：

c （kg/m^3）：		5.0	10.0	15.0	20.0
Π/c （Pa·m^3/kg）：		9.91	10.10	10.33	10.55

用 Excel 软件作线性回归得 Π/c-c 的直线图：

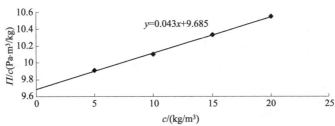

由此求得截距 $\Pi/c=9.685$Pa·m^3/kg，所以：

$$M=\frac{RT}{\Pi/c}=\frac{8.3145\times298.15}{9.685}=255.9 \text{（kg/mol）}$$

4.3 Donnan 平衡与渗透压

本节讨论聚合电解质的渗透压。高分子上有可电离基团时称为聚合电解质。1个聚合电解质分子电离后生成1个大离子和数个小离子。在有大离子存在时，能透过膜的小离子在膜两边成不均等平衡分布，称为 Donnan 平衡。以蛋白质为例：

$$\text{Na}_z\text{P} \longrightarrow z\text{Na}^+ + \text{P}^{z-} \tag{4-7}$$

图 4-2 表示，在发生小离子迁移之前，膜的左方（膜内）是蛋白质，浓度为 m_1，电离后生成浓度为 zm_1 的 Na^+ 和浓度为 m_1 的大离子 P^{z-}。膜的右方（膜外）是氯化钠，浓度为 m_2，电离后生成浓度为 m_2 的 Na^+ 和浓度为 m_2 的 Cl^-。设在迁移发生并达到平衡时，有 x mol Na^+ 迁移至膜左方，由于维持电中性的原因，必定有 x mol Cl^- 也迁移至左方。

zm_1 Na$^+$	Na$^+$ m_2	zm_1+x Na$^+$	Na$^+$ m_2-x
		m_1 P^{z-}	
m_1 P^{z-}	Cl$^-$ m_2	x Cl$^-$	Cl$^-$ m_2-x
膜内	膜外	膜内	膜外
开始时		平衡时	

图 4-2 Donnan 平衡

平衡时氯化钠的化学势相等：

$$\mu_{\text{NaCl}}（左）=\mu'_{\text{NaCl}}（右）$$

根据化学势的公式有：

$$RT\ln a_{\text{NaCl}}=RT\ln a'_{\text{NaCl}}$$
$$a_{\text{Na}^+}a_{\text{Cl}^-}=a'_{\text{Na}^+}a'_{\text{Cl}^-}$$

以浓度代替活度则有：

$$(zm_1+x)x=(m_2-x)^2$$

由此得：

$$x=\frac{m_2^2}{zm_1+2m_2} \tag{4-8}$$

代入下式得到：

$$\frac{[NaCl]_右}{[NaCl]_左}=\frac{m_2-x}{x}=\frac{m_2}{x}-1=m_2\frac{zm_1+2m_2}{m_2^2}-1=1+\frac{zm_1}{m_2} \tag{4-9}$$

由式(4-9)看出：

① 膜左右两边 NaCl 浓度并不相等，因而会产生渗透压，聚合电解质的电荷越高渗透压效应越强；

② 当 $m_1\gg m_2$ 时，NaCl 几乎全在膜右边；

③ 当 $m_2\gg m_1$ 时，NaCl 在膜两边分布均匀。

在测定聚合电解质分子量时，须消除 Donnan 平衡的影响，消除方法有：

① 增大扩散电解质的浓度；

② 减小聚合电解质的浓度；

③ 调节溶液 pH 值，使聚合电解质处于等电点（isoelectric point）。

● 【例 4-3】 Donnan 平衡

在 25℃下膜内高分子（R^+Cl^-）水溶液的浓度为 0.1mol/L，膜外 NaCl 的浓度为 0.5mol/L，R^+ 代表不能透过膜的高分子正离子，求平衡后溶液的渗透压。

解：
$$\mu_{NaCl}(左)=\mu'_{NaCl}(右)$$

对于 1-1 价电解质按式(4-8)：

$$x=\frac{m_2^2}{m_1+2m_2}$$

渗透压可以表示为：

$$\Pi=(2m_1-2m_2+4x)RT$$

上式括号内为膜两边的浓度差，将 x 代入得：

$$\Pi=\frac{2m_1^2+2m_1m_2}{m_1+2m_2}RT=\frac{2(0.1^2+0.1\times0.5)\times10^6}{(0.1+2\times0.5)\times10^3}\times8.314\times298.15$$
$$=270.4\ (kPa)$$

4.4 渗透压的测量

4.4.1 渗透计

渗透压的数值可以用渗透计测量。在渗透计的膜两边分别充以溶剂和溶液，达到渗透平衡后，测量膜两边液柱的高差和压力差就可得渗透压。实际的渗透计应满足以下条件：

① 平衡速度快，为此膜面积应尽量大，液柱的横截面积要小；

② 温度影响小，为此体系的热容量要大，渗透池的体积要小；

③ 结构简单，操作方便，更换溶液方便。

这里介绍一种使用方便、达到平衡快的 Fuoss-Mead 渗透计，如图 4-3 所示。在这种渗透计中，两块表面上挖了许多同心圆槽的不锈钢块之间用半透膜隔开，构成了溶剂槽和溶液槽，并分别与加料管和毛细管相连。它的特点是接触面积大，所用的液体量少，因而容易满足上述条件。

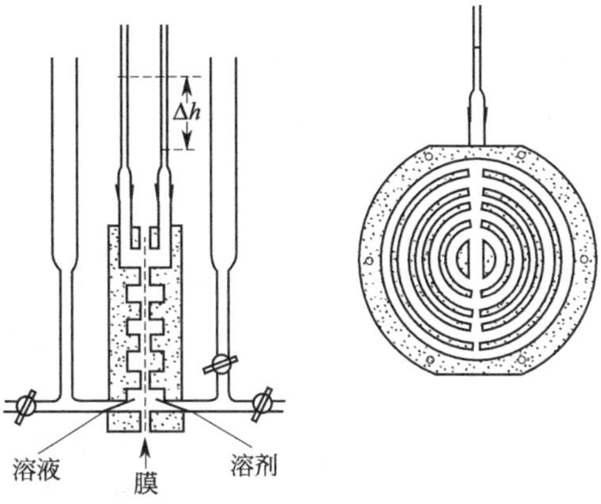

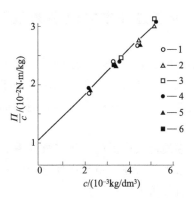

溶液　膜　溶剂

(a) 剖面图　　　　(b) 半池图

图 4-3　Fuoss-Mead 渗透计

4.4.2 半透膜

实际渗透计中所用的半透膜应满足以下条件：

① 能阻挡住所研究的大分子，否则膜漏会造成很大的误差；

② 不与溶剂或高分子发生反应；

③ 溶剂透过性好，以便较快地达到平衡。

对于那些经过了分级的分子量很高的物质，这些要求不难达到。对于分子量分布很宽的样品，特别是其中含有大量低分子量的物质时，膜漏成为严重问题，一部分低分子量物质透过膜，使测定结果的误差很大，这是因为渗透压是依数性，不论其分子量大小，只要数目相同，贡献就相同。举例说明如下，有 2 个未经分级的硝化纤维-乙酸丁酯溶液样品 A 和 B，其中前者分子量较小，后者分子量较大，分别用透过性不同的 6 种半透膜测其渗透压，得到 Π/c-c 的曲线，如图 4-4 所示。可以看出，对于低分子量样品 A 得到的结果相差很大，对高分子量样品 B 得到的结果相差较小。

图 4-5 所示为高分子量样品 B 经 4 次沉淀除去 30% 低分子量物质后所得结果，实验中使用了原 6 种膜，但此时所得结果已经与膜的种类无关。

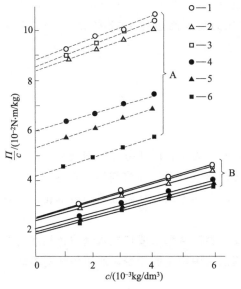

图 4-4　硝化纤维-乙酸丁酯溶液对
不同半透膜的渗透压

图 4-5　经分级后的硝化纤维-乙酸丁酯
溶液对不同半透膜的渗透压

总的来说，分子量在 1×10^4 以上时，渗透压可提供可靠的结果，低于此值时，许多半透膜都不够理想。分子量在 1×10^6 以上时，渗透压太小限制了测量结果的准确性。所以用渗透压法测定分子量的适宜范围为 $1 \times 10^4 \sim 1 \times 10^6$。

4.4.3 测量方法

实验测量渗透压的方法有渗透平衡法、升降中点法和速率中点法。第一种属静法，

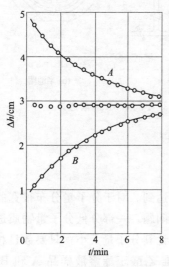

图 4-6 升降中点法

后两种为动法。在用渗透平衡法时，在恒温下静置一段时间，待达到渗透平衡后记下两面的高差，减去毛细升高的校正项，即得渗透压值，但此法需时较长，一般需半天甚至 $1 \sim 2 \mathrm{d}$ 才能达到平衡。升降中点法要快得多。先使渗透计中溶液的液面比平衡值约高出 Δh，在趋向平衡过程中，液面将不断下降，记下各个时间的液面高度，并对时间作图，得到下降曲线 A。再将溶液的液面约降至平衡值以下的 Δh 处，以同样的方法得上升曲线 B，如图 4-6 所示。

将两根曲线上对应于同一时间的点连起来，并求其中点，连接这些中点，得水平线，延长此水平线至纵轴，截距即为渗透达平衡时的液柱高，减去毛细校正项得到渗透压值。

当在膜的浓水一侧施加的压力 p 大于膜的淡水一侧压力与溶液的渗透压 Π 之和时，可迫使渗透反向，实现反渗透过程。此时在高于渗透压的压力作用下，浓水中水的化学势升高，并超过纯水的化学势，水分子从浓水一侧反向地透过膜流入纯水一侧，海水、苦咸水淡化和纯水制备即基于此原理。从理论上讲，只要在浓水一侧施加的压力大于渗透压，就会产生反渗透现象，但为了得到有工业意义的流量，就要加高得多的压力。例如海水的渗透压大约为 $25 \mathrm{kg/cm}^2$，而从海水制造淡水，半透膜的排除率要达到 99.8% 以上，外加压力需要高达到 $100 \mathrm{kg/cm}^2$，因此对膜的物理化学性质及装置的强度提出了一系列的要求。

4.5 反渗透在水处理中的应用

如前所述，只有当溶液所受的压力等于渗透压时，被半透膜所分开的溶液和溶剂就会处于平衡状态。如果溶液所受的压力小于平衡渗透压，溶剂就会从纯溶剂相流向溶液；如果溶液所受的压力大于平衡渗透压，纯溶剂就会以相反的方向流动，从溶液流向溶剂相。后者被称为反渗透。

反渗透已被广泛应用于多种体系。近年来用反渗透法从海水或苦咸水制取饮用水的技术引起了很大的关注。由于在反渗透中不发生如在蒸馏法中发生的相变，所以该法对沿海地区而言具有经济上的可行性。

在许多膜材料中，醋酸纤维膜是被研究得最多的一种膜。该膜可以保留 $96\% \sim 98\%$ 的盐，产生 $0.2 \mathrm{cm}^3/(\mathrm{s} \cdot \mathrm{atm} \cdot \mathrm{m}^2)$ 的水。近几十年来许多其他种类的膜材料被开发应用，例

如聚胺（PA）膜、聚丙烯（PP）膜、聚偏氟乙烯（PVDF）膜等。与传统膜材料相比，这些新的膜材料在水处理中表现出更好的性能。

当反渗透被用于咸水脱盐时，随着纯水的产生，原水中盐的浓度会不断地升高，导致渗透压也升高，因而需要施加比原水渗透压更高的压力，实际上如果要达到一定的生产能力，所施加的压力要比原水渗透压高得多。当前，反渗透技术已经广泛地应用于纯水生产、海水和其他咸水脱盐、一些工业废水的处理、工业废水和生活污水的三级处理等。

第 5 章　光学性质

许多胶体具有鲜艳的颜色，而有些胶体则不带色，有的胶体呈现乳光，有的胶体外观却很清亮，有的胶体从不同的角度观看，显示出不同的鲜艳色带，有的胶体的颜色还会随放置时间而不断变化。胶体之所以呈现出丰富多彩的光学性质，与胶体对光的散射和吸收有关。天然水之所以显浑浊，是由水中的胶体和悬浊物质的光散射造成，从光散射测量可以得到关于微粒的分子量、均方半径、扩散系数及重要的水质指标—浊度等许多有用信息，这些信息对水环境科学和水处理技术都是非常有用的。

5.1　胶体的光散射

当光束通过介质时，在入射光以外的各个方向（包括前后左右任何方向）均能观察到光强的现象就是光散射，如图 5-1 所示。经散射后光的波长保持不变。光散射在自然界广泛存在，例如著名的丁达尔现象的本质就是光散射。对光散射发生的原理在此简述如下。

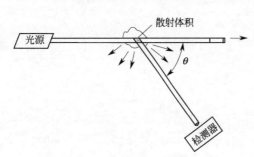

图 5-1　光散射的示意图

光是一种电磁波，当光束通过介质时，介质受电磁波的作用产生振动着的电偶极子，此电偶极子作为二次光源向各个方向发射电磁波（不仅仅是入射光方向），如果介质具有光学不均匀性，发射出的电磁波因振幅不同而不能相互抵消，从而得到散射光。由此看来光散射发生的必要条件是介质具有光学不均匀性，造成这种光学不均匀性的条件可以是引入胶体微粒或介质因热运动而产生的密度局部涨落。胶体分散系发生光散射的另一条件是微粒的直径须小于入射光的波长，如果微粒的直径大于入射光的波长，则发生光的反射，其所遵循的规律是入射角等于反射角。当微粒的直径小于入射光波长时，就如水的前进波遇到了芦苇一样，水波依然前进，但在芦苇边上形成了新的波源。

光散射的丁达尔现象可以用超显微镜来观察，即用足够强的光从侧面照射溶胶，然后在黑暗的背景上进行观察，由于散射作用，胶粒成为闪闪发光的光点，可以清楚地看到其布朗运动。超显微镜大大扩大了人的视力范围，但是它只能证实溶液中存在着粒子，所看到的是粒子对光线散射后形成的发光点，而不是粒子本身。这种光点通常比粒子大很多倍，因此用超显微镜不可能直接确切地看到粒子的大小和形状。

● 【例 5-1】 胶体的光散射

为直接获得个别的胶体粒子的大小和形状，必须借助于下列哪一种选项？并说明原因。

①普通显微镜；②丁达尔效应；③电子显微镜；④超显微镜

答：普通显微镜放大倍数不够，丁达尔效应和超显微镜只能看到粒子对光线散射后所形成的发光点，而不是粒子本身，这个任务只能用电子显微镜解决。

5.1.1 Rayleigh 比

Rayleigh 比表示体系的散射能力。按照图 5-1，Rayleigh 比为：

$$R_\theta = \left(\frac{ir^2}{I}\right) \tag{5-1}$$

式中，r 为接收器离开散射源的距离；i 为单位散射体积在距离 r 处产生的散射光强；I 为入射光强；θ 为散射角。因 Rayleigh 比具有角度依赖性，所以标以下标 θ，Rayleigh 比的量纲为 m^{-1}。可以看出，在离开散射源的距离及入射光强度相同的情况下，散射光越强，说明体系的散射能力越强，Rayleigh 比越大；在散射光强及入射光强相同的情况下，离开散射源的距离越远，说明体系的散射能力越强，Rayleigh 比越大；在散射光强及离开散射源的距离相同的情况下，入射光强越弱，说明体系的散射能力越强，Rayleigh 比越大。

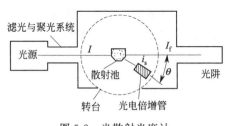

图 5-2　光散射光度计

或光子计数技术读出。

5.1.2　光散射的测量

测量光散射的装置如图 5-2 所示。汞灯发出的光线经过滤光片和聚光系统后形成波长为 436nm 或 546nm 的平行单色光，照射到散射池后产生散射光，被旋转的光电倍增管接收，以测量不同角度上的散射光强，光电倍增管的输出信号用灵敏电流计

5.2　Rayleigh 散射公式

Rayleigh 散射公式是基于以下基本假设提出的。
① 微粒的尺度比入射光的波长小得多，为点散射源；
② 溶胶的浓度很小，微粒间无相互作用，散射光强为诸微粒散射光强的加和；
③ 微粒具有各向同性，非导体，不吸收光。
根据以上假设得到 Rayleigh 散射公式如下：

$$R_\theta = \frac{i_\theta r^2}{I} = \frac{9\pi^2}{2\lambda^4}\left(\frac{n_1^2 - n_0^2}{n_1^2 + 2n_0^2}\right)^2 N_0 V^2 (1 + \cos^2\theta) \tag{5-2}$$

式中，n_1 为分散相折射率；n_0 为分散介质折射率；V 为微粒的体积；N_0 为单位体积中散射微粒的数目，即体积数目浓度；λ 为入射光波长。对式(5-2) 做如下讨论：

① 散射光与入射光波长的 4 次方成反比，说明有显著依赖关系，波长越短，散射光越强，因而可见光中的蓝紫色光会产生较强的散射。例如天空中的气溶胶对太阳光散射，使天空显蓝色。汽车的尾灯一般制作成红黄色，目的是避免在空气中散射（特别是雨天雾珠的散射），影响后车驾驶员的视线。

② 微粒与介质的折射率相差越大，散射光越强，因而溶胶的散射光比高分子溶液的散射光强。

③ 散射光与微粒体积的 2 次方成正比，因而大微粒的散射远超过小微粒。

④ 散射光与微粒浓度成正比，微粒浓度越大，散射光越强。

设 c 为微粒的质量浓度，ρ 为微粒的密度，则在单位体积液体中微粒的体积为：

$$N_0 V = \frac{c}{\rho}$$

代入式(5-2) 得：

$$R_\theta = \frac{i_\theta r^2}{I} = \frac{9\pi^2}{2\lambda^4} \left(\frac{n_1^2 - n_0^2}{n_1^2 + 2n_0^2} \right)^2 \frac{c}{\rho} V (1 + \cos^2 \theta) \tag{5-3}$$

从式(5-3) 看出，Rayleigh 比与微粒的质量浓度成正比，所以此式为浊度分析的基础。

● **【例 5-2】** 高分子溶液与溶胶的鉴别可借助于下列哪一种方法？并说明原因。

①布朗运动；②丁达尔现象；③电泳；④渗析

答：根据式（5-2），微粒与介质的折光指数相差越大，散射光越强，反之越弱。由于溶胶微粒与介质间存在相界面，折光指数相差较大，散射光较强，所以丁达尔现象较显著，而高分子溶液中高分子溶于介质，无相界面，折光指数相差较小，散射光较弱，所以丁达尔现象较不显著。据此可以区别高分子溶液和溶胶，故选②，应该借助于丁达尔现象。

5.3 散射光的偏振度与空间分布

从物理学原理可知，自然光可以分解为垂直偏振光 I_V 和水平偏振光 I_H。按照光学理论还有：

$$i \propto \sin^2 \varphi \tag{5-4}$$

式中，i 为散射光的强度；φ 为观察方向与偶极子轴之间的夹角。垂直偏振光产生的次波示于图 5-3(a)，根据式(5-4) 可以看出：当观察方向在水平面上时，无论从哪个方向看去，φ 均为 90°，所以散射光的强度在任何方向都相等，可以表示为一个圆周；当观察方向在垂直面上时，φ 从 0°到 360°变化，散射光的强度按正弦函数平方的规律变化，可以表示为哑铃型。水平偏振光产生的次波示于图 5-3(b)，根据式(5-4) 可以看出：当观察方向在垂直面上时，无论从哪个方向看去，φ 均为 90°，所以散射光的强度在任何方向都相等，可以表示为一个圆周；当观察方向在水平面上时，φ 从 0°到 360°变化，散射光的强度按正弦函数平方的规律变化，可以表示为哑铃型。

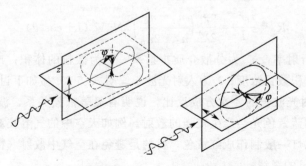

(a) 入射光为垂直偏振   (b) 入射光为水平偏振

图 5-3　各向同性小微粒的散射光强的空间分布

为得到散射光在空间的分布，先研究散射光在一个平面上的分布。在图 5-4 中将图 5-3

（a）和图 5-3（b）中两个水平面上的次波强度相加或将图 5-3（a）和图 5-3（b）中两个垂直面上的次波相加得任意一个面上的散射光强度，如图 5-4 中实线所示，然后将入射光方向作为旋转轴，将平面绕轴旋转一周得散射光强的空间分布。讨论如下：

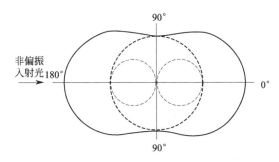

图 5-4　自然光照射到各向同性小微粒上时的散射光强的空间分布

① 在 $\theta=0°$ 和 $\theta=180°$ 的方向上，散射光最强；
② 在 $\theta=90°$ 的方向上，散射光最弱；
③ 因为 $i(\theta)=i(180°-\theta)$，所以前向散射等于后向散射；
④ 在 $\theta=90°$ 的方向上，完全偏振，在 $\theta=0°$ 或 180° 的方向上非偏振。

5.4 大微粒的散射

当微粒的直径 $d>(0.05\sim0.1)\lambda$（λ 为入射光波长）时，内干涉严重，Rayleigh 公式已不适用，适用的理论是 Mie 理论。当两束光线照到大微粒上时，如果相位相近，则发生相长干涉，如果相位差较大，则发生相消干涉，如图 5-5 所示。

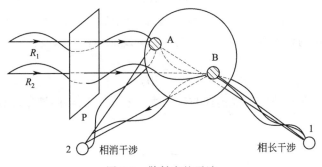

图 5-5　散射光的干涉

结果是：
① 前向散射大于后向散射；
② 在角度分布上出现极大极小，如图 5-6 所示。

● 【例 5-3】Rayleigh 散射公式
解释为什么晴朗的天空呈现蓝色？
　　答：分散在大气中的烟、雾、粉尘等粒子半径在 10～1000nm 之间，构成胶体分散系，即气溶胶。当可见光照射到大气层时，由于可见光中的蓝色光的波长相对于红、橙、黄、绿等各色光的波长较短，按 Rayleigh 散射公式，散射光的强度与入射光波长的 4 次方成反比，所以大气气溶胶对蓝色光的散射最强，使我们观察到晴朗的天空呈蓝色。

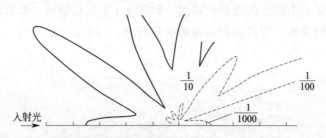

图 5-6　球形大微粒散射光强的角度分布（$m=1.33$ 和 $x=6$ 时 Mie 理论的计算结果，图中虚线已按标出的比例缩小）

5.5 高分子溶液的光散射

5.5.1 密度涨落理论

Rayleigh 散射理论的基本假设之一是微粒间无相互作用，散射光强为诸微粒散射光强的加和。但在溶液中分子之间的距离很小，干涉较严重，因而 Rayleigh 散射理论并不适用，此时可用密度涨落理论解决。该理论认为在溶液中由于分子的热运动，会发生密度的瞬间局部升高或降低，导致折光指数的瞬间局部涨落，从而产生散射光。根据此设想有：

$$R_\theta \propto \overline{\Delta c^2}$$

此式表明 Rayleigh 比与浓度涨落的均方值成正比。由于浓度的涨落与热运动有关，所以：

$$\overline{\Delta c^2} \propto K_B T$$

式中，K_B 为波尔兹曼常数；T 为热力学温度。由于浓度的涨落会引起浓度差，而浓度差会产生渗透压，渗透压的作用会减小浓度差或抑制浓度涨落，所以有：

$$\overline{\Delta c^2} \propto \frac{1}{\partial \Pi / \partial c}$$

式中，Π 为渗透压。此外浓度的涨落还与浓度大小有关，也与溶液中小体积元的体积有关，所以还有：

$$\overline{\Delta c^2} \propto c$$

$$\overline{\Delta c^2} \propto \frac{1}{\Delta V}$$

式中，ΔV 为发生浓度涨落的小体积元的体积。综合以上各种关系，得到：

$$\overline{\Delta c^2} \propto \frac{K_B T c}{\Delta V \left(\dfrac{\partial \Pi}{\partial c} \right)} \tag{5-5}$$

据此可以导出：

$$R_\theta = \frac{i_\theta r^2}{I} = \frac{K c R T}{\partial \Pi / \partial c} (1 + \cos^2 \theta) \tag{5-6}$$

式中，

$$K = \frac{2\pi^2 n^2}{N_A \lambda_0^4} \left(\frac{\mathrm{d}n}{\mathrm{d}c} \right)^2 \tag{5-7}$$

所得结果与 Rayleigh 公式极为相似。

5.5.2 高聚物分子量的测定

由式(4-4)知高分子溶液的渗透压可表示如下：

$$\Pi = cRT \left(\frac{1}{M} + A_2 c + \cdots \right)$$

所以：

$$\frac{\partial \Pi}{\partial c} = RT \left(\frac{1}{M} + 2A_2 c + \cdots \right)$$

对稀溶液可取前两项：

$$\frac{\partial \Pi}{\partial c} = RT \left(\frac{1}{M} + 2A_2 c \right) \tag{5-8}$$

将式(5-8) 代入式(5-6)，当 $\theta = 90°$ 时得：

$$R_{90} = \frac{Kc}{(1/M) + 2A_2 c} \tag{5-9}$$

$$\frac{Kc}{R_{90}} = \frac{1}{M} + 2A_2 c \tag{5-10}$$

以 $\dfrac{Kc}{R_{90}}$ 对 c 作图为直线，根据直线的斜率和截距可求分子量 M 和第二维利系数 A_2。

由光散射原理测得的分子量属于重均分子量。

5.6 溶胶的颜色

溶胶的颜色除与粒子对光的选择吸收有关外，还与胶粒对光的散射有关。分析化学中曾介绍过朗伯-比尔定律，用来表述溶液对光的吸收规律：

$$I - I_s = I \exp(-Ecd) \tag{5-11}$$

式中，I 为入射光强，I_s 为光强的衰减；c 为溶液的浓度；E 为吸收系数，反映物质对光的吸收能力；d 为吸收层厚度。对于溶胶，粒子不但对光有吸收，而且还有散射，因此朗伯-比尔定律应修改为：

$$I - I_s = I \exp[-(E + \tau)cd] \tag{5-12}$$

式中，τ 为散射系数；$(E + \tau)$ 为消光系数。

实验证明，金溶胶的散射光强在一定波长下，与粒子大小之间的关系均有一极大值，此极大值随粒子变小移向短波方向，即主要散射短光波；随粒子变大移向长波方向，即主要散射长光波。金溶胶的颜色主要取决于粒子对光的吸收和散射，粒子较小时吸收占优势，散射很弱，长波长的光不易被吸收，透过光主要为波长较长的红光，所以溶胶显示红色，当粒子较大时散射增强，且极大值向长波方向移动，则透过光为波长较短的蓝光，所以溶胶显示蓝色。图 5-7 中粒子半径为 20nm、50nm 和 70nm 的金溶胶相对应的消光最大值处在绿光区、黄光区和红光区，故其溶胶呈现其补色，即红色、紫色和蓝色。

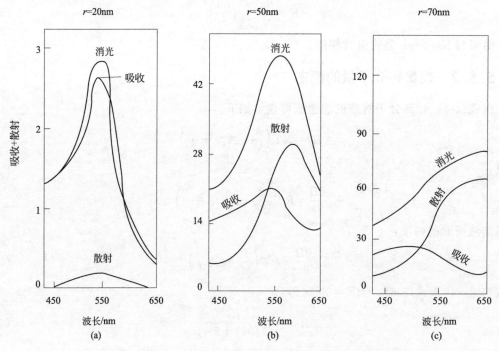

r=20nm r=50nm r=70nm

图 5-7　三种大小不同粒子的金溶胶的消光系数与波长的关系

5.7 动态光散射

5.7.1 准弹性散射

在前面的讨论中，我们一直认为或假设散射光的频率与入射光的频率相同，即光散射属于弹性散射。实际上微粒做不停的布朗运动，由于 Doppler 效应，散射光与入射光的频率会略有不同，即有频移发生。因为微粒的速度有分布，故频移也有分布范围。总的结果是散射光将以原频率 ω_0 为中心而展宽，如图 5-8 所示。

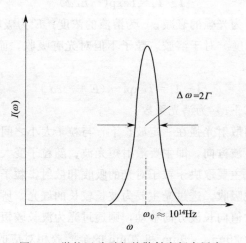

图 5-8　微粒运动引起的散射光频率展宽

展宽的宽度通常用半高半宽 Γ 表示，简称为线宽。理论分析表明，线宽 Γ 与描述微粒布朗运动强度的扩散系数 D 成比例：

$$\Gamma = DK^2 \tag{5-13}$$

式中，K 是散射矢量，表示为

$$K = \left(\frac{4\pi n}{\lambda_0}\right)\sin\left(\frac{\theta}{2}\right) \tag{5-14}$$

由于线宽很小，只有利用激光技术才能测出，在测出线宽后就可以得到 D 值。从上述讨论知，光散射属于准弹性散射。

5.7.2 散射光强的涨落

我们也可以从散射光强的涨落来考虑准弹性散射。以球形微粒为例，微粒不停地作布朗运动，所以散射点的相位关系随时间不断地变化着，结果在某处观察到的散射光强也随时间不断地涨落着，如图 5-9 所示。光散射实验中测得的光散射强度实际是这种涨落着的光强的时间平均值 $<I>$。

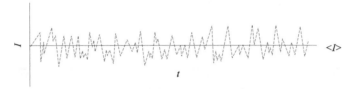

图 5-9 散射光强随时间的涨落

在此基础上采用散射光强的时间相关函数［其定义是 t 时刻的光强 $I(t)$ 和 $t+\tau$ 时刻的光强 $I(t+\tau)$ 的乘积对时间的平均值］表征光强在两个不同时刻的相关联程度，数学表示式为：

$$R_I(\tau) = \langle I(\tau)I(t+\tau)\rangle \lim_{T\to\infty}\frac{1}{T}\int_t^{t+\tau} I(t)I(t+\tau)\,\mathrm{d}t \tag{5-15}$$

式中，$R_I(\tau)$ 为时间相关函数；τ 代表延迟时间；T 是观测时间，$<\ >$ 代表时间平均值。

时间相关函数很重要，并可以由实验测得，举例说明，对单分散稀溶胶或高分子溶液，归一化的散射光相关函数可表示如下：

$$R_I(\tau) = 1 + \exp(-2DK^2\tau)$$

因此实验测得 $R_I(\tau)$ 后，以 $\ln[R_I(\tau)-1]$ 对 τ 作图，所得直线的斜率是 $-2DK^2$，根据式（5-14），知道波长及散射角值，即知 K 的大小，故自斜率就可以求得扩散系数 D，进一步求出流体力学半径：

$$r_h = \frac{K_B T}{6\pi\eta D}$$

此法的优点是：无需形成界面，对样品无干扰破坏，测量迅速，准确度高。

5.8 水的浊度

水中若含有胶体或悬浮杂质，就会呈现不够透明的浑浊现象。地表水的浑浊是由泥沙、黏土、有机物造成的。地下水一般比较透明，但若水中含有二价铁盐，与空气接触后就会产生氢氧化铁，使水成为棕黄色浑浊状态。生活污水和工业废水由于含有大量杂质和有机物，大多是比较浑浊的。

水的浑浊度以浊度为指标，它是光束通过介质时，因散射而产生的每单位光程上入射光能量的衰减率，此处以 τ 表示。设介质的厚度为 Δx，入射光强为 I，光强的衰减为 I_s，则透过光为：

$$I - I_s = I\exp(-\tau\Delta x) \tag{5-16}$$

于是有：

$$\frac{I-I_s}{I} = \exp(-\tau\Delta x)$$

$$\frac{I}{I-I_s} = \exp(\tau\Delta x)$$

$$\ln\frac{I}{I-I_s} = \tau\Delta x$$

$$\ln\frac{I}{I_t} = \tau\Delta x \tag{5-17}$$

或

$$A = \tau\Delta x \tag{5-18}$$

式(5-17) 中的 I_t 为透过光强，$\ln(I/I_t)$ 为吸光度，在式(5-18)中以 A 表示。可以看出此式即郎伯-比尔定律，但与分光光度分析中的真吸收不同，它的实质是假吸收。由此可以得到：

$$\tau = \frac{A}{\Delta x} \tag{5-19}$$

式(5-19) 即浊度的表达式，其意义是单位光程上发生的吸光度，或每单位光程上入射光能量的衰减率。尽管水处理中所应用的浊度可以用各种不同的间接指标表示，但其实质即如此处所述。

最初浊度的单位是以不溶性硅如漂白土、高岭土等在蒸馏水中产生的光学现象为基础的。即规定 1mg/L 的 SiO_2 所造成的浑浊程度为 1 度。把欲测水样与配制的标准浑浊液按照比浊法原理进行比较，就可以测得水样的浊度。这样，如果说某水样的浊度为 n 度，即指该水样的浑浊程度相当于 n mg/L 的 SiO_2 标准浑浊液所造成的浑浊程度，而不管水中颗粒物的大小。目前漂白土、高岭土等的粒径是用通过一定筛孔（例如 200 号筛）作为统一标准，按照规定的操作步骤配成标准浑浊液。这种标准单位通常称为"硅单位"。另一种值得推荐的标准浑浊液称为 Formazin 聚合物标准浑浊液，它由硫酸肼（硫酸联胺）和六亚甲基四胺（乌洛托品）两种溶液混合而制得，该标准溶液制备简单，光散射性质的重现性比 SiO_2 标准浑浊液要好，因此得到了广泛的应用。

Formazin 聚合物标准浑浊液制备方法如下：称取 1.000g 硫酸肼溶于水，定容至 100mL，再称取 10.00g 六亚甲基四胺溶于水，定容至 100mL。吸取以上两种溶液各 5.00 mL 于 100mL 容量瓶中混匀，于 25℃±3℃下静置反应 24h，冷却后用水稀释至标线，混匀，此溶液浊度为 400 度，可保存一个月。现代仪器显示的浊度是散射浊度单位 NTU。由于国际上认为，以乌洛托品-硫酸肼配制浊度标准重现性较好，所以选用作各国统一标准 FTU，1FTU=1NTU。

在应用浊度这个概念时，首先一定要把它同色度相区别，某种水可能颜色很深却仍然透明而不浑浊。其次浑浊度也不等于悬浮物质含量，即不等于水质指标 SS。SS 表示水中可以被滤纸截留的物质质量，而浑浊度则是一种光学效应，这种光学效应除了和 SS 的大小有关外，还和颗粒的大小及形状有关，所以如果两种水虽然有相同的悬浮物质含量，但颗粒粒径分布状况不同，其浊度就未必相同。

浑浊现象从来就是从表观上判断水是否受到污染的特征之一，水的浊度越高，其中所含杂质量必定越多。浊度首先是生活饮用水的重要指标，无机泥沙微粒本身虽不一定直接有害健康，但其上可能附着细菌，降低消毒作用效果，澄清除浊常是这种水处理的主要任务。工业用水也常对浊度提出一定的要求，例如，锅炉用水为防止炉内沉垢，要求浊度尽量低，食品、染色、造纸都要求低浊度水等。因此浊度的测定是用水废水处理中的重要任务。

第6章 流变性质

流变性质是指体系在外力作用下变形和流动的特性。胶体分散系的流变性质有许多特点，许多重要的生产问题（如涂料、钻井泥浆、陶土的形成等）都与胶体的流变性质有关，水处理所用的高分子絮凝剂溶液及水处理产生的污泥分别属于胶体分散体系和粗分散体系，其流变性质具有重要的实际意义，受到了广泛的关注。此外，从胶体溶液的流变性质常常可以估算微粒的大小、分子量、形状及其与介质的相互作用等，这对水环境科学和水处理技术有着重要的意义。

6.1 基本概念和基本理论

6.1.1 切应变与切变速度

首先研究固体物质受力变形的情况。如图 6-1 所示，图中固体为立方体，设其上表面积

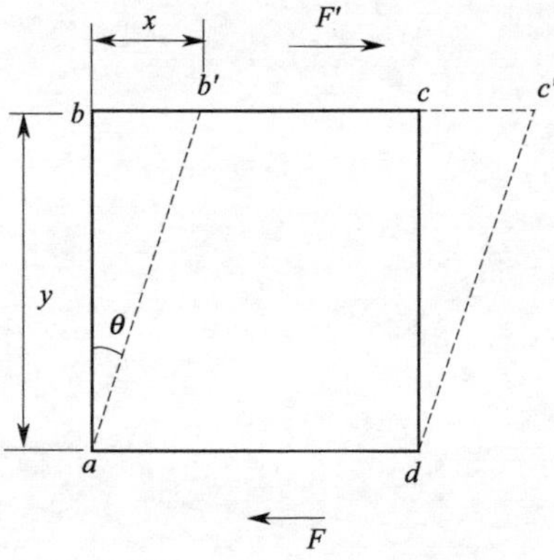

图 6-1 切应力作用下的切应变

为 A，侧表面的高为 y，现对其上下两面施加一切向力偶 F，则固体发生形变，上表面产生位移 x，相应的固体侧表面与其原来所在位置之间产生夹角 θ，只要 F 保持不变，θ 就不会随时间而变。由此得到：

F/A 为切应力，即对单位表面积所施加的切向力，其作用是克服与表面平行的各固体层之间的摩擦力，从而引起层与层之间的相对位移，产生形变，以 τ（$\mathrm{N/m^2}$）表示；

θ 为切应变，等于 x/y，根据虎克定律，在弹性范围内服从以下关系：

$$\theta = \frac{1}{G}\tau$$

式中，G 为刚性系数，代表物体抵抗切应变的能力。

如果受力物体是液体，情况则有不同。虽然切应力保持不变，但 θ 会随着时间无限制增大，此即流动。于是就产生切变速度 $\frac{\mathrm{d}\theta}{\mathrm{d}t}$，以 D（$\mathrm{s^{-1}}$）表示：

$$D = \frac{\mathrm{d}\theta}{\mathrm{d}t} = \frac{\mathrm{d}(x/y)}{\mathrm{d}t} = \frac{1}{y} \times \frac{\mathrm{d}x}{\mathrm{d}t} = \frac{v}{y} \tag{6-1}$$

可见 D 的意义是在垂直于液体流动方向上的速度梯度，对于非均匀情况应为：

$$D = \frac{\mathrm{d}v}{\mathrm{d}y} \tag{6-2}$$

6.1.2　牛顿公式

对于纯液体或小分子溶液，在层流状态时有：

$$\tau = \eta D \tag{6-3}$$

在上式两边同乘以 A 得到：

$$F = \eta A \frac{dv}{dy} \tag{6-4}$$

即切应力与速度梯度（切变速度）成正比。式(6-3) 和式(6-4) 称为牛顿公式，式中，η 为黏度系数，是单位面积和单位速度梯度情况下产生形变所需的作用力，代表内摩擦力的大小。在 SI 制中，黏度的单位是 Pa·s，在 cgs 制中黏度的单位是泊，换算关系为 1Pa·s＝10 泊。符合牛顿公式的流体称为牛顿流体，对牛顿流体 η 为常数，不随速度梯度而变，仅随温度变化；不符合牛顿公式的流体称为非牛顿流体，对非牛顿流体 η 不为常数，而是 D 的函数，此时以表观黏度 η_a 表示。

6.2 黏度的测量

6.2.1　毛细管法

（1）理论公式

设有一毛细管，管长为 L，离开管壁指向中心的距离为 y，离开管心指向管壁的距离为 r，管的半径为 R，液体在压力 p 的作用下在管中流动，如图 6-2 所示。

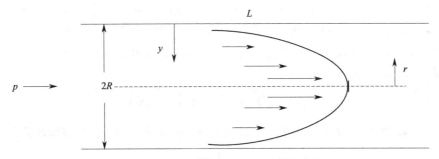

图 6-2　管中液体的流速和速度梯度分布

若使液体流动的力全部用来克服黏性阻力，则有：

$$\pi r^2 p - 2\pi r L \eta \frac{dv}{dy} = 0$$

$$\pi r^2 p + 2\pi r L \eta \frac{dv}{-dy} = 0$$

$$\pi r^2 p + 2\pi r L \eta \frac{dv}{dr} = 0$$

$$\frac{dv}{dr} = -\frac{1}{\eta} \frac{pr}{2L} \tag{6-5}$$

式(6-5) 说明管内速度梯度不均匀，而是随离开管心的距离而变化。在管心处，$r = 0$，所以 $\dfrac{\mathrm{d}v}{\mathrm{d}r} = 0$，速度梯度最小，在管壁处，$r = R$，所以有 $\dfrac{\mathrm{d}v}{\mathrm{d}r} = -\dfrac{1}{\eta} \dfrac{pR}{2L}$，速度梯度最大。根据式(6-5) 有：

$$\mathrm{d}v = -\frac{1}{\eta} \frac{pr}{2L} \mathrm{d}r$$

从管壁到 r 处积分：

$$\int_0^{v(r)} \mathrm{d}v = \int_R^r -\frac{1}{\eta} \frac{pr}{2L} \mathrm{d}r$$

得：

$$v(r) = -\frac{1}{\eta} \frac{p}{2L} \int_R^r r \mathrm{d}r = -\frac{p}{4\eta L} (r^2 - R^2) = \frac{p}{4\eta L} (R^2 - r^2)$$

因为毛细管中位于 r 处的液层的周长为 $2\pi r$，厚度为 $\mathrm{d}r$，该液层的横截面积就为 $2\pi r \mathrm{d}r$，所以每秒钟从毛细管中流出的液体体积为各液层流出的液体体积之和：

$$Q = \int_0^R 2\pi r v(r) \mathrm{d}r = \int_0^R 2\pi r \frac{p}{4\eta L} (R^2 - r^2) \mathrm{d}r = \frac{\pi p}{2\eta L} \int_0^R r (R^2 - r^2) \mathrm{d}r = \frac{\pi p R^4}{8\eta L} \tag{6-6}$$

由此得到：

$$\eta = \frac{\pi p R^4}{8QL} = \frac{\pi p R^4 t}{8VL} \tag{6-7}$$

式中，t 为液体流出的时间；V 为 t 时间内流出液体的体积。

式(6-7) 称为 Poiseuille 公式。根据式(6-7) 测定液体流出的时间可求出液体黏度，称为绝对法。

实际上使液体在毛细管中流动的压力 p 并未完全用于克服内摩擦驱动液体流动，有部分产生热量，此外液体从毛细管流出时在管端的流线与管内不同，会发生变化，所以需要做动能校正和末端校正。动能校正是将 p 以 $p - \Delta p$ 代替，而末端校正是将毛细管长度 L 以 $L + nR$ 代替。校正后的公式为：

$$\eta = \frac{\pi R^4 p t}{8V(L + nR)} - m \frac{\rho V}{8\pi (L + nR) t} \tag{6-8}$$

式中，m 为仪器常数；ρ 为液体密度。如果毛细管是垂直放立的，p 为液体的静压力：

$$p = \bar{h} \rho g \tag{6-9}$$

式中，$\bar{h}$ 为液柱的平均高度。代入式(6-8)，合并常数项得到：

$$\eta = A \rho t - B \frac{\rho}{t} \tag{6-10}$$

用已知黏度和密度的两种液体，分别测定流出时间，代入式(6-10)，联立求解可得 A 和 B，然后以同一支毛细管可以测定任意液体的黏度。如果毛细管较细较长，流出时间超过 100s，忽略式(6-10) 中右边第二项，则有：

$$\eta \approx A \rho t \tag{6-11}$$

应用式(6-11) 将为求得相对黏度提供极大的方便。

(2) 毛细管黏度计

常见毛细管黏度计有奥式和乌式两种，如图 6-3 所示。测定时将液体自 A 管装入，自 B

管吸至刻度线 a 以上，然后任其流下，测定液体从刻度线 a 流到刻度线 b 的时间，代入式(6-10) 即可求出液体的黏度。奥式黏度计中毛细管中的液体与球中的液体直接相连，流出时间与液体的体积有关，也就是与 A、B 两管中液体的压力差有关，如需测定不同浓度溶液的黏度，不能采用在管中加溶剂稀释的办法，必须将原溶液倾出，洗净烘干后充以相同体积的另一不同浓度的溶液，再作测定。在使用乌式毛细管黏度计时，在将液体吸入毛细管 B 前，须先封闭 C 管，吸上后在允许液体流下前，先打开 C 管，这时毛细管下面紧接毛细管的球中的液体会自动落下，使毛细管中的液体与球中的液体断开，这样流出时间与球中液体的体积或压力差不再有关。如需测定不同浓度溶液的黏度，无须将原溶液倾出，只要加入一定量溶剂稀释原溶液，接着重复测定步骤即可。

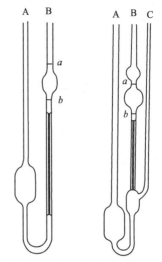

(a)奥式毛细管黏度计 (b)乌式毛细管黏度计

图 6-3　毛细管黏度计

6.2.2　同心转筒法

同心转筒法的仪器由两个同心转筒构成，其中内筒的高度是 L，并通过扭丝与一反光镜相连，内筒和外筒的半径分别为 R_a 和 R_b，如图 6-4 所示。

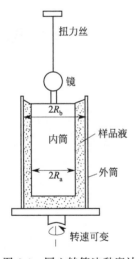

图 6-4　同心转筒法黏度计

实验时在两个同心圆筒之间装入待测液体，使外筒以恒速旋转，由于液体的黏性，内筒也会随之旋转，但扭丝会将其扭回，两转矩相等时，内筒不再转动，由镜面反射的光可测定扭转的角度 θ。设外筒旋转的角速度为 ω，液体的黏度为 η。对于牛顿液体，平衡时的转矩为：

$$T = 4\pi L \frac{R_a^2 R_b^2}{R_b^2 - R_a^2} \eta \omega = K \eta \omega \tag{6-12}$$

式中，K 为仪器常数。该转矩又与扭丝的扭转角度有关，可以表示为：

$$T = K'\theta \tag{6-13}$$

式中，K' 为仪器常数。对两种不同的液体有：

$$\frac{T_1}{T_2} = \frac{K\eta_1\omega_1}{K\eta_2\omega_2}$$

和

$$\frac{T_1}{T_2} = \frac{K'\theta_1}{K'\theta_2}$$

所以：

$$\frac{\theta_1}{\theta_2} = \frac{\eta_1\omega_1}{\eta_2\omega_2} \tag{6-14}$$

根据式(6-14)，如已知一种液体的黏度，通过实验测得其平衡时的角速度和扭丝偏转角度，再测定第二种液体平衡时的角速度和扭丝偏转角度，就可以求出第二种液体的黏度。该法称为相对法，适合于测定黏度较高的液体。

6.3 稀胶体溶液的黏度

6.3.1 基本概念

水处理工作中常涉及的高分子溶液的浓度一般较低，属于稀胶体溶液，设稀胶体溶液的黏度为 η，介质的黏度为 η_0，则可定义如下一些概念：

相对黏度：
$$\eta_r = \frac{\eta}{\eta_0} \tag{6-15}$$

增比黏度：
$$\eta_{sp} = \frac{\eta - \eta_0}{\eta_0} = \eta_r - 1 \tag{6-16}$$

比浓黏度：
$$\frac{\eta_{sp}}{c} \tag{6-17}$$

特性黏度：
$$[\eta] = \lim_{c \to 0} \frac{\eta_{sp}}{c} \tag{6-18}$$

其中特性黏度是浓度趋于零时的比浓黏度，微粒间的相互作用可以忽略，仅反映微粒与介质间的摩擦作用。

6.3.2 球形微粒对胶体溶液黏度的影响

当流体中存在胶体微粒时，流动液体会绕过微粒，使流线变长，内摩擦阻力变大，黏度增大，如图 6-5 所示。

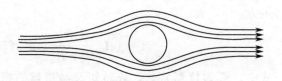

图 6-5　球形微粒对流体黏度的影响

对于刚性的球形微粒的稀分散体系，Einstein 得到了有名的公式：
$$\eta = \eta_0(1 + 2.5\phi) \tag{6-19}$$
式中，ϕ 为微粒所占的体积分数。

由此可见，相对黏度与微粒的总体积分数有关，但式(6-19)并不能给出单个微粒大小的信息。

6.3.3 微粒形状对胶体溶液黏度的影响

微粒形状不对称会对胶体溶液的黏度造成以下影响。

① 微粒形状不对称时，溶液黏度要比 Einstein 公式的预期值高，且随着轴比的增大而增大。造成这种影响的原因有三个：第一是流线受到的干扰比球形更强；第二是微粒在速度

梯度场中发生转动，增大了对流线的干扰；第三是微粒相互干扰，增大了流动的摩擦阻力。

② 微粒形状不对称时，速度梯度场会使微粒沿流线定向，内摩擦阻力减小，如图 6-6 所示，因而式（6-3）中的 η 不再是常数。速度梯度越高，定向程度越高，η 越小。

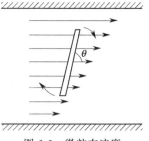

图 6-6　微粒在速度
梯度场中的定向

6.3.4　微粒溶剂化对胶体溶液黏度的影响

微粒溶剂化使微粒的体积分数 ϕ 变大，因而黏度增大。对于球形微粒：

$$\phi_{溶剂化}=\left(1+\frac{3\Delta R}{R}\right)\phi_{干}=K'\phi_{干} \tag{6-20}$$

式中，ΔR 为溶剂化层的厚度；$K'>1$。

6.3.5　分子量对胶体溶液黏度的影响

分子量与黏度的关系符合 Mark-Houwink 公式：

$$[\eta]=KM^{\alpha} \tag{6-21}$$

式中，$[\eta]$ 为溶液的特性黏度；M 为微粒的分子量；K 和 α 为常数，对于不同的高分子有不同的特定值。其中 α 的数值可反映微粒在溶液中的形态或分子的伸展程度：

球形微粒，$\alpha=0$；

刚性棒状分子，$\alpha=2$；

线团柔性分子，$\alpha=0.5\sim1.0$。在不良溶剂中，分子卷缩成团，α 值较小，在良溶剂中，分子链伸展开来，α 值较大。

要用式（6-21）求高聚物分子量，可利用 Huggins 经验公式先求出特性黏度，再从手册或文献中查出 K 值和 α 值，即可求出分子量。Huggins 经验公式如下：

$$\frac{\eta_{sp}}{c}=[\eta]+K'[\eta]^2c \tag{6-22}$$

$$\frac{\ln\eta_r}{c}=[\eta]-\beta[\eta]^2c \tag{6-23}$$

可以看出，利用式（6-22），以 $\dfrac{\eta_{sp}}{c}$ 对 c 作图得直线，直线的截距应等于特性黏度 $[\eta]$。也可以利用式（6-23），以 $\dfrac{\ln\eta_r}{c}$ 对 c 作图得直线，直线的截距也应等于特性黏度 $[\eta]$。在实际工作中一般这两条直线均需做出，如果在纵坐标轴上能交于同一点，则实验准确性较好，否则说明实验准确性不够好。

● 【例 6-1】分子量与黏度的关系

已知分子量同为 1×10^5 的三醋酸纤维在丙酮中（25℃）的 $K=8.97\times10^{-5}$ L/g，$\alpha=0.9$；聚异丁烯在苯中（25℃）$K=1.07\times10^{-3}$ L/g，$\alpha=0.5$。计算体系各自的特性黏度，说明这些数据与体系性质的关系。

解：对于三醋酸纤维-丙酮体系：

$$[\eta]=KM^{\alpha}=8.97\times10^{-5}\times(1\times10^5)^{0.9}=2.84\;(L/g)$$

对于聚异丁烯-苯体系：

$$[\eta] = KM^\alpha = 1.07 \times 10^{-3} \times (1 \times 10^5)^{0.5} = 0.34 \ (\text{L/g})$$

由此结果可见，尽管二聚合物的分子量相同，但三醋酸纤维丙酮溶液的特性黏度比聚异丁烯苯溶液的特性黏度大 7 倍以上，这主要是由常数 α 决定的，它的大小反映了聚合物在溶剂中分子构型的特点。三醋酸纤维分子的结构单元是带有 3 个醋酸根基团的六元环，很难转动和弯曲，具有刚性，在丙酮中分子呈舒展形态，因而特性黏度大。聚异丁烯分子的结构单元是较小的脂肪烃，易弯曲，非极性较强，苯虽然可以将它溶解，但因苯的可极化 π 电子的存在，极性较强，是不良溶剂，导致聚异丁烯分子卷曲缠绕，使体系的特性黏度变小。

● 【例 6-2】用黏度法求分子量

25℃时用乌氏毛细管黏度计测得不同浓度聚乙烯醇水溶液的流出时间列于下表。计算聚乙烯醇的分子量。已知 25℃时的 $K = 2.0 \times 10^{-4}$（100mL/g），$\alpha = 0.76$，$\eta_0 = 1.0 \times 10^{-3} \text{Pa} \cdot \text{s}$。

浓度/(g/100mL)	0	0.219	0.291	0.445	0.602	0.704	0.844
流出时间/s	103.2	114.8	119.2	128.2	138.0	145.4	155.8

解：根据以上数据计算得到

浓度/(g/100mL)	0	0.219	0.291	0.445	0.602	0.704	0.844
流出时间/s	103.2	114.8	119.2	128.2	138.0	145.4	155.8
η_r		1.112	1.155	1.242	1.337	1.409	1.510
$\ln \eta_r$		0.106	0.144	0.217	0.290	0.343	0.412
η_{sp}		0.112	0.155	0.242	0.337	0.409	0.510
η_{sp}/c		0.511	0.533	0.544	0.560	0.581	0.604
$\ln \eta_r / c$		0.484	0.495	0.488	0.481	0.487	0.488

用 Excel 软件作线性回归得直线：

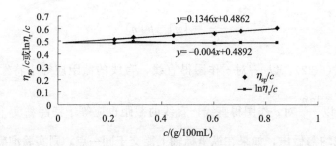

由此求出截距为 0.49，则特性黏度 $[\eta] = 0.49$，所以有：

$$[\eta] = KM^\alpha$$
$$0.49 = 2.0 \times 10^{-4} M^{0.76}$$
$$M = 28802$$

聚丙烯酰胺（PAM）是水处理中使用最多的有机高分子絮凝剂。PAM 可按平均分子量分类如下。低分子量：$1 \times 10^3 \sim 1 \times 10^5$；中等分子量：$1 \times 10^5 \sim 1 \times 10^6$；高分子量：$1 \times 10^6 \sim 5 \times 10^6$；特高分子量：$> 5 \times 10^6$。据报道，目前 PAM 的分子量已能达到 1.8×10^7，但适用于水处理絮凝的 PAM 分子量宜在 $4 \times 10^6 \sim 6 \times 10^6$ 之间。PAM 的分子量常用毛细管黏度法

测定。其特性黏度与分子量的关系由 Mark-Houwink 公式 $[\eta]=K\overline{M}^{a}$ 给出。

重均分子量：
$$[\eta]=3.73\times10^{-4}\overline{M}_{w}^{0.66} \tag{6-24}$$
（溶剂 1mol/L NaNO$_3$，30℃）

数均分子量：
$$[\eta]=6.8\times10^{-4}\overline{M}_{n}^{0.66} \tag{6-25}$$
（溶剂水，25℃）

Z 均分子量：
$$[\eta]=6.31\times10^{-5}\overline{M}_{z}^{0.80} \tag{6-26}$$
（溶剂水，25℃）

以上各式中特性黏度的单位均为 100mL/g。对水解聚丙烯酰胺，为消除电黏度效应的影响，应以 NaNO$_3$ 溶液为溶剂进行测定。

6.4 浓分散体系的流变性质

在生产中常遇到浓分散体系，例如给水厂沉淀池污泥及污水处理厂的活性污泥等。它们的流变性质要复杂得多，在实用上也显得很重要。以切变速度 D 对切应力 τ 作图，可得如图 6-7 所示的基本流型。

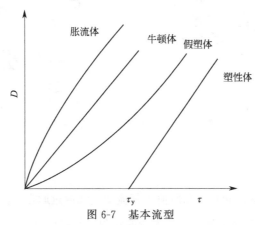

图 6-7　基本流型

按基本流型，可将流体分为 4 种，分别为牛顿体、塑性体、假塑体和胀流体，还有一种流体属于塑性体系统，但不符合上述 4 种流型，其特点是具有时间依赖性，称为触变性流体，所以共有 5 种流体。

6.4.1　牛顿体

牛顿体（Newtonian flow）的特点是 D-τ 关系为直线，且通过原点。即在任意小的外力作用下，液体就能发生流动。对于牛顿体单用黏度就足以表征其流动特性。另外从 D-τ 关系为直线可以看出，直线的斜率越小，液体的黏度越大。大多数纯液体都属于牛顿体，如水、甘油、低黏度油、许多低分子化合物溶液及稀溶胶等。

6.4.2　塑性体

塑性体（plastic fluid）也叫 Bingham 体，其流变曲线也是直线，但不经过原点，而是

与切力轴交在 τ_y 处，也就是当 $\tau>\tau_y$ 时体系才会流动，τ_y 称为屈服值。例如我们在挤牙膏时，若用力很轻，牙膏并不流出，只是膏面由平变凸，一松手又变平；若用力稍大时，牙膏就会从管中流出，再也不能缩回。像牙膏这种流体，当外加切应力较小时不流动，只发生弹性形变；当切应力超过某一限度时，体系的变形就成为永久变形，表现出可塑性，故称为塑性体。使塑性体开始流动所需加的临界切应力即为屈服值。

塑性体流变曲线的直线部分可表示为：

$$\tau-\tau_y=\eta_塑 D \quad (\tau>\tau_y) \tag{6-27}$$

式中，$\eta_塑$ 称为塑性黏度（或结构黏度），它和屈服值 τ_y 是塑性体的两个重要流变参数。

对塑性体流变曲线的解释是：当悬浮液浓到质点相互接触时，就形成三维空间结构，如图 6-8 所示，τ_y 就是此结构强弱的反映。只有当外加切应力超过 τ_y 后，才能拆散结构使体系流动，所以 τ_y 相当于使体系开始流动所必须多消耗的力。由于结构的拆散和重新形成总是同时发生的，所以在流动中可以达到拆散速度等于恢复速度的平衡态，即总的来看结构拆散的平均程度保持不变，因此体系有一个近似稳定的黏度 $\eta_塑$。油墨、涂料及牙膏等都是塑性体。

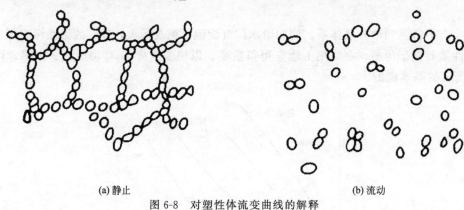

(a) 静止   (b) 流动

图 6-8 对塑性体流变曲线的解释

6.4.3 假塑体

假塑体（pseudoplastic fluid）无屈服值，其流变曲线通过原点，其表观黏度 η_a 随切应力增加而下降，也就是搅得越快显得越稀。其流变曲线为一凹向切应力轴的曲线，如图 6-7 所示。

假塑体也是一种常见的非牛顿体，大多数高分子溶液及乳状液都属于此类。对于这种流体，其 D-τ 关系可用指数定律表示：

$$\tau=KD^n \quad (0<n<1) \tag{6-28}$$

式中，K 和 n 都是与液体性质有关的经验常数 K 是液体黏稠度的量度，K 越大，液体越黏稠。n 值小于 1，是非牛顿体的量度，n 与 1 相差越多，则非牛顿行为越显著。按照式（6-28），以 $\ln\tau$ 对 $\ln D$ 作图应得直线关系，据此可求出 K 和 n。

假塑体形成的原因有两个：①这类体系倘若有结构也必然很弱，故 τ_y 几乎为零，在流动中结构不易恢复，故表观黏度总是随切变速度增加而减小；②这类体系也可能无结构，表观黏度减小可能是质点在速度场中定向的结果。

6.4.4 胀流体

胀流体（dilatant fluid）的流变曲线也通过原点，但与假塑体相反，其流变曲线为一凸向切应力轴的曲线，如图 6-7 所示。其表观黏度 η_a 随切变速度增加而增大，也就是说这类体系搅得越快显得越稠。式（6-28）在此也适用，但 $n>1$。

胀流体通常要满足以下两个条件。①分散相浓度需相当大，且应在一狭小的范围内。例如淀粉大约在 $40\%\sim50\%$ 的浓度范围内可表现出明显的胀流体特征。分散相浓度较低时为牛顿体，较高时为塑性体。②颗粒必须是分散的，而不是聚集的。这两个条件不难理解，设切力不大时颗粒全是散开的，故黏度较小。切力大时许多颗粒被搅到一起，虽然这种结合并不稳定，但大大增加了流动阻力，搅得越剧烈，结合越多，阻力也越大，也就显得越稠，如图 6-9 所示。当分散相浓度太小时结构不易形成，当然无胀流现象；浓度太大时颗粒本来已经接触了，搅动时内部变化不多，故胀流现象不显著。

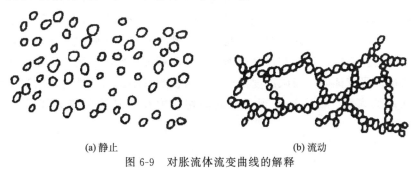

(a) 静止   (b) 流动

图 6-9　对胀流体流变曲线的解释

6.4.5　触变流型

触变流型（thixotropy flow）属于塑性体的系统，这类系统大多有一个特点，即触变性（thixotropy）。若将浓度相当大的 $Fe_2O_3 \cdot xH_2O$ 或 V_2O_5 的水溶液或铝皂在苯中的溶胶在试管中静置一些时间，即成半固体状态，将试管倒置，样品并不流出；若将试管剧烈摇动，又可恢复到原来的流体状态，这种现象可任意重复，人们把这种摇动可变成流体、静置后又变成半固体的性质，叫作触变性。

泥浆、涂料都有触变性。关于触变性的解释很多，比较流行的看法是，针状和片状质点比球形质点更易表现出触变性，这是由于它们的边角和末端相互吸引易于达成架子。流动时结构被拆散，但被拆散的质点要靠布朗运动使边角相碰才能重建结构，这个过程需要时间，因此表现出触变性。触变体系的流变曲线和塑性流型大体相似，但较复杂，流变曲线上都出现滞后圈，如图 6-10 所示，即用转筒法测定不同切应力下的切变速度时，从低到高直至达

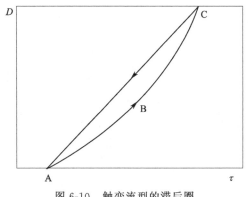

图 6-10　触变流型的滞后圈

到预先选定的某一最高值（图中C点）后，再逐步减小切应力，同时记录相应的切变速度，实验表明上行线ABC和下行线CA形成一个月牙形的圈，这个圈就是滞后圈。一般来说，滞后圈的大小可以看作触变性大小的度量。

6.5 水处理污泥的流变性质

众所周知，污泥的调理和脱水在水处理中是非常重要和必需的单元操作，无论是对于给水处理厂还是污水处理厂都是这样。先前的研究表明，给水处理厂产生的絮体污泥、污水处理厂产生的活性污泥及消化污泥均为非牛顿流体。例如，一些水厂的污泥具有剪切变稀的性质，且可以用Bingham塑性体模型模拟。非牛顿流体的流变性质不但依赖于污泥的表面性质，而且依赖于污泥的成分，因而对于研究污泥调理和脱水及实际生产操作均具有非常重要的指示和预测作用。例如，我们在污水处理厂做污泥调理工作时，可以以黏度作为决定絮凝剂投加量的指标。研究证明，极限黏度及滞后环面积的减小都与活性污泥的浓度有关，可以用来反映丝状菌的膨胀。研究还发现污泥的剪切应力在好氧消化或厌氧消化后会显著地改变。

第7章 电学性质

微粒表面带电是胶体分散体系最重要的性质之一，是胶体分散体系得以稳定存在的重要原因。从本质上讲，水处理中的凝聚-絮凝方法就是以破坏胶体分散体系的稳定性为目的，因而胶体分散体系的电学性质就成为水处理絮凝科学的重要理论基础。同时胶体分散体系的电学性质也对胶体的许多其他性质，如动力学性质、光学性质及流变性质等，有着重要的影响。

7.1 天然水中胶体表面电荷的来源

概括地讲，分散颗粒表面的电荷是由于带电离子在颗粒和溶液间的不平衡分布所造成。此种电荷不平衡分布的原因，因颗粒性质的不同而不同，常见的有如下几种。

7.1.1 铝硅酸盐矿的同晶代换

天然水中的无机悬浮物和胶体微粒大多来自土壤中的黏土矿物，它们是铝或镁的硅酸盐晶体，由 SiO_2 四面体和 $[AlO(OH)]$ 的八面体层通过共用氧原子联结而成的板层结构构成。图 7-1 是高岭土的双层板结构，由一片四面体层和一片八面体层构成。其中八面体层中的 OH 很容易与其他双层板的四面体层中的 O 形成氢键，于是板板联合成多板片。蒙脱土、白云母等其他矿物也具有相似的结构。

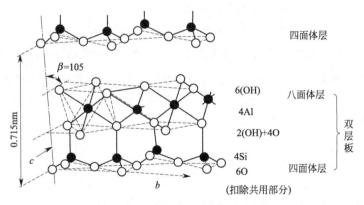

图 7-1 高岭土的双层板结构

黏土矿物多数有异价离子的同晶代换。四面体中的 Si(Ⅳ) 若被 Mg(Ⅱ)、Fe(Ⅱ)、Zn(Ⅱ) 等置换，板片上就会有过剩的负电荷，由于静电吸引作用在板与板之间就会吸附一层 K^+ 或 Na^+ 的阳离子，以保持电中性。当矿石被粉碎时，被吸附的阳离子暴露在界面而溶于水，结果使黏土微粒带上了负电。

7.1.2　水合氧化物矿的电离与吸附

黏土矿物实际也可以看作是 Si、Fe、Al 等的氧化物晶体，称为氧化物矿。水中的氧化物矿由于水合作用会在其表面上覆盖有一层羟基，具体有两种情形。一种是由于表面层的 Si、Fe、Al 等金属离子或类金属离子的配位数还未达到饱和，因而与 H_2O 分子配位而发生吸附，吸附水分子由于电离而成为覆盖于表面的羟基；另一种是氧化物矿表面上的氧原子的化合价也未达到饱和，因而将水中的氢离子吸附于其上，同样形成覆盖于表面的羟基。水合氧化物矿的表面结构示于图 7-2。

覆盖于氧化物矿表面的羟基会发生化学反应，使表面带上电荷。例如硅表面的电荷可以解释为由硅醇基的电离和吸附而造成。

由图 7-3 看出，氧化物矿的表面电荷强烈地依赖于 pH 值，当水的 pH 值升高时，表面上的硅醇基会电离而带负电，当水的 pH 值降低时，表面上的硅醇

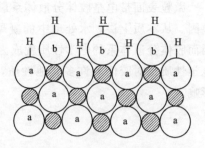

图 7-2　水合氧化物矿的表面结构

⬤金属离子　〇氧原子（内有 a 者为原有氧原子；
内有 b 者为吸附羟基的氧原子）

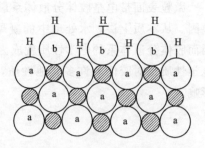

图 7-3　硅表面的电离与吸附作用

基吸附 H^+ 则会带正电，这样必然会在某一 pH 值时，表面不带电荷，该状态称为等电点，相应的 pH 值记作 pH_0（或 pH_{pzc}）。大多数种类氧化物矿的 pH_0 小于天然水的 pH 值，如硅的酸性较强，$pH_0 \approx 2$，由于天然水的 pH 值大于大多数氧化物矿的 pH_0，所以天然水中的黏土矿物总是带负电。由此产生的表面电荷密度为：

$$\sigma_0 = F(\Gamma_{H^+} - \Gamma_{OH^-}) \quad (C/cm^2) \tag{7-1}$$

式中，Γ_{H^+} 为吸附在氧化物矿单位面积表面上的 H^+ 量（mol/cm^2），Γ_{OH^-} 为吸附在氧化物矿单位面积表面上的 OH^- 量（mol/cm^2），F 为法拉第常数，其值为 96485C/mol。

水合氧化物矿的表面电荷可以由实验测定的酸碱滴定曲线经计算得到。如 γ-Al_2O_3 的悬浊液在用酸或碱滴定时，会发生如下平衡移动：

$$\vdash AlOH_2^+ \underset{+H^-}{\overset{+OH^-}{\rightleftharpoons}} \vdash AlOH \underset{+H^-}{\overset{+OH^-}{\rightleftharpoons}} \vdash AlO^- \tag{7-2}$$

若以强酸 HA 或强碱 NaOH 滴定时会得到如图 7-4 的滴定曲线。

在曲线上任意一点，根据电荷平衡有：

$$[A^-] + [OH^-] + [\vdash AlO^-] = [Na^+] + [H^+] + [\vdash AlOH_2^+] \tag{7-3}$$

由于 $[A^-] = c_A$（加入强酸的浓度），$[Na^+] = c_B$（加入强碱的浓度），上式成为：

$$c_A + [OH^-] + [\vdash AlO^-] = c_B + [H^+] + [\vdash AlOH_2^+] \tag{7-4}$$

$$c_A - c_B + [OH^-] - [H^+] = [\vdash AlOH_2^+] - [\vdash AlO^-] \tag{7-5}$$

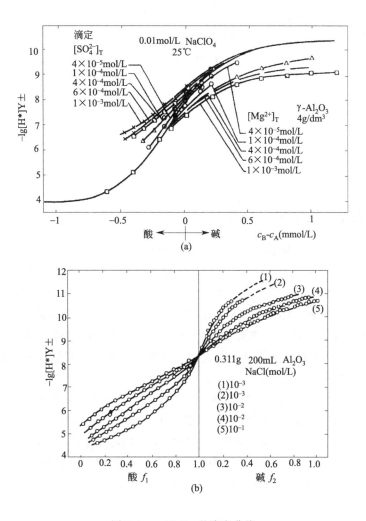

图 7-4　$\gamma\text{-Al}_2\text{O}_3$ 的滴定曲线

（a）在有和没有表面配位 Mg^{2+} 和 SO_4^{2-} 时，各种情况下的酸碱滴定曲线；

（b）不同离子强度下的滴定曲线（f 为加入滴定液的当量分数，悬浊液零电荷点与电解质浓度无关）

若氧化物矿的浓度为 $m(\text{kg/L})$，{ } 表示表面化合态的浓度（mol/kg），则有：

$$\frac{c_A-c_B+[\text{OH}^-]-[\text{H}^+]}{m}=\{\vdash\text{AlOH}_2^{\ +}\}-\{\vdash\text{AlO}^-\} \tag{7-6}$$

由此可见，平均表面电荷密度 Q（即 $\{\vdash\text{AlOH}_2^+\}-\{\vdash\text{AlO}^-\}$）可以由加入的总碱量（或总酸量）与平衡时 $[\text{OH}^-]$ 和 $[\text{H}^+]$ 的差值计算得出，而该差值可由滴定曲线得到。若 $\gamma\text{-Al}_2\text{O}_3$ 的比表面积 S（cm^2/kg）已知，则表面电荷密度 σ_0（C/cm^2）可按下式计算：

$$\sigma_0=QFS^{-1}=F(\varGamma_{\text{H}^+}-\varGamma_{\text{OH}^-}) \tag{7-7}$$

式中，F、$\varGamma_{\text{H}^+}$ 及 $\varGamma_{\text{OH}^-}$ 的意义同式(7-1)。

7.1.3　表面专属化学作用

当水体受到污染时，表面电荷的形成出现多样化。一些表面的电荷来源于表面与某些溶质的配位结合，这种作用常被称为表面专属化学作用或表面专属吸附。例如：

$$\vdash S + S^{2-} \Longrightarrow \vdash S_2^{2-} \tag{7-8}$$

$$\vdash Cu + 2H_2S \Longrightarrow \vdash Cu(SH)_2^{2-} + 2H^+ \tag{7-9}$$

$$\vdash FeOOH + HPO_4^{2-} \Longrightarrow \vdash FeOHPO_4^- + OH^- \tag{7-10}$$

$$\vdash R(COOH)_n + mCa^{2+} \Longrightarrow \vdash R-[(COO)_n Ca_m]^{2m-n} + nH^+ \tag{7-11}$$

$$\vdash MnO \cdot H_2O + Zn^{2+} \Longrightarrow \vdash MnOOHOZn^{2+} + H^+ \tag{7-12}$$

此外,在天然水和工业废水中常含有表面活性物质的离子,它们也可以通过专属作用吸附于颗粒之上,使颗粒带上不同的电荷,其吸附作用还可以是伦敦-范德华作用,也可以是氢键或憎水作用。

7.1.4 腐殖质的电离与吸附

生物体物质在土壤、水体和沉积物环境中转化为腐殖质,它是天然水中重要的有机物。海水中腐殖质构成有机物总量的 $6\%\sim30\%$,沼泽水因含有大量的腐殖质而显黄色,未受污染的江河水中的有机物主要为腐殖质。腐殖质中既能溶于酸又能溶于碱的部分称为富里酸,能溶于碱而不溶于酸的部分称为腐殖酸,既不溶于碱又不溶于酸的则称为腐黑物。

腐殖质就其元素组成而言,主要为碳、氢、氧、氮和少量的硫、磷等元素。分子量在 $300\sim1\times10^6$ 之间,其中富里酸的分子量为数百至数千之间,腐殖酸的分子量在数千至数万之间。颜色越深,分子量则越高。

腐殖质就其结构而言,可以看作是多元酚和多元醌作为芳香核心的高聚物。其芳香核心上有羧基、羰基、酚基等官能团。核心之间以多种桥键相连,如—O—、—CH_2—、=CH—、—NH—、—S—S—和氢键等。富里酸与腐殖酸及腐黑物比较,除分子量较小外,可能含有较多的亲水官能团。Schnitzer 根据分级分离和降解研究提出富里酸由酚和苯羧酸以氢键结合而成,形成的聚合物具有相当的稳定性,如图 7-5 所示。

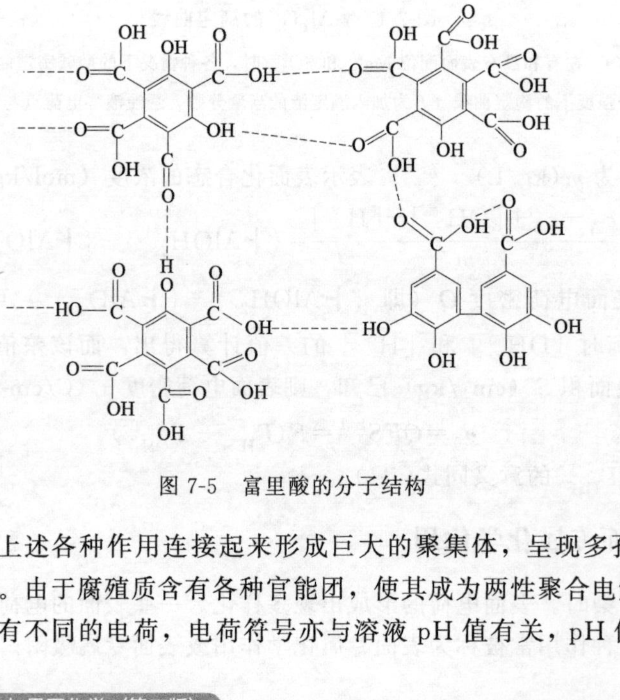

图 7-5 富里酸的分子结构

腐殖质分子通过上述各种作用连接起来形成巨大的聚集体,呈现多孔疏松状的海绵结构,有很大的表面积。由于腐殖质含有各种官能团,使其成为两性聚合电解质。其电离与吸附行为可导致表面带有不同的电荷,电荷符号亦与溶液 pH 值有关,pH 值较低时,表面正电荷占优势；pH 值较高时，表面负电荷占优势；在某一中间 pH 值即等电点时，表面净电荷为零，恰与水合氧化物表面的情形相似。

7.1.5 蛋白质的两性特征

受到生活污水污染的水体常含有蛋白质，蛋白质由各种氨基酸构成。氨基酸为两性分子，在不同的溶液 pH 值下，可显示不同的电性，当溶液的 pH 值由低逐渐升高时，蛋白质所带的电荷由正经等电点变为负，如图 7-6 所示。可见其形态特征也强烈地依赖于溶液的 pH 值。各种氨基酸的等电点不同，且分布比较广泛（pH 2～11）。各种蛋白质也具有特定的等电点，例如胃蛋白酶的等电点是 pH 1.1，酪蛋白是 pH 3.7，蛋蛋白是 pH 4.7，核糖核酸酶是 pH 9.5，溶菌酶是 pH 11.0 等，在等电点时蛋白质最容易沉淀。

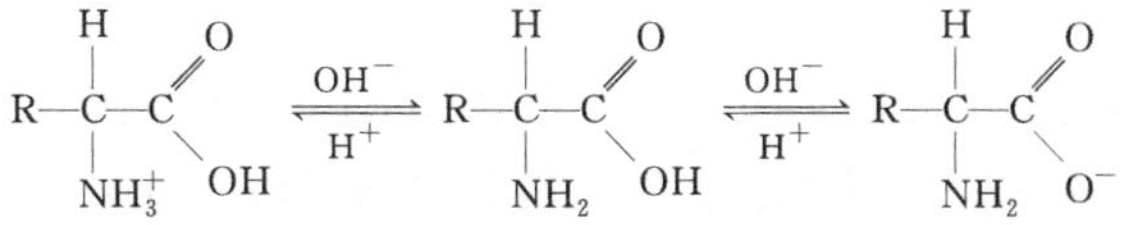

$$R-\overset{\overset{\displaystyle H}{|}}{C}-\overset{\overset{\displaystyle O}{\|}}{C} \quad \underset{H^+}{\overset{OH^-}{\rightleftharpoons}} \quad R-\overset{\overset{\displaystyle H}{|}}{C}-\overset{\overset{\displaystyle O}{\|}}{C} \quad \underset{H^+}{\overset{OH^-}{\rightleftharpoons}} \quad R-\overset{\overset{\displaystyle H}{|}}{C}-\overset{\overset{\displaystyle O}{\|}}{C}$$
$$\quad NH_3^+ \quad OH \qquad\qquad NH_2 \quad OH \qquad\qquad NH_2 \quad O^-$$

图 7-6　蛋白质的带电机理

本书已介绍了胶体表面带电的数种不同机理，虽未包罗万象，但可反映出通常所见的情形。胶体带电的机理可因不同的表面而不同，但从热力学上讲，原因只有一个，那就是因物质的分散度升高而导致了表面自由能的升高。为降低自由能，物系可通过表面吸附、离解等达到目的，其结果使胶体表面带上了电荷。

7.2 动电现象

在研究胶体的电学性质时人们发现了动电现象，动电现象的发现引导人们认识了胶体的双电层结构，因而在胶体研究中具有十分重要的意义。动电现象主要指电泳、电渗、流动电位、沉降电位等，分述如下。

7.2.1 电泳

胶体微粒在电场中做定向运动的现象叫电泳。图 7-7 所示的是一种简易的电泳实验装置。如图 7-7 所示，若在 U 形管内装入棕红色的 $Fe(OH)_3$ 溶胶，其上放置无色的 NaCl 溶液，操作时要求两液相间要有清楚的界面，通电一段时间后，便能看到棕红色的 $Fe(OH)_3$ 溶胶的阳极端界面下降，而阴极端界面上升。证明 $Fe(OH)_3$ 溶胶带正电。同理，若用 As_2S_3 溶胶实验可证明它带负电。

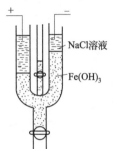

图 7-7　电泳实验装置

胶体微粒的电泳速率与微粒所带的电量及外加电场的电位梯度即电场强度成正比，而与介质的黏度及微粒的大小成反比。溶胶微粒要比离子大得多，但实验证明溶胶电泳速率与离子迁移速率的数量级基本相同，如表 7-1 所示，由此可见溶胶微粒所带电量是相当大的。

表 7-1 胶体微粒与普通离子的电泳速率比较

离子(微粒)	电泳速率/[(10⁻⁶m/s)/(100V/m)]	离子(微粒)	电泳速率/[(10⁻⁶m/s)/(100V/m)]
H^+	32.6	Cl^-	6.8
OH^-	18.0	$C_3H_7COO^-$	3.1
Na^+	4.5	$C_8H_{17}COO^-$	2.0
K^+	6.7	胶体	2.0~4.0

7.2.2 电渗

实验发现，如果在多孔塞或毛细管的两端加一定电压时，则多孔塞或毛细管中的液体将产生定向移动，这种现象叫作电渗。电渗的实验装置如图 7-8 所示，在 U 形管底部设置一多孔塞，则可以看出，在负极端液面会逐渐上升，而在正极端液面会逐渐下降。

电渗的另一个有趣的例子如图 7-9 所示。在盛有水的素烧瓷杯的外壁上夹住一块锡箔接电源的负极，在杯中悬挂一块金属片于水中，接电源的正极。素烧瓷杯一般不渗水，在通电前外壁看不出有水渗出，但通电后素烧瓷杯的外壁却不断有水珠渗出，并从漏斗颈流下，此例表明，在多孔塞或毛细管中的水带有正电荷。

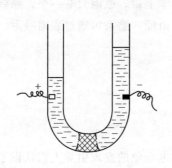

图 7-8 电渗的实验装置

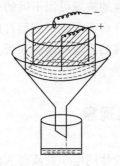

图 7-9 电渗现象

7.2.3 流动电位

与电渗相反，若施加压力使液体在多孔塞或毛细管中流动，多孔塞或毛细管两端就会产生电位差，此电位差称为流动电位。流动电位意味着液体流动时带走了与表面电荷相反的带电离子，从而使毛细孔两端发生了相反电荷的积累，于是形成了电场。流动电位的测定装置如图 7-10 所示。

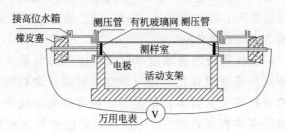

图 7-10 流动电位的测定装置

7.2.4 沉降电位

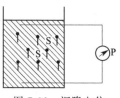

图 7-11　沉降电位
的测定装置

胶体微粒在重力场或离心力场中迅速沉降时，会在沉降方向的两端产生电位差，这叫作沉降电位。沉降电位意味着带电微粒在沉降时将相反电荷的离子留在了原处，正负电荷发生了分离，测定装置如图 7-11 所示。图中 P 为电位差计，S 为胶体微粒。

以上四种动电现象中，电泳、电渗是由于外加电位差引起的固、液相之间的相对移动，即"电生动"；而流动电位、沉降电位则是由于固、液相之间的相对移动产生电位差，即"动生电"。动电现象说明分散相与分散介质带有相反的电荷，启示着双电层的存在。

7.3 双电层模型

胶体表面上带电荷以后，会吸引溶液中与表面电荷符号相反的离子（反离子），同时排斥与表面电荷符号相同的离子（同离子），这样会造成表面附近溶液中的反离子过剩（即高于本体溶液中的浓度）和同离子欠缺（即低于本体溶液中的浓度）。反离子过剩称为吸附，并发生离子交换，而同离子欠缺则称为负吸附。吸附与负吸附共同造成溶液中的反电荷。存在于表面的电荷与溶液中的反电荷构成双电层。关于双电层的内部结构，经历了不同的发展阶段，曾提出过 Helmholtz、Gouy-Chapman 和 Stern 三种模型，最终我们对双电层的结构有了一个比较正确完整的科学认识。

7.3.1 Helmholtz 平板电容器模型

1879 年 Helmholtz 最早提出了双电层模型以解释动电现象。他认为双电层结构类似于一个平板电容器，如图 7-12 所示。

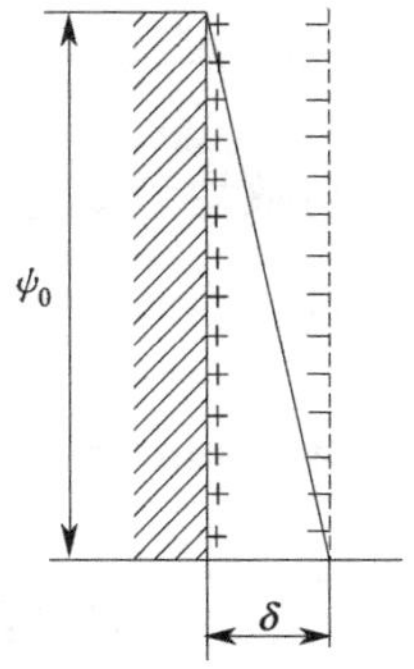

图 7-12 中微粒的表面为平面，表面电荷构成双电层的一层，反离子平行排列在介质中，构成双电层的另一层，两层之间的距离很小，约等于离子的半径。在双电层内电位直线下降，表面电位 ψ_0 与表面电荷密度 σ_0 之间的关系正如平板电容器的情形一样：

$$\sigma_0 = \frac{\varepsilon \psi_0}{\delta} \tag{7-13}$$

式中，δ 为两层之间的距离，ε 为介质的介电常数。

Helmholtz 平板双电层模型对动电现象的解释是：在外加电场（或外力）的作用下，带电粒子和介质中的反离子分离，分别向不同的电极（或方向）运动，于是发生动电现象。这一模型对早期动电现象的研究

图 7-12　Helmholtz
平板双电层模型

起过一定的作用，但它无法区别表面电位 ψ_0（即热力学电位）与动电位 ζ（zeta 电位）。后来的研究表明，与粒子一起运动的结合水层厚度远较 Helmholtz 模型中的双电层厚度大，也就是说反离子层被包在结合水层内。这样，根据 Helmholtz 平板双电层模型，根本不应有双电层之间的相对运动即动电现象发生，因为双电层作为一个整体应该是电中性的。

7.3.2 Gouy-Chapman 扩散双电层模型

针对 Helmholtz 模型中出现的上述问题，Gouy 和 Chapman 分别在 1910 年和 1913 年指出，溶液中的反离子受两个相互对抗的力的作用，一个是静电力使反离子趋向于表面，另一个是热扩散力使反离子在溶液中趋向于均匀分布。这两种作用达平衡时，反离子并不是规规矩矩地被束缚于微粒表面附近，而是成扩散型分布。微粒附近的过剩反离子浓度（即超过溶液本体浓度的部分）要大一些，随着离开表面距离的增大，反离子过剩的程度逐渐减弱，直到某一距离时，反离子浓度与同离子浓度相等，形成扩散双电层，其模型如图 7-13 所示。

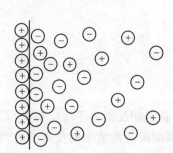

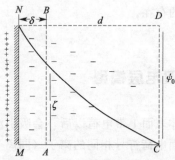

图 7-13　Gouy-Chapman 扩散双电层模型　　　　图 7-14　Gouy-Chapman 扩散双电层中电位的变化曲线

图 7-14 所示的是双电层中电位的变化曲线。图中 AB 为发生动电现象时固液之间相对移动的实际分界面，即上述结合水层的表面，称为滑动面，滑动面上的电位即动电位或称为 ζ 电位。可以看出，滑动面是在距表面 δ 处的 AB 面，并不是固体表面，因而 ζ 电位亦非表面电位 ψ_0。

从上述双电层模型出发，Gouy 和 Chapman 对扩散双电层内的电荷与电位分布进行了定量处理。其基本假设是：

① 微粒表面是无限大的平面，表面电荷呈均匀分布；

② 扩散层内的反离子是服从 Boltzmann 分布规律的点电荷；

③ 溶剂的介电常数到处相等。

为简化计算起见，还假设溶液中只有一种对称电解质，其正负离子的电荷数均为 z，其定量处理如下。

（1）扩散双电层内部的电荷分布

若平板微粒的表面电位为 ψ_0，溶液中距表面 x 处的电位为 ψ，根据 Boltzmann 分布定律，该处的正、负离子浓度应为：

$$n_+ = n_{0+} \exp(-ze\psi/K_B T) \tag{7-14}$$

$$n_- = n_{0-} \exp(ze\psi/K_B T) \tag{7-15}$$

式中，n_{0+} 和 n_{0-} 分别为溶液内部即双电层以外正、负离子的浓度；e 为电子电荷；K_B 为 Boltzmann 常数。上两式表明扩散层内反离子与同离子的浓度不同，且反离子的浓度大于同离子的浓度，其分布如图 7-15 所示，微粒的表面电位越高，距表面越近，这种差别就越明显。根据式(7-14) 和式(7-15)，扩散层内任意一点的电荷密度则为：

$$\rho = ze(n_+ - n_-) = -2n_0 ze \sinh(ze\psi/K_B T) \tag{7-16}$$

（2）扩散层内的电位分布

根据 Poisson 公式，空间电场中电荷密度 ρ 与电位 ψ 之间有以下关系：

$$\nabla^2 \psi = -\frac{\rho}{\varepsilon} \qquad (7\text{-}17)$$

式中，∇^2 为 Laplace 算符，代表 $\dfrac{\partial^2}{\partial x^2} + \dfrac{\partial^2}{\partial y^2} + \dfrac{\partial^2}{\partial z^2}$。对于平板微粒一维的情况，式(7-17) 可简化为：

$$\nabla^2 \psi = \frac{\mathrm{d}^2 \psi}{\mathrm{d} x^2}$$

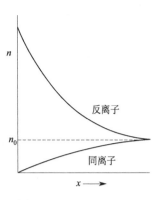

图 7-15　Gouy-Chapman
扩散层内的离子分布

于是有：

$$\frac{\mathrm{d}^2 \psi}{\mathrm{d} x^2} = -\frac{\rho}{\varepsilon} \qquad (7\text{-}18)$$

将式(7-16) 的结果代入式(7-18) 得：

$$\frac{\mathrm{d}^2 \psi}{\mathrm{d} x^2} = \frac{2n_0}{\varepsilon} ze \sinh(ze\psi/K_B T) \qquad (7\text{-}19)$$

式(7-19) 是一个二阶微分方程，不易求解。但如果表面电位很低，则有 $ze\psi_0/K_B T \ll 1$，则它的求解可大大简化。对 25℃ 的常见情形，上述 $ze\psi_0/K_B T \ll 1$，相当于 $\psi_0 \ll 25.7\mathrm{mV}$，此时 $\sinh(ze\psi/K_B T) \approx ze\psi/K_B T$，于是：

$$\frac{\mathrm{d}^2 \psi}{\mathrm{d} x^2} = \frac{2n_0}{\varepsilon K_B T} z^2 e^2 \psi = K^2 \psi \qquad (7\text{-}20)$$

式中，

$$K = \left(\frac{2n_0 z^2 e^2}{\varepsilon K_B T} \right)^{\frac{1}{2}} \qquad (7\text{-}21)$$

式(7-20) 的解是

$$\psi = \psi_0 e^{-Kx} \qquad (7\text{-}22)$$

对于球形微粒，经数学处理后相应的表达式为：

$$\psi = \psi_0 \frac{a}{r} e^{-K(r-a)} \qquad (7\text{-}23)$$

式中，a 为微粒的半径；r 为距球心的距离。

式(7-22) 和式(7-23) 是两个重要的结果，它们表明，扩散层内的电位随离开表面的距离的增大而指数下降，下降的快慢由 K 的大小决定。K 是个很重要的物理量，其倒数具有长度因次。由于微粒的表面电荷密度 σ_0 与空间电荷密度 ρ 有如下关系：

$$\sigma_0 = -\int_0^{\infty} \rho \, \mathrm{d}x \qquad (7\text{-}24)$$

在表面电势很低的情况下，将式(7-18) 和式(7-22) 用于式(7-24)：

$$\sigma_0 = \varepsilon \int_0^{\infty} \frac{\mathrm{d}^2 \psi}{\mathrm{d} x^2} \mathrm{d}x = \varepsilon \left(\frac{\mathrm{d}\psi}{\mathrm{d}x} \right)_{x=\infty} - \varepsilon \left(\frac{\mathrm{d}\psi}{\mathrm{d}x} \right)_{x=0} = -\varepsilon \left(\frac{\mathrm{d}\psi}{\mathrm{d}x} \right)_{x=0}$$

$$= \varepsilon K \psi_0 = \frac{\varepsilon \psi_0}{K^{-1}} \qquad (7\text{-}25)$$

与式(7-13)相比，不难看出 K^{-1} 相当于双电层的等效平板电容器的板距，因此将 K^{-1} 称为双电层的厚度。K 越大，K^{-1} 越小，即双电层越薄，扩散层内电位就下降越快，所以说扩散层内的电位随离开表面的距离的增大而指数下降，下降的快慢由 K 的大小决定。

由式(7-21)知道，K 与 $n_0^{1/2}$ 及 z 成正比，25℃时，浓度为 $1\times10^{-3}\ \mathrm{mol/L}$ 的 1-1 价的电解质溶液的 K^{-1} 约为 10nm。记住这个数值可方便地估算其他浓度或价数的电解质溶液的 K 值。电解质浓度或价数增大会使 K 增大，双电层变薄，结果使电位随距离增大下降得更快，其影响如图 7-16 所示。

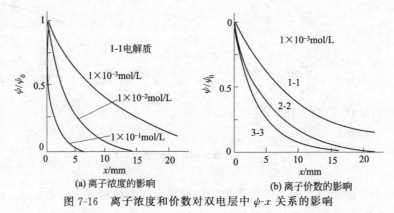

(a) 离子浓度的影响　　　　　　(b) 离子价数的影响

图 7-16　离子浓度和价数对双电层中 ψ-x 关系的影响

式(7-22)是在 ψ_0 很低的前提下得出的近似结果，对于 ψ_0 不是很低的一般情形，必须从式(7-19)出发求解。在此我们不去管它的数学推导过程，其最后结果是：

$$\gamma=\gamma_0 \mathrm{e}^{-\kappa x} \tag{7-26}$$

式(7-26)在形式上与式(7-22)很相像，但现在 γ 与 γ_0 分别是 ψ 和 ψ_0 的复杂函数：

$$\gamma=\frac{\exp(ze\psi/2K_\mathrm{B}T)-1}{\exp(ze\psi/2K_\mathrm{B}T)+1}\qquad \gamma_0=\frac{\exp(ze\psi_0/2K_\mathrm{B}T)-1}{\exp(ze\psi_0/2K_\mathrm{B}T)+1} \tag{7-27}$$

由式(7-26)不易直接看出 ψ 与 ψ_0 之间的关系，但在几种特定的条件下，此关系变得相当简单。

① 若 ψ_0 很小，则 $\exp(ze\psi_0/2K_\mathrm{B}T)\approx1+ze\psi_0/2K_\mathrm{B}T$，$\gamma_0\approx ze\psi_0/4K_\mathrm{B}T$，同理，$\gamma\approx ze\psi/4K_\mathrm{B}T$，于是式(7-26)转化为式(7-22)。实际上，只要 ψ_0 不是很高，式(7-22)，尤其是式(7-23)的近似程度相当好。

② ψ_0 虽不很小，但在距表面较远处（$\kappa x>1$），ψ 必很小，因此，式(7-26)中的 γ 可以用 $ze\psi/4K_\mathrm{B}T$ 近似代替。于是：

$$\psi=\frac{4K_\mathrm{B}T}{ze}\gamma_0 \mathrm{e}^{-\kappa x} \tag{7-28}$$

式(7-28)表明不管表面电位 ψ_0 多大，在双电层的外缘部分，ψ 总是随离开表面的距离的增大而指数下降。

③ 若 ψ_0 很高，$ze\psi_0/K_\mathrm{B}T\gg1$，则 $\gamma_0\approx1$，式(7-28)进一步简化为：

$$\psi=\frac{4K_\mathrm{B}T}{ze}\mathrm{e}^{-\kappa x} \tag{7-29}$$

式(7-29)表明远离表面处的电位 ψ 不再与 ψ_0 有关。

Gouy-Chapman 理论克服了 Helmholtz 模型的缺陷，区分了 ζ 电位与表面电位，使对动电现象的解释更加合理，而且从 Poisson-Boltzmann 关系出发，得到了双电层中电位与电荷分布的表达式。根据式(7-22)，实验中发现的 ζ 电位对离子浓度和价数十分敏感的现象就很容易解释了。这些都是 Gouy-Chapman 理论的成功之处，但是，也有不少实验事实与 Gouy-Chapman 理论不符，例如：

① 如果溶液中电解质浓度不是很低（例如 0.1mol/L 的 1-1 价电解质），而靠近微粒表面处的电位相当高（例如 200mV），按式(7-14)、式(7-15)算出的该处反离子的浓度高达 240mol/L，这显然是不可能的；

② Gouy-Chapman 模型虽然区分了 ζ 电位与表面电位，但并未给出 ζ 电位的明确物理意义。根据 Gouy-Chapman 模型，ζ 电位随离子浓度增加而减小，但永远与表面电位同号，其极限值为零。但实验中发现，有时 ζ 电位会随离子浓度增加而增加，有时又会变得与原来的符号相反，这些都无法用 Gouy-Chapman 模型解释。

7.3.3 Stern 模型

Stern（1924 年）认为，Gouy-Chapman 模型的问题在于将溶液中的离子当作了没有体积的点电荷。他提出：

① 离子有一定大小，离子中心与微粒表面的距离不能小于离子半径；

② 离子与微粒表面之间除静电相互作用外，还有 van der Waals 吸引作用。近年来的研究说明，在离子与表面之间还存在专属作用，即非静电力，它们包括共价键、配位键及氢键等。

根据以上看法，Stern 提出 Gouy-Chapman 的扩散层可以再分成两部分。邻近表面的一两个分子厚的区域内，反离子因受到强烈吸引而与微粒表面牢固地结合在一起，构成固定吸附层或 Stern 层，其余的反离子则扩散地分布在 Stern 层之外，构成双电层的扩散部分，即扩散层。Stern 层与扩散层的交界面则构成 Stern 平面。Stern 层内电位变化的情形与 Helmholtz 平板模型相似，由表面处的 ψ_0 直线下降到 Stern 平面的 ψ_d，ψ_d 称为 Stern 电位。在扩散层中电位由 ψ_d 降至零，其变化规律服从 Gouy-Chapman 理论，只需用 ψ_d 代替 ψ_0。

由以上的说明可知，Stern 模型实际上是 Helmholtz 模型与 Gouy-Chapman 模型的结合，如图 7-17 所示。

自动电现象的研究知道，还有一定数量的溶剂分子也与微粒表面紧密结合，在动电现象中作为一个整体运动。动电现象测定的 ζ 电位就是固液相对移动的滑动面与溶液内部的电位差。因此虽然滑动面的准确位置并不知道，但可以认为滑动面略比 Stern 平面靠外，ζ 电位也因此比 ψ_d 略低。但只要离子浓度不高，一般情况下可以认为二者相等，而不致引起大的误差。

Stern 模型的建立克服了以往模型的不足之处，解释了以往模型无法解释的问题，使双电层的理论更加科学和完善。

① 由于 Stern 层与扩散层中的反离子处于平衡状态，溶液内部离子的浓度或价数增大时，必定有更多的反离子进入 Stern 层，使得 Stern 层内电位下降更快，因而导致 ζ 电位下降，扩散层厚度变小，如图 7-18(a) 所示；

② 此外，Stern 层中的离子不但受到静电力的作用，还可能受到"专属力"的作用，此两种力的方向也可能

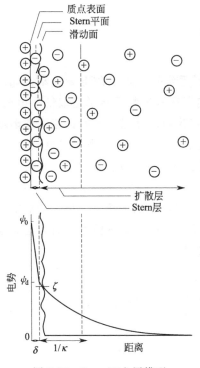

图 7-17 Stern 双电层模型

一致，也可能相反。某些能发生强"专属作用"的反离子会大量进入固定吸附层，使表面电荷过度中和，而使 Stern 电位反号，如图 7-18(b) 所示；

③ 当"专属力"强于静电力时，还可能发生"逆场吸附"，即同号离子会克服静电斥力而进入 Stern 层，使 Stern 电位高于表面电位，如图 7-18(c) 所示；

④ 由于区分了 Stern 层与扩散层，在 Stern 层中电位已经从 ψ_0 降到了 ψ_d，因而扩散层中的电位已不会太高，当用 Boltzmann 公式计算离子浓度时就不至于得出高得不合理的结果。

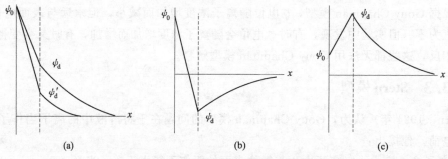

图 7-18　电解质对双电层的影响

7.4　动电现象的理论解释及实验研究

现代胶体化学对动电现象的解释是：在固液界面上由于固体表面物质的离解或固体表面对溶液中离子的吸附，导致固体表面某种电荷过剩，并使附近溶液相中的反离子不均匀分布，从而构成双电层。当有外力作用时双电层结构受到扰动，吸附层与扩散层之间出现相对位移，于是产生一系列动电现象。在了解了双电层的结构之后，就可以对动电现象做出科学的解释并进行严格地定量处理。

7.4.1　电渗的理论及实验

(1) 电渗的理论

多孔塞可以认为是许多根毛细管的集合，考虑在一根毛细管中发生的电渗流动，如图 7-19 所示。外加电场的方向与固液界面平行，在扩散层内存在着过剩反离子造成的净电荷，这些离子在场的作用下带着液体运动，自 $x=\delta$（即固定吸附层外缘）开始，速度逐渐增加，直到 $\psi=0$ 处液体的速度达到了最大值。在这之后速度保持不变，因为在双电层之外，液体中的净电荷为零，不再受电场的作用，自然也不应有速度梯度存在。在电渗流动达到稳定状态时，液体所受的电场力和黏性力应恰好抵消。

考虑扩散层内一个厚度为 dx，面积为 A，离表面的距离为 x 的体积元，设该处的电荷密度为 ρ，外加电场的场强为 E，v 为该体积元的流动速度，作用在该体积元上的力应有电场力、外层液体的黏性力和内层液体的黏性力，如图 7-20 所示。

这些力在平衡时有如下关系：

$$E\rho A\,dx + \eta A\left(\frac{dv}{dx}\right)_{x+dx} - \eta A\left(\frac{dv}{dx}\right)_x = 0 \tag{7-30}$$

$$E\rho\,dx + \eta\left[\left(\frac{dv}{dx}\right)_{x+dx} - \left(\frac{dv}{dx}\right)_x\right] = 0$$

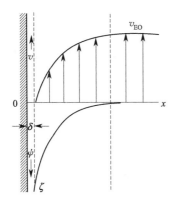

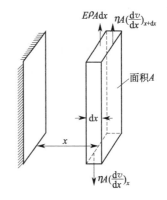

图 7-19　电渗流动的速度分布　　　　　图 7-20　电渗流动时体积元的受力分析

$$E\rho\mathrm{d}x + \eta\left(\frac{\mathrm{d}^2 v}{\mathrm{d}x^2}\right)\mathrm{d}x = 0$$

$$E\rho = -\eta\left(\frac{\mathrm{d}^2 v}{\mathrm{d}x^2}\right) \tag{7-31}$$

根据式(7-18)，对于平板微粒：

$$\frac{\mathrm{d}^2 \psi}{\mathrm{d}x^2} = -\frac{\rho}{\varepsilon}$$

代入式(7-31) 得到：

$$\varepsilon E \frac{\mathrm{d}^2 \psi}{\mathrm{d}x^2} = \frac{\mathrm{d}}{\mathrm{d}x}\left(\eta\,\frac{\mathrm{d}v}{\mathrm{d}x}\right)$$

$$\varepsilon E \frac{\mathrm{d}^2 \psi}{\mathrm{d}x^2}\mathrm{d}x = \mathrm{d}\left(\eta\,\frac{\mathrm{d}v}{\mathrm{d}x}\right)$$

两边积分，合并积分常数得：

$$\varepsilon E \frac{\mathrm{d}\psi}{\mathrm{d}x} = \eta\,\frac{\mathrm{d}v}{\mathrm{d}x} + c$$

式中，c 为合并的积分常数。因为在双电层之外，$\mathrm{d}\psi/\mathrm{d}x = \mathrm{d}v/\mathrm{d}x = 0$，所以 $c=0$，于是：

$$\varepsilon E \frac{\mathrm{d}\psi}{\mathrm{d}x} = \eta\,\frac{\mathrm{d}v}{\mathrm{d}x}$$

$$\mathrm{d}v = \frac{\varepsilon E}{\eta}\mathrm{d}\psi$$

$$\int_\delta^x \mathrm{d}v = \frac{\varepsilon E}{\eta}\int_\zeta^\psi \mathrm{d}\psi$$

$$v = \frac{\varepsilon E}{\eta}(\psi - \zeta) \tag{7-32}$$

在双电层之外，$\psi = 0$，v 保持恒定，则有：

$$v_\infty = -\frac{\varepsilon}{\eta}E\zeta \tag{7-33}$$

由于双电层厚度一般很小，上式略去负号即为管中液体的流速。在单位场强下：

$$v_{\mathrm{EO}} = \frac{v_\infty}{E} = \frac{\varepsilon\zeta}{\eta} \tag{7-34}$$

由此式可以计算 ζ 电位。

（2）电渗的实验

① 体积法　进行电渗实验时，毛细管的半径一般都远大于双电层的厚度，因此可不考虑双电层内的液体流动，整个管内的液体流动速度都以式（7-33）表示。对于在电场中的多孔塞，在单位时间内流出液体的体积可以按下式计算：

$$Q = v_\infty A = \frac{\varepsilon E \zeta}{\eta} A \tag{7-35}$$

式中，A 为所有毛细管横截面积的总和，但不易求得，为此采用电化学中的办法解决。设溶液的电导为 G，电阻为 R，电导率为 λ，电导池的横截面积为 A，电导池的长度为 L 则有：

$$G = \frac{1}{R} = \lambda \frac{A}{L} \tag{7-36}$$

由上式得：

$$R = \frac{L}{A} \times \frac{1}{\lambda} \tag{7-37}$$

设电压为 V，电流强度为 I，则有：

$$V = IR$$

代入式（7-37）得：

$$V = I \frac{L}{A} \times \frac{1}{\lambda}$$

$$A \frac{V}{L} = \frac{I}{\lambda}$$

$$AE = \frac{I}{\lambda} \tag{7-38}$$

式中，E 为单位距离的电位降，即电场强度。将式（7-38）代入式（7-35）得：

$$Q = \frac{\varepsilon \zeta I}{\eta \lambda} \tag{7-39}$$

$$\zeta = \frac{\eta \lambda}{\varepsilon I} Q \tag{7-40}$$

按照式（7-40），通过实验可以求得多孔塞孔壁上的 ζ 电位，测定装置如图 7-21 所示。装置右侧的水平细管上有刻度，可以读出流出液体的体积。

② 反压法　如果图 7-21 中测量液体流出体积的细管不是水平的，而是垂直放置的，则液体的电渗流动将造成装置两边的液面高度差或压力差，此压力差使液体向与电渗相反的方向流动。随着电渗的进行，液面的高度差越来越大，在压力差达到某一数值时，反压造成的液体流动与电渗流动相抵消，如图 7-22 所示，体系达到稳定状态，这时候的压力差 p 称为平衡反压。反压造成的液体流量可用第 6 章中的 Poiseuille 公式表示。

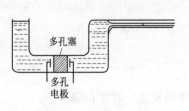

图 7-21　电渗测定装置

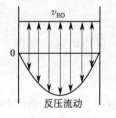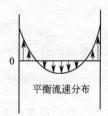

图 7-22　反压法中电渗流速的分布

$$\overleftarrow{Q} = \frac{\pi r^4 P}{8\eta L} \tag{7-41}$$

式中，r 和 L 分别为毛细管的半径与长度。根据式(7-35)电渗造成的液体流量为：

$$\overrightarrow{Q} = \frac{\varepsilon E \zeta}{\eta} \pi r^2$$

平衡时 $\overrightarrow{Q} = \overleftarrow{Q}$，于是

$$P = \frac{8\varepsilon E \zeta L}{r^2} = \frac{8\varepsilon \zeta V}{r^2} \tag{7-42}$$

可见平衡压力差只由所加电势 V 决定，而与毛细管的长度（或塞的厚度）无关，对于多孔塞的情形，式(7-42)中的 r 是塞中毛细管的平均半径，因此平衡压力差也与塞的大小无关。

由此可见，测定出平衡压差 P 就可求出多孔塞孔壁上的 ζ 电位：

$$\zeta = \frac{P r^2}{8\varepsilon V} \tag{7-43}$$

7.4.2 电泳的理论及实验

（1）电泳的理论

① Smoluchowski 公式 在双电层研究中，双电层的形状可以用无量纲数 $\kappa\alpha$ 描述，$\kappa\alpha$ 可看作微粒半径 α 与双电层厚度 κ^{-1} 之比。当 $\kappa\alpha \gg 1$ 时，微粒较大而双电层较薄，微粒表面可以当作平面处理，此时电渗公式(7-33)和式(7-34)就可直接用于电泳，因为二者都是固液两相间的相对运动。于是微粒的电泳速率为：

$$v_E = \frac{\varepsilon E \zeta}{\eta} \tag{7-44}$$

习惯上，把单位电场强度下微粒的运动速率称为电泳淌度，用 u_E 表示：

$$u_E = \frac{\varepsilon \zeta}{\eta} \tag{7-45}$$

这就是当 $\kappa\alpha \gg 1$ 时的电泳速率与 ζ 电位之间的关系，称为 Smoluchowski 公式。u_E 的 SI 制单位是 $m \cdot s^{-1}/V \cdot m^{-1}$ ［或 $m^2/(V \cdot s)$ ］，但习惯上 v_E 常用 $\mu m/s$（或 cm/s）表示，电场强度 E 用 V/cm^{-1} 表示，于是 u_E 的单位就成为 $\mu m \cdot s^{-1}/V \cdot cm^{-1}$（或 $cm^2 \cdot s^{-1}/V$）。

② Hückel 公式 若 $\kappa\alpha$ 不是远大于1，微粒则不能当作平板处理，因而不能沿用电渗公式。但对于 $\kappa\alpha \ll 1$ 的情形，可以将微粒看作是对电场没有扰动的点电荷，因此所受的电场力可以用 QE 表示，Q 是微粒所带的电荷，另一方面又假设微粒大得足以应用表示微粒运动时所受黏性阻力的 Stokes 公式，在达到稳定的运动状态时，微粒所受的电场力与黏性阻力相等，即

$$QE = 6\pi\eta\alpha v_E \tag{7-46}$$

对于带电的球形微粒，可以认为，在滑动面上的电荷 Q 与在扩散层中的电荷 $-Q$（设想集中在距表面 κ^{-1} 处）构成一个球面电容器，ζ 电位即为两球间的电位差。根据球面电容器的电位与电荷间的关系，得到：

$$\zeta = \frac{Q}{4\pi\varepsilon\alpha} - \frac{Q}{4\pi\varepsilon(\alpha+\kappa^{-1})}$$

$$=\frac{Q}{4\pi\varepsilon a(1+\kappa a)} \tag{7-47}$$

因为 $\kappa a \ll 1$，所以 $Q = 4\pi\varepsilon a\zeta$，代入式（7-46）得：

$$u_{\mathrm{E}} = \frac{v_{\mathrm{E}}}{E} = \frac{\varepsilon\zeta}{1.5\eta} \tag{7-48}$$

该式称为 Hückel 公式，如上所述，适用于 $\kappa a \ll 1$ 的情形，但在水溶液中很难满足此条件。例如，半径为 10nm 的微粒在 1-1 型电解质的水溶液中要达到 $\kappa a = 0.1$，需要电解质浓度低至 1×10^{-5} mol/L，但是在低电导的非水介质中往往需要用该公式。

③ Henry 公式 比较式（7-45）和式（7-48）可以看出，电泳速度与 ζ 电位之间的关系同 κa 的大小有关。Henry 指出，微粒周围双电层的电场与外加电场相重叠而变形，从而影响微粒的电泳速度。仔细计算了 κa 的大小对外电场与双电层电场相互作用的影响后，Henry 得出了导体和非导体球形微粒电泳速率的一般公式：

$$u_{\mathrm{E}} = \frac{\varepsilon\zeta}{1.5\eta}[1 + KF(\kappa a)] \tag{7-49}$$

此即 Henry 公式。式中，$F(\kappa a)$ 的值随着 κa 的变化从 $0\sim1$ 变化；$K = (\lambda_0 - \lambda_{\mathrm{p}})/(2\lambda_0 + \lambda_{\mathrm{p}})$，是介质的电导率 λ_0 与微粒的电导率 λ_{p} 的函数。对于常见的非导体微粒，$K = 1/2$，公式变为：

$$u_{\mathrm{E}} = \frac{\varepsilon\zeta}{1.5\eta}\left[1 + \frac{1}{2}F(\kappa a)\right] \tag{7-50}$$

或

$$u_{\mathrm{E}} = \frac{\varepsilon\zeta}{1.5\eta}f(\kappa a) \tag{7-51}$$

校正因子 $f(\kappa a)$ 的变化如图 7-23 所示。上述 Hückel 公式与 Smoluchowski 公式分别代表 $\kappa a \ll 1$ 与 $\kappa a \gg 1$ 的两种极限情形。从图 7-23 可以看出，当 $\kappa a \ll 1$ 时，$F(\kappa a) = 0$，$f(\kappa a) = 1$，由式（7-51）得 Hückel 公式。当 $\kappa a \gg 1$ 时，$F(\kappa a) = 1$，$f(\kappa a) = 1.5$，由式（7-51）得 Smoluchowski 公式。

对于导体微粒，通常 $\lambda_{\mathrm{p}} \gg \lambda_0$，因此 K 趋于 -1。但是在 κa 很小时，$F(\kappa a) \rightarrow 0$，微粒的电泳速率仍可用 Hückel 公式表示；在 κa 很大时，$f(\kappa a)$ 趋于零，导体微粒的 $f(\kappa a)$ 随 κa 的变化如图 7-23 中虚线所示。金属溶胶似乎应属于此类，但由于在电场中微粒表面往往很快极化，多数情形下仍可作为非导体处理。

在外加电场作用下，扩散层中的反离子向着与微粒移动方向相反的方向运动。因此，微粒不是在静止的液体中，而是在运动着的液体中运动，其效果使电泳速率变慢，这一效应称为延迟（retardation）效应。Henry 公式中已考虑了这一效应的影响。

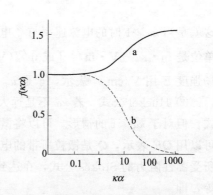

图 7-23 各种微粒的 Henry 函数的变化
a—球形非导体微粒；b—球形导体微粒

另一需要考虑的校正是滞后效应。由于微粒与扩散层中的反离子向相反的方向运动，微粒周围原来对称的扩散层发生变形，正负电荷的中心不再重合。传导和扩散都会使双电层恢复原来的对称形状，但这需要时间。因此，双电层的扩散部分总是落后于运动着的带电微粒，结果形成一个与外加电场方向相反的附加电场，微粒的电泳速率也因此而减小。滞后效

应与 ζ 电位、κa 的大小和溶液中的离子的价数、浓度有关。$\kappa a < 0.1$ 或 $\kappa a > 300$ 时，滞后效应可以忽略，但在 $0.1 < \kappa a < 300$ 的中间情形，处理电泳速率与 ζ 电位的定量关系时必须考虑滞后效应校正。在 ζ 电位较高、反离子为高价或低浓度时，滞后效应尤为显著。滞后效应的定量计算相当复杂，反离子的价数越高，滞后效应就越显著，相反，高价的同号离子使微粒的电泳加速。在 ζ 电位很低时（例如低于 25mV），Henry 公式可以相当好地表示实际情形。随着 ζ 电位的增加，Henry 公式与实际情形的偏差逐渐加大，在中等 κa 范围内尤其显著。多数胶体水溶液的 κa 处于 $0.1 \sim 300$ 之间，由于滞后效应的存在，u_E 与 ζ 的关系相当复杂，在从电泳速度计算 ζ 电位时务必注意。

（2）电泳的实验

① 显微电泳法　电泳速率可以用实验方法测定。凡在显微镜下可见的微粒，可用显微电泳法测定电泳速率。图 7-24 是电泳池示意图。电泳池为具有圆形或长方形截面的玻璃管，两端装有电极。对于盐浓度低于 1×10^{-2} mol/L 的情形，铂黑电极较为方便；若盐浓度较高，可采用可逆电极（例如 $Cu/CuSO_4$ 或 $Ag/AgCl$），以防止电极极化。微粒在外加电场作用下的运动速度可通过显微镜直接观测。

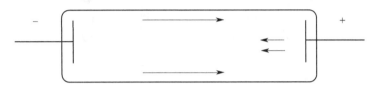

图 7-24　电泳池示意图（箭头表示电渗流和反向流）

用此法测量微粒电泳时，必须考虑同时发生的电渗的影响。电泳池内壁表面通常是带电的，这就造成管内液体的电渗流动。由于电泳池是封闭的，电渗流动必定造成一反向液流，结果使电泳池内的液体具有如图 7-22 所示的速度分布。由于液体不是静止的，观测到的微粒运动速度 v_P 是微粒因电泳而运动的速度 v_E 与液体运动速度 v_L 之代数和。v_E 应为定值，但 v_L 则随位置而变。因此，在电泳池的不同深度处测得的微粒运动速度 v_P 也不同。但是，不管 v_L 如何随深度而变，由图 7-22 可以看出，由于总流量为零，因此必定存在某一位置，该处的电渗流动恰与反向流相抵消，$v_L = 0$。这一位置称为静止层。只有处在静止层位置上的微粒，其运动速度才代表真正的电泳速度。对于半径为 r 的圆形毛细管，静止层在 $x = r/\sqrt{2}$ 处，x 为离管轴的距离。显微电泳法的方法简单、测定快速、用量少，而且是在微粒本身所处的环境下进行测定。所以，常用其确定分散体系微粒的 ζ 电位。但此法研究的对象限于显微镜下可见的微粒。如果微粒很小，或是带电的大分子，则必须用界面移动法。

② 界面移动法　界面移动法测定溶胶或高分子溶液与分散介质间的界面在外加电场作用下的移动速度，从而求出胶体的 ζ 电位。此法广泛应用于各种带电高分子，特别是蛋白质的分析与分离。本章前面的图 7-7 就是一种界面移动电泳仪的示意图。电泳池由一个 U 形管构成，两臂上有刻度，底部有管径相同的活塞，顶部装有电极。待测溶液由漏斗经一带活塞的细管自底部装入 U 形管，直到样品的水平面高过活塞时，关闭活塞，用吸管吸去活塞之上的液体，然后小心地加上分散介质，插上电极，小心缓慢地开启活塞，则可形成清晰的界面，当此界面上升至离开电极 $1 \sim 1.5$ cm 时，关闭活塞，此时电极应浸入分散介质之中。开启电源，即可进行测量。对于浑浊的或有色的胶体溶液，界面移动可直接被观测，对于无

色的溶胶或高分子溶液，则必须利用紫外吸收或其他光学方法。

　　界面移动法的困难之一是与溶胶形成界面的介质的选择，因为 ζ 电位对介质成分十分敏感，所以应使微粒在电泳过程中一直处于原来的环境中，根据这一要求，最好采用自溶胶中分离出来的分散介质。但介质的电导可能与溶胶不同，造成界面处电场强度发生突变，其后果是两臂界面的移动速度不等。为减小此项困难，应尽量用稀溶胶，以降低溶胶微粒对电导的贡献。

　　另一种常用的仪器是 Arne Tiselius 电泳池，如图 7-25 所示。

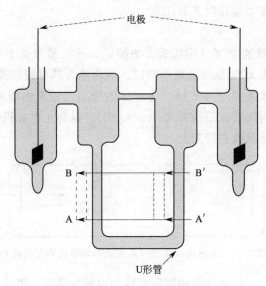

图 7-25　Arne Tiselius 电泳池

　　Tiselius 界面移动法不但在 ζ 电位的测定上得到了广泛的应用，而且还专门应用于分离、识别和评估溶解性大分子（特别是蛋白质）。该仪器由具有矩形横截面的 U 形管构成，U 形管上位于 AA′ 线和 BB′ 线之间的部分可以相对于其他部分被横向移动。以胶体分散系充满 U 形管偏移部分，其他部分充以缓冲溶液，在二者达到热平衡后，移动对齐，可得到鲜明的界面，通常以折光指数法测定浓度梯度峰值来确定界面的位置。当大分子在电场中迁移时，浓度梯度峰值所对应的位置发生移动，测定界面在单位电场中的移动速度可以得到电泳淌度。

　　电泳淌度测定的一个重要应用就是利用它求得微粒的动电位，例如当 $\kappa a \gg 1$ 时，根据式 (7-44) 有：

$$\zeta = \frac{\eta v}{\varepsilon E} \tag{7-52}$$

由于在实际应用时，习惯上电场强度 E 的单位采用 V/cm，其中 V 属于 SI 制单位，cm 属于 c.g.s 制单位，其余几个量均采用 c.g.s 制单位，如 η 为泊，v 为 cm/s，因而在计算时须进行单位换算。由于在 c.g.s 制中电位的单位为静电单位，且 $1V = \frac{1}{300}$ 静电单位电位，所以：

$$\zeta = \frac{\eta v}{\varepsilon E \dfrac{1}{300}} \quad （静电单位电位）$$

$$= \frac{\eta v}{\varepsilon E \frac{1}{300}} \times 300 \quad (\text{V})$$

$$= \frac{\eta}{\varepsilon} u_E \times 300^2 \quad (\text{V}) \tag{7-53}$$

测定时只要往式(7-53)中代入上述习惯单位的量值,即可得到以 V 为单位的电动电位的值,也可换算为以 mV 为单位的值。

● 【例 7-1】电泳与电渗

计算氯化钾溶液通过石英隔膜时的体积电渗速率。设已知在同样溶液中不考虑电泳滞后效应时根据石英微粒的电泳速率计算出的 ζ 电位 ζ_0 为 30×10^{-3} V,已知 $\eta = 1 \times 10^{-3}$ Pa·s,$\varepsilon_r = 81$,$E = 2 \times 10^2$ V/m,$I = 2 \times 10^{-2}$ A,$\lambda = 2 \times 10^{-2}$ $\Omega^{-1} \cdot \text{m}^{-1}$,$\alpha = 1 \times 10^{-7}$ m,$\kappa = 5 \times 10^7$ m^{-1}。

解: 由已知条件计算得:

$$\kappa\alpha = 5.0$$

不考虑微粒周围双电层的电场与外加电场相重叠而变形时:

$$u_E = \frac{\varepsilon\zeta_0}{\eta}$$

$$\zeta_0 = \frac{u_E \eta}{\varepsilon_r \varepsilon_0}$$

考虑微粒周围双电层的电场与外加电场相重叠而变形时:

根据 $\kappa\alpha = 5.0$ 查表得 $f(\kappa\alpha) = 1.16$

$$u_E = \frac{\varepsilon\zeta}{1.5\eta} f(\kappa\alpha)$$

$$\zeta = \frac{1.5\eta u_E}{\varepsilon_r \varepsilon_0 f(\kappa\alpha)} = \frac{1.5\zeta_0}{f(\kappa\alpha)} = \frac{1.5 \times 30 \times 10^{-3}}{1.16} = 38 \times 10^{-3} \quad (\text{V})$$

根据式(7-39):

$$Q = \frac{\varepsilon\zeta I}{\eta\lambda} = \frac{38 \times 10^{-3} \times 2 \times 10^{-2} \times 81 \times 8.85 \times 10^{-12}}{1 \times 10^{-3} \times 2 \times 10^{-2}} = 2.72 \times 10^{-8} \quad (\text{m}^3/\text{s})$$

$$= 2.72 \times 10^{-2} (\text{cm}^3/\text{s}) = 1.63 (\text{cm}^3/\text{min})$$

7.4.3 流动电位的理论及实验

用压力将液体挤过毛细管或多孔塞,液体就会将扩散层中的反离子带走,这种电荷的传送构成了流动电流 I_s。同时液体内由于电荷的积累而形成电场,该电场会引起通过液体的反向电流 I_c。当 $I_s = I_c$ 时,体系达到平衡状态,此时毛细管两端的电位差称为流动电位。

由 Poiseuille 公式和扩散层理论推导出:

$$\frac{E_s}{P} = \frac{\varepsilon\zeta}{\eta} \times \frac{1}{\lambda} \tag{7-54}$$

式中,E_s 为在压强 P 下产生的毛细管两端的流动电位;λ 为液体的电导率。由式(7-40)得到:

$$\frac{Q}{I} = \frac{\varepsilon\zeta}{\eta} \times \frac{1}{\lambda} \tag{7-55}$$

比较式(7-54) 和由式(7-40) 得到的式(7-55) 可以看出, 流动电位和它的反过程——电渗可以用同一形式的公式来描述。电渗时单位电流强度产生的电渗流量, 相当于流动电位中单位压强产生的电位差。二者都与毛细管的尺寸无关。从式(7-54) 还可看出, 流动电位的大小与介质的电导率成反比, 烃类化合物的电导率通常比水溶液的要小几个数量级, 因此在用泵运送此类液体时, 产生的流动电位相当大, 高压下易产生火花, 又由于此类液体易燃, 因此必须采取相应的措施, 例如可加入油溶性电解质, 以增加介质的电导或良好接地, 以防止火灾的发生。

● 【例 7-2】流动电位

喷气式飞机燃料喷管中燃料的相对介电常数为 8, 黏度为 3×10^{-3} Pa·s (0.03 泊), 在 30atm 下于管道中泵送, 管与油之间的 ζ 电位为 125mV, 油中的离子浓度很低, 相当于 1×10^{-8} mol/dm^3 的 NaCl, 根据这些数据做必要的假设, 计算管路两端产生的流动电势。

解: 由题意可知:

$$\varepsilon = \varepsilon_r \varepsilon_0 = 8 \times 8.854 \times 10^{-12}$$

$$\zeta = 0.125 \ (V)$$

$$P = 101325 \times 30 \ (Pa)$$

$$\eta = 3 \times 10^{-3} \ (Pa \cdot s)$$

$$\lambda = c \times 摩尔电导 \approx c \times 无限稀释之摩尔电导$$

$$= 10^{-8} \times 10^3 (50.11 + 76.34) \times 10^{-4} (S/m) = 1.2645 \times 10^{-7} (S/m)$$

将以上各项代入流动电位公式:

$$E_s = \frac{\varepsilon \zeta P}{\eta \lambda} = \frac{8 \times 8.854 \times 10^{-12} \times 0.125 \times 101325 \times 30}{3 \times 10^{-3} \times 1.2645 \times 10^{-7}} = 70948 (V)$$

7.4.4 沉降电位的理论及实验

对沉降电位的讨论可借用流动电位的公式, 如果 $\kappa a \gg 1$, 式(7-54) 可直接用于沉降电位, 但式中的 P 需换成沉降中的驱使压强, 即

$$P = \frac{4}{3} \pi a^3 (\rho_1 - \rho_0) n_0 g$$

式中, a 为微粒半径; ρ_1 和 ρ_0 分别为微粒和液体的密度; n_0 为单位体积内的微粒数。将上式代入式(7-54) 得到:

$$E_{sd} = \frac{4 \pi a^3 (\rho - \rho_0) n_0 g \varepsilon \zeta}{3 \eta \lambda} \tag{7-56}$$

如上所述, 此式适用于 $\kappa a \gg 1$ 的情况, 在一般情形下, 与电泳的处理相似, 式(7-56) 的右方需乘以一校正因子:

$$E_{sd} = \frac{4 \pi a^3 (\rho - \rho_0) n_0 g \varepsilon \zeta}{3 \eta \lambda} f \tag{7-57}$$

式中, f 为 κa 的函数, 其定量关系与电泳相同。

● 【例 7-3】沉降电位

计算氯化钠水溶液中碳酸钡粒子的沉降电位。已知粒子的总体积 $V = 0.2 m^3$, $\varepsilon_r = 81$, $\zeta = 40 \times 10^{-3} V$, $\rho - \rho_0 = 2.1 \times 10^3 kg/m^3$, $\eta = 1 \times 10^{-3} Pa \cdot s$, $\lambda = 1 \times 10^{-2} \Omega/m$。

$$解：E_{sd} = \frac{4\pi a^3 (\rho - \rho_0) n_0 g \varepsilon \zeta}{3 \eta \lambda}$$

$$= \frac{V(\rho - \rho_0) g \varepsilon_r \varepsilon_0 \zeta}{\eta \lambda}$$

$$= \frac{0.2 \times 2.1 \times 10^3 \times 9.8 \times 81 \times 8.85 \times 10^{-12} \times 40 \times 10^{-3}}{1 \times 10^{-3} \times 1 \times 10^{-2}} = 11.8 \times 10^{-3} \ (V)$$

7.5 聚沉热力学-胶体稳定性的 DLVO 理论

胶体微粒间存在 van der Waals 吸引作用，而在微粒相互接近时因双电层的重叠又产生排斥作用，胶体的稳定性就决定于此二者的相对大小。以上两种作用均与微粒间的距离有关，所以都可以用相互作用位能来表示。20 世纪 40 年代，苏联学者 Дерягин、Ландау 与荷兰学者 Verwey、Overbeek 分别提出了关于各种形状的微粒之间的相互吸引能与双电层排斥能的计算方法，并据此对憎液溶胶的稳定性进行了定量处理，被称作胶体稳定性的 DL-VO 理论，以下是其主要内容。

7.5.1 微粒间的 van der Waals 吸引能

胶体微粒可以看作是大量分子的集合体，Hamaker 假设，微粒间的相互作用等于组成它们的各分子对之间的相互作用的加和。分子间的 van der Waals 吸引作用指的是以下三种相互作用：

① 两个永久偶极子之间的相互作用；

② 永久偶极子与诱导偶极子之间的相互作用；

③ 分子之间的色散相互作用。

由于这三种作用均为吸引相互作用，其相互作用能以负值表示，大小与分子间距离的 6 次方成反比。除了少数极性分子外，对于大多数分子，色散相互作用占支配地位。对于两个彼此平行的平板微粒，得出单位面积上的相互作用能为：

$$V_A = -\frac{A}{12\pi D^2} \tag{7-58}$$

式中，D 为两板间的距离；A 为 Hamaker 常数，它与组成微粒的分子之间的相互作用参数有关。对于同一物质的半径为 a 的两个球形微粒，它们之间的相互作用能为：

$$V_A = -\frac{Aa}{12H} \tag{7-59}$$

式中，H 为两球之间的最短距离。式(7-58) 和式(7-59) 适用于微粒的半径比微粒之间的距离大得多的情形，实际胶体的多数情形符合此要求。若微粒很小，则必须考虑板厚 δ 与球半径 a 的校正，相应的公式变为：

$$V_A = -\frac{A}{12\pi} \left[\frac{1}{D^2} + \frac{1}{(D+2\delta)^2} - \frac{2}{(D+\delta)^2} \right] \tag{7-60}$$

$$V_A = -\frac{A}{12} \left[\frac{4a^2}{H^2 + 4aH} + \frac{4a^2}{(H+2a)^2} + 2\ln \frac{H^2 + 4aH}{(H+2a)^2} \right] \tag{7-61}$$

Hamaker 常数 A 是个重要的数量，它直接影响 V_A 的大小。计算 A 有两种方法：一是所谓微观法，即从分子的性质（例如极化度、电离能等）出发，计算微粒的 A 值；另一种是宏观法，即将微粒及介质看作是连续相，自它们的介电性质随频率的变化得出。表 7-2 列出了一些常见物质的 Hamaker 常数。由于用不同的方法所得的结果不同，故列出的 A 值有一定的范围，这说明 Hamaker 常数的准确计算和实验测定仍是一个有待解决的问题。A 具有能量单位，一般物质在 10^{-20} J 左右。式（7-58）和式（7-59）表示的是两个微粒在真空中的相互吸引能，对于分散在介质中的微粒，上述两式中的 A 必须用有效 Hamaker 常数代替。对于同一种物质的两个微粒：

$$A_{131} = (A_{11}^{\frac{1}{2}} - A_{33}^{\frac{1}{2}})^2 \tag{7-62}$$

式中，A_{131} 为微粒在介质中的有效 Hamaker 常数；A_{11} 和 A_{33} 分别为微粒和介质本身的 Hamaker 常数。式（7-62）表明，同一种物质的微粒间的 van der Waals 作用永远是相互吸引，并且介质的作用使此吸引力减弱。介质的性质与微粒的性质越接近，则微粒间的相互吸引就越弱。

表 7-2　一些常见物质的 Hamaker 常数

物质	$A/10^{-20}$J（宏观法）	$A/10^{-20}$J（微观法）
水	3.0~6.1	3.3~6.4
离子晶体	5.8~11.8	15.8~41.8
金属	22.1	7.6~15.9
石英	8.0~8.8	11.0~18.6
碳氢化合物	6.3	4.6~10
聚苯乙烯	5.6~6.4	6.2~16.8

● 【例 7-4】微粒间的 van der Waals 吸引能

计算两个半径相同的球形微粒的相互吸引作用能。已知微粒的半径 $a = 1 \times 10^{-7}$ m；微粒上包覆有厚 2.0nm 的类脂单层；包覆类脂单层的微粒间有 2.0nm 的水介质；$T = 300$K。假设 Hamaker 常数 $A = 6 \times 10^{-20}$ J，并忽略类脂层对吸引作用的影响。

解：
$$V_A = -\frac{Aa}{12H} = -\frac{6 \times 10^{-20} \times 1 \times 10^{-7}}{12 \times (2+2+2) \times 10^{-9}} = -8.3 \times 10^{-20} \quad (J)$$

$$1K_B T = 1.38 \times 10^{-23} \times 300 = 0.414 \times 10^{-20} \quad (J)$$

所以此二微粒间的相互吸引作用能相当于 $-20K_B T$。

7.5.2　双电层的排斥作用能

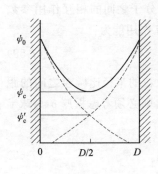

图 7-26　双电层交联时的电位分布

带电的微粒和双电层中的反离子作为一个整体是电中性的，因此只要彼此的双电层并未交联，两个带电微粒之间就不存在静电斥力，排斥作用能为零。只有当两个微粒接近到它们的双电层发生重叠，从而改变了双电层的电荷和电位分布时，才产生排斥作用。计算双电层的排斥作用能，最简单的方法是 Langmuir 法。图 7-26 所示的是两个表面电位为 ψ_0 的平板微粒接近到双电层相互重叠时的情形。

图 7-26 中虚线表示原来的电位分布，实线表示双电层交联后的电位分布。由于两个平板的表面电位相同，交联后的 $\psi(x)$ 曲线必然在板间成对称分布，在 $x = \dfrac{D}{2}$ 处达到最低值 ψ_c（交联前该

处的电位值为 ψ_c'）。交联后的离子浓度自然也与前不同，根据 Boltzmann 分布定律，$x=\dfrac{D}{2}$ 处的离子浓度为：

$$n_+ = n_{0+} \exp(-ze\psi_c/K_B T) \tag{7-63}$$

$$n_- = n_{0-} \exp(ze\psi_c/K_B T) \tag{7-64}$$

离子总浓度为：

$$n = 2n_0 \cosh(ze\psi_c/K_B T) \tag{7-65}$$

式中，n_+ 和 n_- 分别为正负离子的数目浓度；n_0 为双电层之外正（负）离子的数目浓度；z 为离子的电荷数；e 为电子电荷。在双电层之外的溶液内部，$\psi=0$，总离子浓度 $n=2n_0$。板间与板外离子浓度不同造成渗透压力，由于板间的离子浓度总大于板外的离子浓度，所以渗透压力表现为斥力。按渗透压的计算公式，以浓度差替代公式中的浓度，在单位板面积上此斥力为：

$$p = 2cRT\left[\cosh(ze\psi_c/K_B T) - 1\right] \tag{7-66}$$

欲求相应的排斥位能 V_R，须将斥力沿作用距离积分，以 n_0 表示离子的数目浓度，以 Boltzmann 常数代替气体常数，则有：

$$V_R = +2\int_{x=\frac{D}{2}}^{\infty} p\,\mathrm{d}x = -2\int_{\infty}^{x=\frac{D}{2}} 2n_0 K_B T\left[\cosh(ze\psi_c/K_B T) - 1\right]\mathrm{d}x \tag{7-67}$$

因为 $\cosh(ze\psi_c/K_B T)>1$，故 V_R 恒为正值。又因为 $\cosh(ze\psi_c/K_B T)$ 与离开表面的距离 x 的关系非常复杂，故式(7-67)的求解不容易做到。但如果双电层交联程度不是很大，而且 $\kappa\dfrac{D}{2}>1$，ψ_c 与 ψ_c' 都很小，此时可以近似地认为 $\psi_c=2\psi_c'$，$\cosh(ze\psi_c/K_B T)=1+\dfrac{1}{2}(ze\psi_c/K_B T)^2$。自式(7-28)知，不管 ψ_0 多大，在距表面较远处，电位 $\psi=(4K_B T/ze)\gamma_0\exp(-kx)$，因此：

$$\psi_c' = \frac{4K_B T}{ze}\gamma_0 \mathrm{e}^{-\kappa x} \tag{7-68}$$

$$\psi_c = \frac{8K_B T}{ze}\gamma_0 \mathrm{e}^{-\kappa x} \tag{7-69}$$

将这些结果代入式(7-67)，积分后得：

$$V_R = \frac{64n_0 K_B T}{\kappa}\gamma_0^2 \mathrm{e}^{-2\kappa x} \tag{7-70}$$

或

$$V_R = \frac{64n_0 K_B T}{\kappa}\gamma_0^2 \mathrm{e}^{-\kappa D} \tag{7-71}$$

V_R 表示两平板微粒的双电层在单位面积上产生的相斥能。由式(7-27)知：

$$\gamma_0 = \frac{\exp(ze\psi_0/2K_B T) - 1}{\exp(ze\psi_0/2K_B T) + 1}$$

因此，相斥位能只能通过 γ_0 与 ψ_0 发生关系。在表面电位很高时，γ_0 趋于 1，V_R 就几乎与 ψ_0 无关，而只受电解质浓度与价数的影响。

对于球形微粒，情形要复杂得多，目前只能对几种特定的情形求解。例如在 $\kappa x \gg 1$，且重叠程度很小时，两球形微粒间的排斥位能为：

$$V_R = \frac{64n_0 K_B T}{\kappa^2}\pi a \gamma_0^2 e^{-\kappa H} \tag{7-72}$$

式中，a 为微粒的半径；H 为两球间的最近距离。

7.5.3 微粒间的总相互作用能

我们从近似公式(7-59)和公式(7-72)出发，看 DLVO 理论如何说明胶体稳定性的实验

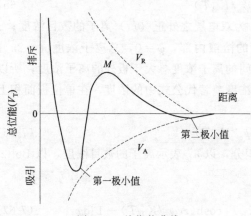

图 7-27　总位能曲线

现象。如图 7-27 所示，微粒之间的总相互作用能即总位能 $V_T = V_A + V_R$，因此先分析 V_A 和 V_R 随距离变化的情况，自式(7-59)可以看出，V_A 的绝对值可随微粒的相互接近而升至无限大，但自式(7-72)看出，V_R 可随微粒的相互接近而趋于一极限值。因此可以推断，在 H 较小时，必定是吸引大于排斥，V_T 为负值，但在微粒间的距离极小时，由于电子云的相互作用，而产生电子云的玻恩（Born）排斥能，V_T 会急剧上升为正值，于是形成一极小值，称为第一极小值。当微粒间的距离较大时，随着距离的增大，V_A 和 V_R 都会下降，但 V_R 表现为较快的指数规律下降，而 V_A 按照倒数规律下降则较缓慢，因而在初始时 V_R 还能超过 V_A，V_T 为正值，但当距离继续增大时，V_A 将超过 V_R，V_T 表现为负值，若距离再增大，V_A 趋于零，V_T 自然趋于零。于是形成在间距较大处的极小值，称为第二极小值，在第一极小值和第二极小值之间，随着微粒相互靠近，V_R 按指数规律很快上升，大大超过按倒数规律缓慢上升的 V_A，因而出现一个峰值 M，称为势垒。

由式(7-59)可以看出，吸引位能 V_A 只与 Hamaker 常数 A 有关，而 A 对指定的体系是不变的，因而 V_A 是我们无法控制的量，吸引位能曲线保持固定不变的形状。与 V_A 不同，V_R 却随 κ 与 ϕ_0（考虑到 Stern 层的存在，应该用 ψ_d 代替 ψ_0）而改变。因而排斥位能曲线随扩散层厚度和 Stern 电位值而发生变化，使得总位能曲线也发生相应的变化。图 7-28 表示当 κ 改变时，总位能曲线的变化。当增大电解质浓度或反离子价数时，κ 会增大，按式(7-72)，V_R 将更加迅速地随距离的增大而下降，使 V_A 变得相对较强，排斥作用将在更短的距离内表现出来，因而总位能峰的高度就会下降并左移，直至整个总位能曲线都位于横轴以下。

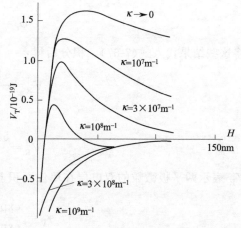

图 7-28　球形微粒的总位能曲线与 κ 的关系
（$a = 10^{-7}$m，$T = 298$K）

二微粒互相靠近时，首先到达第二极小值处，由于第二极小值与布朗运动相比尚小，因而仅能发生微弱的絮凝，易受扰动而被破坏。两微粒继续靠近可达势垒附近，若要接近到此距离以内，微粒的动能必须超过此势垒，一旦越过此势垒，微粒将能继续靠近，逐渐转变为吸

引作用为主。当接近至第一极小值处时，表现为很强的吸引力，其作用远超过布朗运动，使微粒发生结合而凝聚。一般稳定溶胶的势垒高度可达数千 $K_B T$，而微粒的平均动能仅为 $3/2K_B T$，故仅靠布朗运动，微粒是不会越过势垒的，必须依靠投加电解质，使总位能曲线的势垒高度下降并左移，微粒就容易越过势垒而发生凝聚。换言之，增大电解质浓度或价数时，κ 增大，双电层厚度 κ^{-1} 减小，因而两微粒扩散层发生交联而产生排斥的距离相应缩短，而在短距离处范德华引力相对较强，因而使微粒发生凝聚。

7.5.4 临界聚沉浓度

很早以前，Schulze 和 Hardy 就分别研究了电解质的浓度和价数对聚沉的影响，发现一价反离子、二价反离子、三价反离子的聚沉值大致符合 $1 : (1/2)^6 : (1/3)^6$ 的比例，即与电荷的六次方成反比，称为 Schulze-Hardy 规则。在絮凝的胶体化学理论建立之后，不难找到其理论根据。

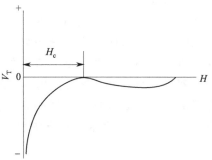

图 7-29　临界聚沉状态的总位能曲线

前面已经提到，胶体的稳定性取决于总位能曲线上位能峰的高度，我们不妨定性地把是否存在位能峰当作判断胶体稳定与否的标准。由于位能峰的高度随溶液中电解质浓度的加大而降低，当电解质浓度加大到某一数值时，位能曲线的最高点恰为零，如图 7-29 所示，即临界聚沉状态。在达到临界聚沉状态时电解质的浓度称为该胶体的聚沉值（CCC）。由图 7-29 可见，处于临界聚沉状态的位能曲线在最高点必须满足以下条件：

$$V_T = V_R + V_A = 0$$

与

$$\frac{dV_T}{dH} = \frac{dV_R}{dH} + \frac{dV_A}{dH} = 0$$

由式(7-59) 和式(7-72) 得到：

$$\frac{64 n_0 K_B T}{\kappa^2} \pi a \gamma_0^2 e^{-\kappa H_c} - \frac{A a}{12 H_c} = 0 \tag{7-73}$$

与

$$\frac{64 n_0 K_B T}{\kappa} \pi a \gamma_0^2 e^{-\kappa H_c} - \frac{A a}{12 H_c^2} = 0 \tag{7-74}$$

式中，H_c 为达到临界聚沉状态时的距离。式(7-73) 和 (7-74) 联立求解，不难得出 $\kappa H_c = 1$，将此条件和式(7-21) 代入式(7-74) 就可得到临界聚沉时的 n_0，即相应的聚沉值 M：

$$M = c \frac{\varepsilon^3 (K_B T)^5 \gamma_0^4}{A^2 Z^6} \tag{7-75}$$

式中，c 为常数。以上是球形微粒的结果，对平板微粒也可以得到相似的结果。由式(7-75) 可以看出以下几点。

① 在表面电位较高时，γ_0 趋于 1，聚沉值与反离子电荷数的六次方成反比，这就是 Schulze-Hardy 规则所表示的实验规律。在表面电位很低时，$\gamma_0 = ze\psi_d/4K_B T$，于是聚沉值与 ψ_d^4/Z^2 成正比。在一般情况下，视表面电位的大小，聚沉值与反离子电荷数的关系应在

Z^{-2} 与 Z^{-6} 之间变化，这与实验事实大体相符。

② 对于 1-1 型电解质，若取典型聚沉值 100mmol/L，$\psi_d = 75\text{mV}$，按式（7-75）可求出 Hamaker 常数 $A = 8 \times 10^{-20}\text{J}$，这与从理论上求得的 A 值（见表 7-2）在数量级上相符。

③ 聚沉值与介质的介电常数的三次方成正比，这也有一定的实验证据。式（7-75）还表明，聚沉值与微粒的大小无关，这是在规定零势垒为临界聚沉条件下得出的结论。事实上，微粒总是具有一定的动能，能够越过一定高度的势垒而聚结。胶体微粒的动能与微粒的大小无关，但势垒与微粒的大小成正比。因此，若不以势垒为零，而以势垒小于某一数值（例如 $5K_BT$）作为聚沉的临界条件，则在其他条件相同时，大微粒较小微粒稳定。

通常，聚沉均发生在势垒为零或很小的情形下，微粒凭借其动能克服势垒障碍，一旦越过势垒，微粒间相互作用位能就会随彼此接近而降低，最后在第一极小值处达到平衡。如果位能综合曲线上有较高的势垒，足以阻止微粒在第一极小值处聚结，但第二极小值却深得足以抵挡微粒的动能，则微粒可以在第二极小值处聚结。由于此时微粒相距较远，这样形成的聚结体必定是一个松散结构，容易被破坏和复原，表现出触变性质。习惯上将第一极小值处发生的聚结称为凝聚，而将第二极小值处发生的聚结称为絮凝（与高分子絮凝作用不同）。对于小微粒（例如 $a < 300\text{nm}$），其第二极小值不会很深，但若微粒很大，例如乳状液，则可以在第二极小值处发生絮凝，而表现出不稳定性。图 7-30 表示电解质浓度（或价数）和微粒大小对胶体稳定性的影响。

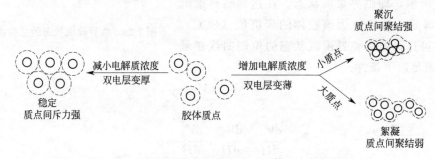

图 7-30 电解质浓度和微粒大小对胶体稳定性的影响

临界聚沉浓度的确切数值可以很灵敏而且准确地被测定出来，它的数值与所采用的判断聚沉是否发生的标准有关，而且该标准应在一系列研究中保持不变。

根据 Schulze-Hardy 规则和式（7-75），高价金属离子应具有较低的聚沉值和较高的混凝效率，这使我们很容易地理解了水处理中常用的无机盐混凝剂是高价的铝（Ⅲ）盐和铁（Ⅲ）盐，它们除了在水中形成电荷为 +3 的水合离子外，还可以通过羟基桥联的方式生成具有更高电荷的多核羟基配离子，例如：

$$\left[\text{Al} \begin{array}{c} \text{OH} \\ \\ \text{OH} \end{array} \text{Al} \right]^{4+}$$

对水溶液中的铝（Ⅲ）曾经提出的反应有如下一些：

$$2\text{Al}^{3+} + 2\text{H}_2\text{O} \rightleftharpoons \text{Al}_2(\text{OH})_2^{4+} + 2\text{H}^+$$

$$6\text{Al}^{3+} + 15\text{H}_2\text{O} \rightleftharpoons \text{Al}_6(\text{OH})_{15}^{3+} + 15\text{H}^+$$

$$7\text{Al}^{3+} + 17\text{H}_2\text{O} \rightleftharpoons \text{Al}_7(\text{OH})_{17}^{4+} + 17\text{H}^+$$

$$8\text{Al}^{3+} + 20\text{H}_2\text{O} \rightleftharpoons \text{Al}_8(\text{OH})_{20}^{4+} + 20\text{H}^+$$

$$13Al^{3+} + 34H_2O \Longrightarrow Al_{13}(OH)_{34}^{5+} + 34H^+$$

这些高电荷离子的存在是铝（Ⅲ）盐和铁（Ⅲ）盐具有较高混凝效率的原因之一。20 世纪 60 年代在传统无机盐混凝剂基础上发展起来的无机高分子混凝剂，如聚合氯化铝、聚合硫酸铁，使其中的高电荷离子的含量得到了进一步的提高，因而可成倍地提高混凝效率。

● 【例 7-5】聚沉值

$NaNO_3$、$Mg(NO_3)_2$、$Al(NO_3)_3$ 对 AgI 水溶胶的聚沉值分别为 140mol/L、2.60mol/L、0.067mol/L，试判断该溶胶是正溶胶还是负溶胶？

答：三种电解质的负离子同为 NO_3^-，而正离子分别为 Na^+、Mg^{2+}、Al^{3+}，价态之比为 1：2：3。若题中 AgI 水溶胶为正溶胶，则引起聚沉的离子必为 NO_3^-，根据 Schulze-Hardy 规则，此种情况下三种电解质的聚沉值差别应该不十分明显；若题中 AgI 水溶胶为负溶胶，则引起聚沉的离子必为正离子，即 Na^+、Mg^{2+}、Al^{3+}，根据 Schulze-Hardy 规则，此种情况下三种电解质的聚沉值应该有较大的差别，它们的聚沉值之比大约为 100：1.6：0.14，这一比值与题给比值基本相同，所以该溶胶是负溶胶。

● 【例 7-6】聚沉值

对一种正电荷水溶胶，KNO_3 的聚沉值是 50×10^{-3} mol/dm^3，求出对该水溶胶 K_2SO_4 的聚沉值。

解：根据 Schulze-Hardy 规则

$$\frac{x}{50 \times 10^{-3}} = \left[\frac{Z(NO_3^-)}{Z(SO_4^{2-})}\right]^6 = \left(\frac{1}{2}\right)^6$$

式中，x 是 K_2SO_4 的聚沉值，Z 是离子的电荷数。解此方程得：

$$x = 0.78 \times 10^{-3} (mol/dm^3)$$

7.6 聚沉动力学

聚沉动力学讨论聚沉的速度问题。只有具有一定速度的聚沉过程才能满足水处理对出水水量的要求，因而才具有实际意义。自对 DLVO 理论的介绍知，胶体之所以稳定是由于总位能曲线上有势垒存在。倘若势垒为零，每次碰撞必导致聚沉，称为快速聚沉；若势垒不为零，则仅有一部分碰撞会引起聚沉，称为慢速聚沉。无论是对快速聚沉还是对慢速聚沉，微粒之间的相互碰撞是首要条件，而它们相互碰撞是由其相对运动引起的。造成这种相对运动的原因可以是微粒的布朗运动，也可以是产生速度梯度的流体运动，前者称为异向凝聚（絮凝），后者称为同向凝聚（絮凝）。以下首先对异向絮凝进行讨论，然后再对同向絮凝进行讨论。

7.6.1 异向凝聚

（1）快速聚沉

在异向凝聚中微粒的碰撞由其布朗运动造成，碰撞频率决定于微粒的热扩散运动。Smoluchowski 将扩散理论用于聚沉，讨论了球形微粒的聚沉速度。先将某一微粒看作是静止不动的，称为参考球，设此球的半径为 R_0，在离开参考球的距离为 r 之处另有一半径相同的小球向着参考球运动，之间的距离逐渐减小，当 $r=2R_0$ 时两球相撞。以参考球的球心为球心，以 $2R_0$ 为半径作球面，单位时间内扩散进入此球面范围内的微粒数，即其他微粒与参考球碰撞的速度由 Fick 第一定律的式(2-1) 得到：

$$J=-DA\frac{\mathrm{d}c}{\mathrm{d}x}$$

考虑到扩散方向 x 与 r 的方向相反，即 $x=-r$，因而有：

$$J=D\times 4\pi(2R_0)^2\left(\frac{\mathrm{d}c}{\mathrm{d}r}\right)_{r=2R_0} \tag{7-76}$$

稳定状态时进入任意同心球面的微粒数相等，所以：

$$J=D\times 4\pi r^2\frac{\mathrm{d}c}{\mathrm{d}r} \tag{7-77}$$

由此得到：

$$\mathrm{d}c=\frac{J}{D\times 4\pi r^2}\mathrm{d}r$$

当 $r=2R_0$ 时，$c=0$；当 $r=\infty$ 时，$c=c_0$，所以有：

$$\int_0^{c_0}\mathrm{d}c=\int_{2R_0}^{\infty}\frac{J}{D\times 4\pi r^2}\mathrm{d}r$$

得到：

$$c_0=\frac{J}{8\pi DR_0} \tag{7-78}$$

即

$$J=8\pi R_0 Dc_0 \tag{7-79}$$

由于实际上参考球也在作布朗运动，所以：

$$J=16\pi R_0 Dc_0 \tag{7-80}$$

原始微粒减少的速度就为：

$$-\frac{\mathrm{d}c}{\mathrm{d}t}=c_0 J=16\pi R_0 Dc_0^2 \tag{7-81}$$

从式(7-80) 到式(7-81) 对于一对微粒之间的碰撞实际计算了 2 次，所以原始微粒减少的速度应该为：

$$-\frac{\mathrm{d}c}{\mathrm{d}t}=8\pi R_0 Dc_0^2 \tag{7-82}$$

式(7-82) 指出异向凝聚为 2 级反应，积分后得：

$$c=\frac{c_0}{1+8\pi R_0 Dc_0 t} \tag{7-83}$$

● 【例 7-7】某金溶胶在温度 T 为 291K 时发生异向聚沉，设势垒为零，介质的黏度为 1.06×10^{-3} Pa·s，起始浓度为 5.22×10^{14} /m³，胶粒的半径为 9.6×10^{-8} m，计算 900s 后体系中微粒的浓度。

解：根据式(2-8) 和式(2-9) 球形微粒的扩散系数为：

$$D=\frac{K_B T}{6\pi\eta R_0}=\frac{1.38\times 10^{-23}\times 291}{6\times 3.14\times 1.06\times 10^{-3}\times 9.0\times 10^{-8}}=2.23\times 10^{-12}$$

再根据异向聚沉的快速聚沉的公式，900s 后体系中微粒的浓度为：

$$c = \frac{c_0}{1+8\pi R_0 D c_0 t} = \frac{5.22\times10^{14}}{1+8\times3.14\times9.6\times10^{-8}\times2.23\times10^{-12}\times5.22\times10^{14}\times900}$$
$$= 1.42\times10^{14}\ (\mathrm{m}^{-3})$$

（2）慢速聚沉

在建立快速凝聚理论时，假定每一次粒子间的碰撞均能导致聚结，这就是说粒子全部是脱稳的。但实际上粒子可能是部分脱稳的，因而仅有一部分碰撞是有效的。分散体系的稳定性是由粒子间的势垒所引起，当粒子间有势垒存在时，Fuchs 设想势垒的作用相当于粒子间的排斥力，在此力的作用下，粒子向彼此远离的方向扩散。因此表示向一参考球粒子扩散的 Smoluchowski 公式(7-78) 应修改为：

$$J = D\times4\pi r^2\frac{\mathrm{d}c}{\mathrm{d}r}+\ 阻力校正项 \tag{7-84}$$

式中，阻力校正项为单位时间内离开参考球的微粒的总数。考虑阻力校正项与相互作用位能的关系，以及参考球的布朗运动，经计算得到：

$$J = \frac{8\pi D c_0}{\displaystyle\int_{2R_0}^{\infty}\exp\left(\frac{\phi}{K_\mathrm{B}T}\right)r^{-2}\mathrm{d}r} \tag{7-85}$$

式中，ϕ 为相互作用位能。令稳定性比为：

$$W = \frac{K_\mathrm{r}}{K_\mathrm{s}} \tag{7-86}$$

式中，K_r 和 K_s 分别为快速聚沉和慢速聚沉的速率常数。稳定性比是表征胶体稳定程度的重要数量，K_s 越小，W 越大，体系越稳定，当 $K_\mathrm{r}=K_\mathrm{s}$ 时，$W=1$，聚沉变为快速聚沉，体系变得不稳定。比较式(7-85) 和式(7-79) 得到：

$$W = \frac{K_\mathrm{r}}{K_\mathrm{s}} = \alpha^{-1} = 2R_0\int_{2R_0}^{\infty}\exp\left(\frac{\phi}{K_\mathrm{B}T}\right)r^{-2}\mathrm{d}r \tag{7-87}$$

或

$$W = \frac{K_\mathrm{r}}{K_\mathrm{s}} = \alpha^{-1} = 2\int_{2}^{\infty}\exp\left(\frac{\phi}{K_\mathrm{B}T}\right)s^{-2}\mathrm{d}s \tag{7-88}$$

$$s = \frac{r}{R_0}$$

式中，α 为慢速聚沉的有效碰撞效率系数。

由此看来 W 的数值取决于粒子间相互作用位能，若自 DLVO 理论得出粒子间总位能曲线，则可由以上二式求出其稳定性比。图7-31 是在指定的 A 与 ψ_d 下计算的 $\lg W$-$\lg c$ 曲线，c 为电解质浓度。对于恒定的 ψ_d，$\lg W$ 与 $\lg c$ 几乎在整个聚沉区均呈大致直线关系，实验结果证实了这一点。图中转折点即是电解质的聚沉值。

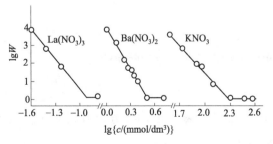

图 7-31　AgI 溶胶（52nm）的 $\lg W$-$\lg c$ 实验结果

7.6.2　同向凝聚

由布朗运动引起的异向凝聚速度太慢，不能单独应用，特别是当微粒相互碰撞聚集变得较大后，布朗运动就会减弱甚至停止，凝聚作用就会减弱甚至不再会发生。但是，长期以来人们观察到，缓慢的搅动会助长凝聚，这是因为搅动会引起液体中速度梯度的形成，从而引起微粒之间的相对运动而造成微粒的相互碰撞。

对具有恒定速度梯度的均匀液体的切变场，可以导出聚沉动力学的简单理论，然而在实际中这样的恒定速度梯度是很难找到的，因此这一理论被扩展到了湍流条件下的情况。以下先介绍层流条件下的均匀切变场，进而讨论湍流条件下的情形。

（1）均匀切变场

首先讨论快速聚沉。由于相对运动是碰撞的原因，所以再次将一个微粒作为在介质中静止不动的捕集者（j），如图 7-32(a) 所示。假如均匀切变场不被微粒的存在扰乱，微粒的路径则为直线型的，正如在异向凝聚中一样，由于是快速凝聚，所以每次碰撞均引起聚结。按照图 7-32(a)，位于中心线上方的 i 粒子按 x 方向移动，如果其中心处在单侧柱体半径 $R_{ij}(r_i + r_j)$ 以内，则会同 j 粒子碰撞。i 粒子相对于 j 粒子的速度与它离开 x 平面距离有关，如果以 Z 表示此距离，$\dfrac{\mathrm{d}v}{\mathrm{d}z}$ 表示速度梯度，此相对速度就表示为 $Z\left(\dfrac{\mathrm{d}v}{\mathrm{d}z}\right)$。单位时间内流过柱体上半侧的流体流量就是单位时间内流过柱体上半侧断面的流体流量，如图 7-32(b) 所示，此断面上高度为 $\mathrm{d}z$ 的单元断面的面积可表示为 $2(R_{ij}^2 - Z^2)^{\frac{1}{2}}\,\mathrm{d}z$，则单位时间内流过此单元断面的流量为：

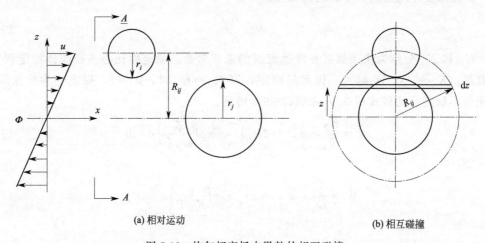

(a) 相对运动　　　　　　　　　　　　(b) 相互碰撞

图 7-32　均匀切变场中微粒的相互碰撞

$$\mathrm{d}Q = 2(R_{ij}^2 - Z^2)^{\frac{1}{2}}\,\mathrm{d}z\,Z\left(\frac{\mathrm{d}v}{\mathrm{d}z}\right) \tag{7-89a}$$

单位时间内流过上半侧断面的流量即为：

$$Q_{\frac{1}{2}} = 2\left(\frac{\mathrm{d}v}{\mathrm{d}z}\right)\int_0^{R_{ij}} Z(R_{ij}^2 - Z^2)^{\frac{1}{2}}\,\mathrm{d}Z \tag{7-89b}$$

在柱体的下半侧按 x 的反方向有相对于 j 微粒同样的流动，所以相对于 j 微粒的总流量就为：

$$Q = 4\left(\frac{\mathrm{d}v}{\mathrm{d}z}\right)\int_0^{R_{ij}} Z(R_{ij}^2 - Z^2)^{\frac{1}{2}}\,\mathrm{d}Z \tag{7-90}$$

积分后得：

$$Q = \frac{4}{3}\left(\frac{\mathrm{d}v}{\mathrm{d}z}\right)R_{ij}^3 \tag{7-91}$$

因为单位体积中有 N_i 个微粒，故 i 微粒与 j 微粒碰撞的速度是：

$$J = \frac{4}{3} N_i \left(\frac{\mathrm{d}v}{\mathrm{d}z}\right) R_{ij}^3 \tag{7-92}$$

如果单位体积中有 N_j 个 j 微粒，则碰撞速度为：

$$J = \frac{4}{3} N_i N_j \left(\frac{\mathrm{d}v}{\mathrm{d}z}\right) R_{ij}^3 \tag{7-93}$$

正如在异向凝聚中一样，微粒大小为 $k = i + j$ 的聚集体，其变化速度由两部分造成：一是由 i 与 j 相碰而增加的速度；二是由 k 与其他微粒碰撞而消失的速度，因而 k 微粒的变化速度可由式(7-94) 表示。

$$\frac{\mathrm{d}N_k}{\mathrm{d}t} = \frac{1}{2} \sum_{i=1}^{i=k-1} \frac{4}{3} N_i N_j \left(\frac{\mathrm{d}v}{\mathrm{d}z}\right) R_{ij}^3 - N_k \sum_{i=1}^{\infty} \frac{4}{3} N_i \left(\frac{\mathrm{d}v}{\mathrm{d}z}\right) R_{ik}^3 \tag{7-94}$$

从式(7-92) 到式(7-93) 对于一对微粒之间的碰撞实际计算了 2 次，式中第一项前面的系数 $\frac{1}{2}$ 是考虑重复计算的结果。碰撞半径 R_{ij} 可以与初级粒子的半径 r_1 相联系，设微粒的聚结属于相互融合，因而一个 i 粒子的体积 X_i 是 i 等于 1 的初级粒子的体积的 i 倍，它的半径以 r_i 表示，则有：

$$X_i = i \frac{4}{3} \pi r_1^3 = \frac{4}{3} \pi r_i^3$$

于是：

$$i r_1^3 = r_i^3$$

因为 $R_{ij} = r_i + r_j$，所以：

$$R_{ij}^3 = r_1^3 (i^{\frac{1}{3}} + j^{\frac{1}{3}})^3 \tag{7-95}$$

应用式(7-95) 并用 G 代替 $\frac{\mathrm{d}v}{\mathrm{d}z}$，对于各种尺度的微粒的总数，式(7-94) 就成为如下形式：

$$\frac{\mathrm{d}\sum_{k=1}^{\infty} N_k}{\mathrm{d}t} = \frac{2Gr_1^3}{3} \left[\sum_{i=1}^{\infty} \sum_{j=1}^{\infty} N_i N_j (i^{\frac{1}{3}} + j^{\frac{1}{3}})^3 - 2 \sum_{i=1}^{\infty} \sum_{k=1}^{\infty} N_i N_k (i^{\frac{1}{3}} + k^{\frac{1}{3}})^3 \right] \tag{7-96}$$

由于考虑了所有可能的组合，k 粒子也包括 i 粒子和 j 粒子。如果认为 $i \approx j \approx k$，则有：

$$\frac{\mathrm{d}\sum_{k=1}^{\infty} N_k}{\mathrm{d}t} = \frac{16Gr_1^3}{3} \left(\sum_{k=1}^{\infty} N_k^2 k - 2 \sum_{k=1}^{\infty} N_k^2 k \right) = -\frac{16Gr_1^3}{3} \sum_{k=1}^{\infty} N_k^2 k \tag{7-97}$$

式中，负号表示在絮凝过程中粒子总数是减少的。

设在絮凝初期体系为单分散系，$t = 0$ 时，$k = 1$，$N_k = N_0$，上式就成为简单的二级反应的动力学方程式：

$$-\frac{\mathrm{d}N_1}{\mathrm{d}t} = \frac{16}{3} Gr_1^3 N_0^2$$

即

$$-\frac{\mathrm{d}N}{\mathrm{d}t} = \frac{16}{3} Gr^3 N^2 \tag{7-98}$$

式(7-98) 说明，颗粒数减少的速率对颗粒数 N 为二级反应。由于 N 个半径为 r 的颗粒在 $t = 0$ 时的总体积是一常数，所以：

$$\phi = N\left(\frac{4}{3}\pi r^3\right) \tag{7-99}$$

注意，ϕ 实际是单位体积液体中颗粒的总体积，因而是一个无量纲的数，以式(7-99)代入式(7-98)得一级反应式如下：

$$-\frac{dN}{dt} = \frac{4}{\pi}\phi GN \tag{7-100}$$

积分后得：

$$-\ln\frac{N}{N_0} = \frac{4}{\pi}\phi Gt \tag{7-101}$$

对该一级反应，半衰期应为：

$$t_{\frac{1}{2}} = \frac{0.693}{\frac{4}{\pi}\phi G} \tag{7-102}$$

式(7-102)给出下列重要概念：

① 增大速度梯度可以缩短半衰期，但实际所能采用的最大速度梯度值是有限的，因而这样做所能起的作用并不大；

② 结合式(7-99)可以得出，同样数目的大颗粒和小颗粒的半衰期之比：

$$\frac{t_{\frac{1}{2}(\text{大})}}{t_{\frac{1}{2}(\text{小})}} = \frac{\phi_{\text{小}}}{\phi_{\text{大}}} = \left(\frac{r_{\text{小}}}{r_{\text{大}}}\right)^3 \tag{7-103}$$

因而半径为 $10\mu m$ 的颗粒的半衰期仅为半径为 $1\mu m$ 的颗粒的 $1/1000$，这说明在絮凝过程中，随着颗粒的不断长大，半衰期也就迅速缩短，更重要的是还可以推知，如果在搅拌开始时就有较大的颗粒存在，颗粒总数的下降必然是很快的。

在建立快速聚沉理论时，假定每一次粒子间的碰撞均能导致聚结，这就是说粒子全部是脱稳的。但实际上粒子可能是部分脱稳的，因而仅有一部分碰撞是有效的，这部分碰撞可用系数 α 来表征。当 $\alpha = 1$ 时即为快速凝聚的情形，而 $\alpha < 1$ 时就是慢速凝聚的情形，在引入 α 值后，同向凝聚的动力学方程(7-98)就成为：

$$-\frac{dN}{dt} = \frac{16}{3}\alpha G r^3 N^2 \tag{7-104}$$

（2）非均匀切变场

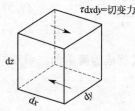

图 7-33 非均匀切变场中 G 值的推导

在速度梯度并非均匀和恒定不变的情况下，同向凝聚方程中的 G 不能用 dv/dt 代替。通常被大家所接受的 G 的定义是 Camp 和 Stein 的方法，此法以非均匀切变流体耗散在单位体积液体中的功率来计算 G 值。

如图 7-33 所示，考虑一个微单元立方液体 $dx\,dy\,dz$ 在某一瞬间受到一个强度为 τ 的切变作用，于是就有扭转功产生，其功率为：

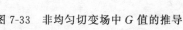

$$= (\tau\,dx\,dy)dz\,\frac{d\theta}{dt} \tag{7-105}$$

式中，$\tau \mathrm{d}x\mathrm{d}y$ 为剪切力。对于一个微小的转动，弧长为：

$$\mathrm{d}l = R\,\mathrm{d}\theta \tag{7-106}$$

式中，R 为转动切变中流体小扇形的半径。所以有：

$$\frac{\mathrm{d}\theta}{\mathrm{d}t} = \frac{\mathrm{d}l}{R\,\mathrm{d}t} = \frac{v}{R} = \frac{\mathrm{d}v}{\mathrm{d}z} \tag{7-107}$$

代入式(7-105)得：

$$P = (\tau \mathrm{d}x\mathrm{d}y)\mathrm{d}z\,\frac{\mathrm{d}v}{\mathrm{d}z} \tag{7-108}$$

因为微单元立方液体的体积 $\mathrm{d}V = \mathrm{d}x\mathrm{d}y\mathrm{d}z$，所以有：

$$\frac{P}{\mathrm{d}V} = \tau\,\frac{\mathrm{d}v}{\mathrm{d}z}$$

对于牛顿流体，$\tau = \eta\,\dfrac{\mathrm{d}v}{\mathrm{d}z}$，$\eta$ 为流体的黏度，因而得到：

$$\frac{P}{\mathrm{d}V} = \eta\left(\frac{\mathrm{d}v}{\mathrm{d}z}\right)^2$$

所以有：

$$\frac{\mathrm{d}v}{\mathrm{d}z} = \left(\frac{P}{\mathrm{d}V\eta}\right)^{\frac{1}{2}} = G \tag{7-109}$$

对于整个反应器式(7-109)写成：

$$\overline{\frac{\mathrm{d}v}{\mathrm{d}z}} = \left(\frac{Pv}{V\eta}\right)^{\frac{1}{2}} = G \tag{7-110}$$

式中，$\overline{\dfrac{\mathrm{d}v}{\mathrm{d}z}}$ 和 Pv 分别代表池中的平均速度梯度和施加于整个池子中的搅拌功率。在利用水流的紊动作用进行搅拌时，公式(7-110)中的 Pv 可用下式计算：

$$Pv = Q\rho g h \tag{7-111}$$

式中，Q 为水的流量，m^3/s；ρ 为水的密度，$1000\mathrm{kg/m}^3$；h 为水经过反应池的水头损失，m。

Camp 和 Stein 的上述理论发表后，式(7-110)成了反应池的一个最基本的理论公式，得到了广泛的应用，但在推导式(7-110)时，以层流的黏度公式应用于紊流的情形，尚值得加以研究。巴宾科夫认为"这是可以理解的，因为速度梯度值和造成颗粒碰撞的湍流脉冲尺度都决定于同一类参数，即单位体积液体吸收的机械能和液体的黏度"。

7.6.3　湍流絮凝动力学研究

在工业规模的絮凝反应设备中，流体的流态是以湍流占优势的，并非层流状态，不存在整体和恒定不变的速度梯度，将层流条件下得到的 Smoluchowski 公式或将 Camp 和 Stein 提出的计算式代入 Smoluchowski 层流公式，应用于工业生产是有问题的。因而半个世纪以来，Camp-Stein 理论一直受到专家学者的质疑。以后的研究说明反应设备中实际存在的速度梯度远低于按 Camp-Stein 理论计算所得的值，特别是近年来发展起来的网格絮凝反应设备的絮凝效果远远超过了其他絮凝设备，但在网格后面一定距离处为均匀各向同性湍流，其速度梯度为零，更加与速度梯度的理论不相符。实际上在一般情况下，由于湍动涡旋的作用，大大增加了湍流中的动量交换，均化了湍流中的速度分布，所以其速度梯度远小于按Camp-Stein 理论计算的结果。此外，由于在 Smoluchowski 公式中用能量项替代了速度梯度，所以不能反映湍流中涡旋和速度梯度的大小、数量及分布等，无法揭示湍流条件下颗粒碰撞的微观本质，不利于絮凝动力学的进一步发展。

近年来，许多学者曾尝试直接从湍流理论探讨湍流条件下的絮凝动力学，其中较为典型的是 Levich 的工作。根据 Kolmogorov 局部各向同性理论，湍流是一种不规则的复杂运动，是由各种尺度不同的涡旋叠加而成的流体运动。在湍流条件下搅拌混合输入的能量主要用于一级尺度的大涡旋的形成，一级尺度的涡旋逐级分解为次一级尺度的涡旋，能量通过逐级递减的涡旋进行传递，直到涡旋达到某种尺度时，所有能量会被黏性阻力完全耗散，此时涡旋的尺度被称为 Kolmogorov 微尺度。Levich 认为在这些大小不等的涡旋中，大涡旋往往使颗粒作整体运动而不会使之相互碰撞，尺度过小的涡旋其强度往往不足以推动颗粒碰撞，只有与颗粒尺度相近的涡旋才会引起颗粒间的相互碰撞，类似于异向凝聚中布朗运动引起的颗粒碰撞。根据此项假设，应用异向凝聚的碰撞速率公式，并代入脉动流速表示式，得到了各向同性湍流条件下颗粒的碰撞速率如下：

$$N_0 = \frac{8\pi}{\sqrt{15}} \sqrt{\frac{\varepsilon}{\mu}} d^3 n^2 \tag{7-112}$$

式中，N_0 为颗粒碰撞速率；ε 为单位时间内单位体积流体的有效能耗，也是脉动流速所耗功率，而不是 Camp-Stein 公式中的单位体积流体所耗总功率；μ 为水的运动黏度；d 为颗粒的直径；n 为颗粒的粒数浓度。此即微涡旋理论。

该理论的缺点是仅适用于受水流黏性影响的小涡旋和尺度与其相近的小颗粒。事实上，布朗运动是由介质的分子对微粒从各个方向的有限次碰撞不能抵消所引起（根据概率知识，对于无限次碰撞，各个方向的碰撞次数可认为基本相等，因而可以抵消，对于有限次碰撞，各个方向的碰撞次数可认为不相等，因而不能抵消），而介质分子的尺度比这些微粒要小得多，据此小于微粒的涡旋应是微粒相互碰撞的推动者，Levich 认为仅有尺度与微粒相近的涡旋推动了微粒的碰撞与此不符。此外有效功率 ε 在实际中也很难确定，因而其局限性是明显的。

综上所述，速度梯度理论和 Camp-Stein 理论并未揭示湍流絮凝的本质，而现有湍流絮凝理论的尝试尚存在较大局限性和疑问，所以可以说湍流条件下导致水流中微小颗粒絮凝的动力学致因一直未能搞清楚，迄今尚未找到令人满意的答案，这种状况限制了絮凝动力学理论的发展及对现有絮凝工艺及设备的进一步改进，尚需继续进行研究。

7.7 高分子的稳定作用与絮凝作用

7.7.1 高分子的空间稳定作用

一些胶体粒子被吸附物质保护的例子已为众所周知，但它们并不能通过静电斥力的增加或 van der Waals 引力的减弱而得到圆满的解释，还需涉及另外一些作用，例如空间排斥效应，讨论如下。

（1）高分子结构的影响

能对胶体粒子产生稳定作用的高分子一般须由停靠基团和稳定基团构成，由于停靠基团对微粒有较强的亲和力，高分子吸附于微粒上；而稳定基团对溶剂有较强的亲和力，因而微粒被溶剂分子包围而分散于溶剂中。属于这种结构的高分子有接枝共聚物和嵌段共聚物，如图 7-34 所示。

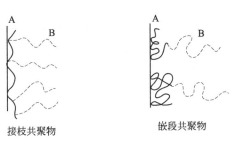

图 7-34　高分子对胶体微粒的稳定作用
A—停靠基团；B—稳定基团

（2）高分子浓度及分子量的影响

高分子的分子量越高，吸附层越厚，稳定效果越好；高分子的浓度也有重要影响，当浓度太小时，由于微粒有空白表面而发生架桥絮凝（见以下讨论），但浓度过高也无必要，只需维持适宜的浓度，即可发挥稳定作用。

（3）介质性质的影响

当介质对高分子的稳定基团为良溶剂时，高分子起稳定作用。在介质中加入非溶剂，使介质成为 θ 溶剂时，体系失稳开始聚沉；同样改变温度至 θ 温度时，也发生稳定性转变，导致聚沉。

对高分子稳定作用的理论解释如下。

（1）体积限制效应理论

当吸附有高分子的微粒相互靠近时，高分子吸附层被压缩，如图 7-35(a) 所示。这可以使吸附分子所占的空间减小，因而使聚合物所能有的排布构型数减少。这意味着熵的减小，导致自由能的增加，也就意味着粒子间的排斥。此效应有时被称为体积限制效应。

(a)体积限制效应(压缩而不穿透)　(b)混合效应(穿透而不压缩)

图 7-35　体积限制效应和混合效应

（2）混合效应理论

当吸附有高分子的微粒相互靠近时，吸附层会相互渗透，如图 7-35(b) 所示。这样会使两个粒子间链段的浓度增大，这可能导致吸引增强，但也可能导致排斥增强，究竟为何者取决于聚合物与溶剂之间相互作用的性质。这种现象被称为混合效应。

当微粒之间的作用为排斥作用时，必有 $\Delta G_R = \Delta H_R - T\Delta S_R > 0$，所以对稳定结构可以做如下两种判定：

① $\Delta H_R > 0$，$\Delta S_R > 0$，但 $\Delta H_R > T\Delta S_R$，属于焓稳定；

② $\Delta H_R < 0$，$\Delta S_R < 0$，但 $\Delta H_R < |T\Delta S_R|$，属于熵稳定。

7.7.2　高分子的稳定作用在工业冷却水中的应用

高分子的稳定作用在工业循环冷却水处理中得到了广泛的应用。在化工、电力等工业生产中，常用敞开式循环冷却水系统来冷却工艺介质，但在敞开式循环冷却水系统中会产生结垢、腐蚀和菌藻滋生等三大弊病，为防止这些弊病的产生，广泛使用了阻垢分散剂和杀菌灭藻剂，一些聚羧酸类高分子就是重要的阻垢分散剂，如水解聚马来酸酐、聚丙烯酸均聚物及以马来酸为主的共聚物等，常与其他种类的阻垢缓蚀剂复配使用，发挥协同作用。这些聚羧酸的阻垢和分散作用机理主要是高分子对胶体的稳定作用，具体有多种说法，归纳起来大致有三种：

① 增溶作用　聚羧酸溶于水后发生电离，生成带负电的分子链，这些带负电的分子链可与 Ca^{2+} 形成能溶于水的络合物，从而使成垢化合物的溶解度增加，起到阻垢作用。

② 晶格畸变作用　由于聚羧酸的相对分子质量相当大，是线性高分子化合物，它除了一端吸附在 $CaCO_3$ 晶粒上以外，其余部分则围绕在晶粒周围，使其无法增长，因此晶粒生长受到干扰和歪曲，晶粒变得细小，形成的垢层松软，极易被水流冲洗掉。

③ 分散作用　因为聚羧酸在水中电离成阴离子后有强烈的吸附性，它会吸附到水中的一些泥沙、粉尘、腐蚀产物、生物碎屑等杂质粒子上，使其表面带有相同的负电荷，相互排斥，从而悬浮于水中，起到了分散作用。

7.7.3　高分子的絮凝作用

早期使用的高分子絮凝剂多是高分子电解质，它们的作用被认为是简单的电性中和作用。如果高分子电解质的大离子与胶体所带的电荷相反，则能发生互沉作用。但后来发现，起敏化或絮凝作用的并不仅限于电荷与胶体相反的高分子电解质，一些非离子型高分子（如聚氧乙烯、聚乙烯醇），甚至某些带同号电荷的高分子电解质，对胶体也能起敏化甚至絮凝作用。因此电中和绝非高分子絮凝作用的唯一原因。

现在一般认为，在高分子物质浓度较低时，吸附在微粒表面上的高分子长链可能同时吸附在另一个微粒的表面上，通过"架桥"方式将两个或更多的微粒联在一起，从而导致絮凝，这就是发生高分子絮凝作用的架桥机理。架桥的必要条件是微粒上存在空白表面。倘若溶液中的高分子物质的浓度很大，微粒表面已完全被所吸附的高分子物质所覆盖，则微粒不再会通过架桥而絮凝，此时高分子物质起的是保护作用，如图 7-36 所示。

(a) 絮凝(低浓度)　　　　(b) 保护(高浓度)

图 7-36　高分子的絮凝作用与保护作用

由架桥机理知道，高分子絮凝剂的分子要能同时吸附在两个微粒上，才能产生架桥作用，因此作为絮凝剂的高分子多是均聚物。高分子絮凝剂的分子量和分子上的电荷密度对其作用有重要影响。一般来说，分子量大对架桥有利，絮凝效率高。但并不是越大越好，因为架桥过程中也发生链段间的重叠，从而产生一定的排斥作用。分子量过高时，这种排斥作用可能会削弱架桥作用，使絮凝效果变差。另一个是高分子的带电状态。高分子电解质的离解程度越大，电荷密度越高，分子就越扩展，这有利于架桥，但另一个方面，倘若高分子电解质的带电符号与微粒相同，则高分子带电越多，越不利于它在微粒上的吸附，就越不利于架桥，因此往往存在一个最佳离解度。为了有一个最佳离解度，常用聚丙烯酰胺的水解度一般控制在 30％ 左右为宜。

当聚电解质分子所带的电荷符号与分散体系颗粒所带电荷符号相反时，架桥机理则不能普遍适用。Kasper 和 Gregory 曾提出局部静电斑块机理予以解释。该机理认为聚电解质分子并不是仅少数吸附部位吸附在颗粒表面，且其余分子链以闭合链环伸向溶液，而是完全吸附在颗粒表面。被完全吸附的聚电解质分子在颗粒表面上形成正电荷斑块，与未被吸附的表面负电荷斑块交替分布成为马赛克状，即使吸附了足够量的聚合物使表面净电荷为零，仍有正电区与负电区同时存在，如图 7-37 所示。当相邻颗粒的正电区和负电区对准产生强烈吸引时，体系发生脱稳。由于聚电解质链节在具有相反电荷的颗粒表面上的吸附能相当高，通过长链环或链尾架桥的作用被认为是不可能的。

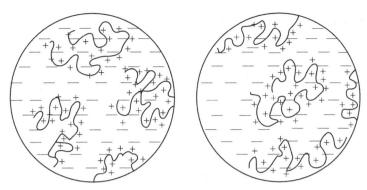

图 7-37　局部静电斑块模型

　　在聚电解质链环被吸附到颗粒表面的初始阶段至吸附构型达到平衡之间存在一定的时段，在此时段聚电解质链环可能会伸展至溶液与相邻颗粒发生架桥，这将受到颗粒碰撞频率的很大影响，因此受到颗粒物浓度的很大影响。当颗粒物浓度较高时，一个处于链环伸展状态的颗粒会与许多颗粒相碰撞，产生架桥絮凝。当体系中颗粒浓度较低时，碰撞频率降低，脱稳的机理应由静电斑块模型描述，此时由于架桥机理可以忽略，聚电解质的分子量并非重要因素，加上高分子量产品难于溶解的缺点，低分子量聚电解质更为合适，此时因电荷作用起主要作用，使用高电荷密度的聚电解质更为有效。当体系中颗粒浓度较高时，例如在污泥调理的情况下，架桥效应非常显著，因而高分子量的阳离子聚电解质就更为有效。

7.8　疏水絮凝与疏水作用力

　　经典 DLVO 理论被提出后就被广大研究者所接受，成为现代絮凝科学的基础，但之后的研究发现在具有疏水表面的微粒之间存在更强的吸引作用，其强度超过了 wan der Waals 吸引力，因此综合作用力（能）与经典 DLVO 理论的预计值不符，其超过部分被认为是由表面的疏水性所引起，称为疏水作用力。由疏水作用力引起的絮凝被称为疏水絮凝。

　　疏水作用力和疏水絮凝在选矿工业领域首先得到了承认，并获得了广泛的应用，成为矿物加工领域 20 世纪最有代表性的创新成果。其最主要的具体做法是：在浮选前的预处理中，往矿物微粒的水悬浊体系中加入非极性油以强化矿粒的疏水性，或加入表面活性剂在矿粒表面形成疏水性吸附层，从而增强疏水作用力，引起疏水絮凝，产生疏水絮体，为后续选择性浮选创造条件。遗憾的是迄今在水处理领域涉及絮凝机理时，疏水作用力及疏水絮凝从未被提及。尽管在水环境和水处理中疏水絮凝的发生是一个事实，如在天然水环境中悬浮及胶体颗粒吸附腐殖质、表面活性剂和碳氢化合物分子后发生的絮凝沉降，在水处理中胶束的形成、气浮法去除杂质、隔油池除油、粗粒化聚结除油及疏水缔合絮凝剂的研究开发等均有疏水作用力及疏水絮凝机理的参与，但研究人员和工程师并没有认识到其中疏水作用力和疏水絮凝所起的作用。这种现状可能会影响到水处理絮凝理论及技术的发展，鉴于此本书就疏水作用力及疏水絮凝进行简要的介绍和讨论，希望能对现今的水处理絮凝理论作一补充，对水处理絮凝实践提供有益的参考。

7.8.1　疏水絮凝和疏水作用力的发现

疏水絮凝现象可以通过一个简单的实验清楚地观察到：将纯净的石英微粒投入水中制成悬浊液，此时石英颗粒表面是完全亲水的，悬浊液处于稳定的分散状态，但是将这些石英微粒置于二氯二甲基硅烷蒸气中，就会在其表面上覆盖一层甲基硅烷，使其表面具有很强的疏水性。这种疏水性微粒在水中会产生剧烈的团聚现象，迅速沉向容器底部。

根据颗粒表面疏水化的起因，疏水絮凝可分为以下两种。

① 天然疏水絮凝　是指天然疏水颗粒在水中产生团聚的现象。如细微油滴、聚四氟乙烯颗粒、石墨微粒、煤炭微粒等，这种疏水絮凝可以在不添加任何药剂的情况下发生。

② 诱导疏水絮凝　由表面活性剂分子在颗粒表面吸附导致颗粒疏水化，进而发生疏水絮凝，被称为诱导疏水絮凝。例如加十二胺于石英微粒悬浊液、加油酸钠于锡石微粒悬浊液等都可以导致其中的微粒发生团聚沉降。

疏水絮凝存在的另一个证据可以从絮凝发生时的 zeta 电位看出。多种矿物微粒悬浮体系在没有任何表面活性剂加入的情况下，颗粒的聚结现象出现在 zeta 电位绝对值很小处，而在 zeta 电位绝对值大的地方，体系保持稳定的分散状态，这恰恰是经典 DLVO 理论能够很好解释的现象。然而一旦油酸钠被加入矿物微粒悬浮体系，这种现象就不复存在，体系的聚结不是在等电点附近，而是在颗粒的 zeta 电位很高处出现，显然诱导疏水絮凝是与电解质凝聚完全不同的聚结现象，此时经典 DLVO 理论不适用于疏水絮凝。实验证明，矿物微粒诱导絮凝的 Ea（聚结效率）-pH 曲线与颗粒 θ（接触角）-pH 曲线有非常好的一致性，在诱导疏水颗粒具有最大接触角的 pH 处，会出现聚结效率的最大值。

疏水絮凝的存在说明了疏水作用力的存在。Israelachvili 和 Pashley 测定了以阳离子表面活性剂十六烷基三甲基溴化胺（CTAB）包覆的圆柱形微小云母片之间的总相互作用力，分别以其对表面曲率半径标化后的值对表面间隔距离作曲线得图 7-38(a)。图 7-38(b) 中 $\dfrac{F_h}{R}$ 称为标化的疏水作用力，按照 Derjaguin 近似关系，对平板型微粒有 $\dfrac{F_h}{R}=\pi E$，对圆柱形微粒有 $\dfrac{F_h}{R}=2\pi E$，式中 E 为微粒单位表面积上的相互作用自由能，因此 $\dfrac{F_h}{R}$ 代表疏水作用能的大小，图中实线为进行同样标化处理的经典 DLVO 理论的预测值，以供比较。

图 7-38(a) 显示了表面之间的作用力为表面间隔距离的函数，其中的曲线 a 和曲线 b 分别表示表面具有不同电荷密度的情况，插图为对未包覆表面活性剂的石英片所测得的作用力，图中实线表示经典 DLVO 理论预测值，虚线表示实验测定值。可以看出，在间隔距离较远处测定值与 DLVO 预测值能很好吻合，随着距离的减小，测定值逐渐偏离了 DLVO 预测值，最后大大超过了预测值，显示了更强的吸引作用。插图中对未包覆表面活性剂的石英片所测得的作用力与 DLVO 理论预测值有极好的符合性。Israelachvili 和 Pashley 认为在包覆表面活性剂的石英片之间所测得的作用力超过 wan der Waals 吸引力的额外部分即为疏水作用力，从 DLVO 理论值减去实测值就得到疏水作用力 F_h，这种作用力的作用范围比普通共价键的作用要长，也比经典 van der Waals 作用力的长，约为 1～10nm，某些情况下在大于 100nm 的间距处都可测得，因而被称为长程作用力。以 F_h 对表面曲率半径做标化计算

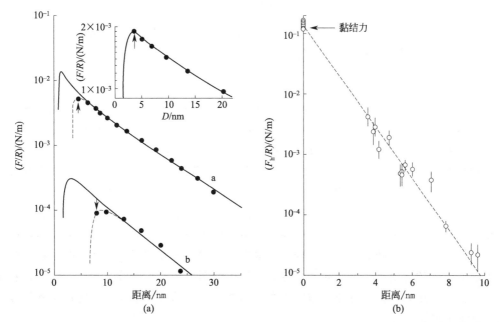

图 7-38　两圆柱形疏水表面之间的相互作用力与间隔距离的函数关系

(F—两表面之间的作用力；D—两表面的间隔距离；R—表面曲率半径；

实线为经典 DLVO 理论预测值，虚线为实验测定值）

得 $\dfrac{F_h}{R}$，并对间隔距离作对数图，如图 7-38（b）所示，可以看出，疏水作用按指数规律下降至 10nm 的间距处，由此得到以指数函数规律随距离衰减的疏水作用力的经验式：

$$\frac{F_h}{R}=C_0\exp\left(\frac{-H}{D_0}\right) \tag{7-113}$$

式中，F_h 为圆柱状云母片之间的疏水作用力；R 为云母片的曲率半径；H 为云母片之间的最短距离；C_0 及 D_0 为拟合参数，C_0 数值的大小决定着疏水作用力的强弱，D_0 具有长度单位，其大小决定疏水作用力作用距离的范围，被称为衰减长度。Claesson 及 Roe-Hoan Yoon 发现当使用不溶性双碳氢链表面活性剂包覆小云母片时，产生的疏水作用力更强，衰减距离范围更长，此时采用以下双指数函数能够更好地符合实验数据：

$$\frac{F_h}{R}=C_1\exp\left(\frac{-H}{D_1}\right)+C_2\exp\left(\frac{-H}{D_2}\right) \tag{7-114}$$

式中，C_1、C_2、D_1、D_2 与式（7-113）中的 C_0、D_0 相同，但数值不同。

也有一些研究者主张采用幂函数的经验公式描述疏水作用力随间隔距离的变化规律：

$$F_h=\frac{-KR}{6H^2} \tag{7-115}$$

式中，K 为单一拟合参数。该式与 wan der Waals 吸引力计算式有相同的形式，研究者可以直接将 K 与 wan der Waals 式中的 Hamaker 常数的数值进行比较。以十八烷基三氯硅烷包覆硅片进行的试验得到的 K 值在 $(0.11\sim3.5)\times10^{-16}$ J 之间，比硅片在水中的 Hamaker 常数（约 10^{-20} J）大几个数量级，由此同样可说明疏水作用力的存在。

基于疏水作用力的发现，传统的 DLVO 理论应修正为扩展的 DLVO 理论，其数学表达式为：

$$F_t=F_e+F_d+F_h \tag{7-116}$$

式中，F_t 为微粒之间的总相互作用力，等于静电作用力 F_e、van der Waals 作用力 F_d 及疏水作用力 F_h 三者之和。

7.8.2　疏水作用力产生的机理

尽管疏水作用力在实验上得到了证实，但迄今对它产生的机理还不甚清楚，尚存在一些争论。从热力学上讲可以解释如下：水分子间氢键的破坏是导致疏水作用力产生的原因。当疏水颗粒或非极性分子进入水中时，水分子间的氢键结构将遭到部分破坏而断裂，那些与疏水颗粒表面或非极性分子相邻的水分子不能与之形成氢键，因而能量会升高，按照热力学定律，能量高的体系是不稳定的，必然会向能量低的状态转化，因此疏水颗粒或非极性分子周围的水分子总是企图将其周围的疏水颗粒或非极性分子排斥开，或自身从疏水表面之间的范围流出进入本体相，以恢复氢键缔合的结构，由此形成疏水作用力，迫使疏水颗粒或非极性分子相互聚结或逃离水体内部而在气液界面集结，以减小疏水颗粒或非极性分子与水的接触面积，使体系的自由能降低。由于水分子在水中以氢键缔合方式形成网状结构，疏水颗粒在疏水界面上发生的扰动会从界面向水中传播，传播范围大于数个水分子直径，因此疏水作用力被称为长程作用力。目前对疏水作用力产生的微观机理的解释主要有空化作用和偶极相互作用，分别介绍如下。

（1）空化作用

Bérard 等对限制于刚性平滑疏水表面之间的液体采用 Monte Carlo 方法做了数值模拟。Monte Carlo 方法适合于寻找两相平衡共存点，可以用来研究超过平衡共存点的亚稳态液相，找出临界亚稳态点。模拟结果表明，疏水作用力是由疏水表面的微小间隔距离所导致的相变所引起：一种液体虽然在处于主流体中或被限制于间隔距离较大的两刚性平滑表面之间时为液相，但当表面相互接近到间隔距离极小时，则会变为亚稳态，此亚稳态水发生毛细蒸发成为气体（恰与毛细凝结现象相反），形成空穴，即空化作用，由此造成密度减小，也造成 Laplace 压力差，导致两表面之间的相互吸引，其作用强度数倍于 wan der Waals 力，属于长程作用力，并在两表面接近至亚稳态间距时迅速增大。另据平均场分析，由于疏水表面的导入，极性液体被惰性表面代替，当表面接近至一定程度时，表面之间的液体的化学势开始降低，相变随之发生，由化学势开始降低点可以确定临界亚稳态间距。Bérard 由平均场分析和Monte Carlo 模拟得到的净压力的数学表示式如下：

$$P(h) \approx \frac{-A}{(h-h_0)^2} e^{-\alpha(h-h_0)h}, \qquad h \rightarrow h_0 \qquad (7\text{-}117)$$

式中，A、α 为常数；h 为两疏水表面间距；h_0 为达到临界压稳态时的间距。模拟结果如图 7-39 和图 7-40 所示。

图 7-39 表示密度变化，其表达式为：

$$\bar{\rho} = \frac{\langle N \rangle}{hL^3}$$

式中，$\bar{\rho}$ 为平均密度；N 为质点数目；hL^3 是模拟单元的体积。

图 7-39(a) 表示，在第一状态点（$\beta\mu^{\mathrm{conf}} = -3.29$，$T^* = \dfrac{k_B T}{\in} = 1.0$，式中，$\mu$ 为化学势，$\in$ 表示势能阱深度），两表面之间的平均密度是表面间距的函数。可以看出，在间距较大处流体呈现出较高的密度，而在间距较小处流体呈现出较低的密度，二者在约 5σ 处共存，

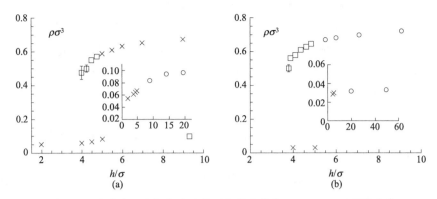

图 7-39　疏水表面之间与主流体平衡的流体的 Monte Carlo 平均密度

图中插图是对图下方气体行为的放大；σ—分子直径；纵坐标物理量—密度大小；

×—热力学稳定状态；□—亚稳态；○—稳定态与亚稳态不能明确区分的情况

在 4σ 处近似液体，处于临界亚稳态，发生空化现象。从图中插图看出，可以将气体亚稳态模拟至约 14σ～约 19σ。图 7-39（b）表示，在第二状态点（$\beta\mu^{\text{conf}}=-3.84$，$T^*=\dfrac{k_BT}{\in}=0.9$）即高密度低温度时，两表面之间的平均密度同样是表面间距的函数。在间距较大处，液相和主流体保持稳定，而气相处于亚稳态。在 $5.5\sigma\leqslant h\leqslant 50\sigma$ 的范围内，Monte Carlo 方法不能区分稳态和亚稳态，所以两相共存的间隔距离不能确定，液体临界亚稳态间隔距离为 3.9σ，略小于第一状态点的值。

图 7-40 表示压力变化，其中图 7-40（a）为第一状态点（$\beta A\sigma=0.15$，$\alpha\sigma^2=0.02$，$h^0=3.0\sigma$）的情况，图 7-40（b）为第二状态点（$\beta A\sigma=0.13$，$\alpha\sigma^2=0.02$，$h^0=3.0\sigma$）的情况。从图 7-40 看出，两表面之间的净压力为负值，表明是吸引力，并随表面间隔距离的增大而减弱。此处净压力等于总压力减去主流体的压力。在气液两相共存的间隔距离处，当液体蒸发为气体时，表现为很强的吸引作用。图中虚线表示液体的实验数据拟合平均场理论式（7-117）的结果，实线表示 van der Waals 作用力的计算值，可以看出，DLVO 理论的 van

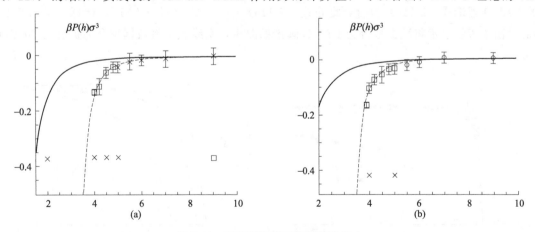

图 7-40　刚性平滑表面之间的净压力

P—压力；β 和 σ—常数；×—热力学稳定状态；□—亚稳态；

○—稳定态与亚稳态不能明确区分的情况；实线—van der Waals 吸引作用力；

虚线—实验数据拟合平均场结果

der Waals 作用力的计算值大大低估了亚稳态液体所导致的吸引力。

综上所述，空化作用理论认为，当液体中惰性表面相互接近时，其间隔距离变小会导致液体变为亚稳态，亚稳态液体通过毛细蒸发形成气穴，即空化作用，由此产生密度差和 Laplace 压力差，从而形成使疏水颗粒聚结的疏水作用力，此疏水作用力为长程作用力，其值随着空化距离的临近迅速增大。

（2）偶极相互作用

Yoon 认为表面活性剂分子在浓度低于临界胶束浓度 CMC 的情况下可以形成有序排列的半胶束，它们以—CH$_3$ 朝向水中的方向垂直吸附在微粒表面，形成单分子层的偶极膜块，而邻近水分子由于失去了氢键会以单一定向平行排列方式吸附于此膜块上，与之共同形成大偶极。这样形成的大偶极会与相邻颗粒上同样生成的大偶极相互吸引而产生疏水作用力。根据此理论，疏水作用力本质上应属于静电力。

Pazhianur 根据上述理论针对硅烷化的硅片与硅烷化的玻璃球之间的疏水作用力提出了如下计算式：

$$\frac{F_h}{R} = -\frac{\mu^2}{2A_D\varepsilon_0\varepsilon}\left\{\frac{1}{H^3} + \sum_{k=1}^{\infty}\frac{4}{\left[(2kR_d)^2 + H^2\right]^{\frac{3}{2}}} + \sum_{s=1}^{\infty}\sum_{t=1}^{\infty}\frac{4}{\left[(2sR_d)^2 + (2tR_d)^2 + H^2\right]^{\frac{3}{2}}}\right\}$$

(7-118)

式中 $\dfrac{F_h}{R}$ 为以玻璃球半径做标化处理后的疏水作用力；μ 为大偶极的偶极矩；ε_0 为真空介电常数；ε 为相对介电常数；A_D 为每一个偶极膜块的面积，$2R_d$ 为长方形偶极膜块的长度，H 为玻璃小球距膜块的距离。式中方括号项为圆球到各膜块距离的加和项，推导过程可查阅相关文献。

此后 Pazhianur 等以十八烷基三氯硅烷对硅片及玻璃小球作了表面硅烷化处理，使硅片的前进接触角分别为 0°、75°、83° 和 92°，并以原子力显微镜（AFM）测定了这些硅烷化硅片与硅烷化玻璃球之间在不同距离的吸引力，将所得吸引力数据以玻璃球半径标化后按扩展的 DLVO 理论式（7-116）拟合，此处式（7-116）中 F_h 按公式（7-118）计算，得图 7-41（a），图中虚线表示将数据拟合为 DLVO 理论的曲线，实线表示将数据拟合为扩展的 DLVO

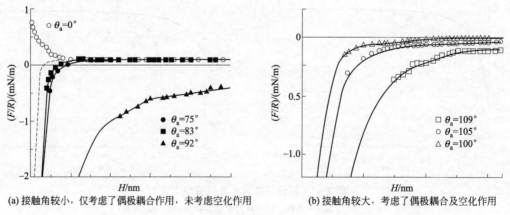

(a) 接触角较小，仅考虑了偶极耦合作用，未考虑空化作用　　(b) 接触角较大，考虑了偶极耦合及空化作用

图 7-41　硅烷化硅片与硅烷化玻璃球之间相互作用的 F/R-H 曲线

θ_a—前进接触角；虚线—将数据拟合为 DLVO 理论曲线；实线—将数据拟合为拓展的 DLVO 理论的曲线

理论的曲线。

在图 7-41(a) 中，由于硅烷化处理不影响表面热力学电位，上述 4 种前进接触角情况下的 DLVO 理论拟合线相同，均以同一虚线代表。3 条实线则分别代表除 0° 外的 3 种前进接触角的情况下扩展的 DLVO 理论拟合曲线，其中 F_h 按公式（7-118）计算。结果表明，每一种接触角情况下的测定值都与经典 DLVO 计算值不同，其中，在前进接触角为 0° 时表现出额外的近距排斥力，这是由表面水化层所导致，而其他 3 种前进接触角的情况下，均可以很好地拟合为扩展的 DLVO 理论，比经典 DLVO 理论预见值有更强的吸引力，此额外的吸引力即未被经典 DLVO 理论所考虑的疏水作用力。

在研究了前进接触角小于 90° 的情况后，Pazhianur 再次使用十八烷基三氯硅烷对玻璃小球和硅片作了表面硅烷化处理，得到了前进接触角大于 90° 的小球和小片，对前进接触角为分别为 109°、105° 和 100° 的情况，以原子力显微镜（AFM）测定了它们之间在不同间隔距离处的吸引力，但得到了与接触角小于 90° 的情况不同结果：在较远的间距处，数据依然能很好地拟合为公式（7-116），但在较近处却产生了较大的偏差，实验测得的吸引力显著大于公式（7-116）的预见值，表明不但不符合经典 DLVO 理论，也不符合扩展的 DLVO 理论。

对于较近间隔距离处实验值与扩展的 DLVO 理论值之间的较大偏差，Pazhianur 等认为，在近距离处必有另一种作用力存在，这种作用力在扩展的 DLVO 公式（7-116）和式（7-118）中没有被考虑，而引起这种作用力的原因是在疏水表面附近形成气穴，即发生了空化作用。基于此，Pazhianur 和 Yoon 在公式（7-118）中加上了气穴贡献项，如式（7-119）所示：

$$\frac{F_h}{R} = C_0 \exp\left(\frac{-H}{D_0}\right) - \frac{\mu^2}{2A_D\varepsilon_0\varepsilon} \left\{ \frac{1}{H^3} + \sum_{k=1}^{\infty} \frac{4}{\left[(2kR_d)^2 + H^2\right]^{\frac{3}{2}}} + \right.$$
$$\left. \sum_{s=1}^{\infty}\sum_{t=1}^{\infty} \frac{4}{\left[(2sR_d)^2 + (2tR_d)^2 + H^2\right]^{\frac{3}{2}}} \right\} \tag{7-119}$$

式中，第一项（即指数项）表示空化作用的贡献；第二项表示表面膜块大偶极的贡献。根据此式，将原子力显微镜（AFM）测定所得硅烷化的硅片与硅烷化的玻璃球之间在不同距离的吸引力数据拟合为式（7-116），其中 F_h 按公式（7-119）计算，得图 7-41(b)。

可以看出，扩展的 DLVO 理论在加上了空化作用的贡献项后能够在全程衰减范围内非常好地与实验数据符合，所以对于较大的接触角，偶极相互作用与空化作用均应给予考虑。

空化作用和偶极相互作用的研究进一步说明疏水作用是存在的，它既不是化学键力，也不是分子间力。目前关于疏水作用产生的微观机理尚不完善，还有不同的看法，但偶极相互作用和空化作用应该是目前的主流观点。无论机理如何，众多研究者的工作说明疏水作用力的存在是不可否认的事实。

7.8.3 水处理中的疏水絮凝

尽管疏水絮凝是一个普遍存在的现象，但长期以来人们没有认识到它，而是把它与电解质凝聚及高分子絮凝混为一谈，严重影响了疏水絮凝在科学技术领域中的应用。特别是在水处理领域，一些科研工作者没有能认识到疏水絮凝与电解质凝聚和高分子絮凝的本质区别，耗费精力去寻找电解质对疏水絮凝的影响，或牵强附会地将其解释为高分子架桥作用，因而一无所获。20 世纪 80 年代以后，人们对疏水颗粒在水中产生团聚的现象及其原理的认识进入了一个新的阶段，使疏水絮凝在许多领域得到了普遍的重视和越来越多的应用，例如在选矿界开发了以诱导疏水絮凝原理为基础的微细矿粒分选工艺，取得了显著的效益。与电解质凝聚和高分子絮凝相比，疏水絮凝有诸多优点，例如产生的絮体结构比较密实，空隙较小，强度较高，絮凝过程具有可逆性，被外力破坏的絮体可在适当的水力条件下重新聚结成团，絮体的水分含量较低，有利于污泥脱水作业等，都是水处理絮凝单元力求达到的效果。事实上在水处理的许多已有方法中已经涉及疏水絮凝原理，需要水处理科研工作者认识它、面对它，进一步利用并扩大其效能。

(1) 气浮法中的疏水絮凝

在工业废水的处理中，经常遇到一类废水，其中所含的悬浮颗粒或胶体污染物的直径很小，密度接近或小于水，如果用沉降法去除这些悬浮物，往往效果很差。对于这些种类的废水，气浮法是一种有效的固液或液液分离手段，被广泛地用来去除水中的某些污染物，如天然水中的藻类和植物残体、印染废水中的染料颗粒、造纸化纤工业废水中的短纤维、炼油化工废水中的细微油滴、生活污水中的油脂及蛋白质等、污水处理产生的活性污泥、工业废水中的重金属离子、阴离子、表面活性剂、橡胶、树脂等。对这些污染物的气浮工艺实际是絮凝和浮上的组合，在絮凝单元要加入某种无机或有机高分子絮凝剂，在浮上单元以某种方法（如空气压缩机、真空泵）在水中产生细小分散的气泡。加入的无机或有机高分子絮凝剂使污染物颗粒聚结形成絮体，由于高分子絮凝剂一般具有疏水碳氢链，所以疏水絮凝对絮体的形成有一定的贡献，形成的絮体又具有一定的疏水性，疏水性絮体易黏附于微气泡上，随之上浮至水面而被分离。这里有机高分子絮凝剂具有疏水链段是有利条件，但有机高分子絮凝剂常常同时具有亲水基团（如阴离子型和阳离子型聚丙烯酰胺），所以絮体的疏水性相对较弱。在矿物分选工艺中一般是加入表面活性剂，表面活性剂具有碳氢链较短和疏水性较强的特点，其分子以其极性基吸附于污染物颗粒之上，以其疏水碳氢链伸向水中，在疏水链段的疏水作用力下，矿物微粒发生诱导疏水絮凝成为较大的絮体，有利于进一步吸附和截留气泡，碳氢链的疏水性越强，就越容易被气泡黏附，这实际上是固气间的疏水作用力引起的一种疏水絮凝，Moreno-Atanasio 考察了实际数据后，提出了三种模式来描述气固间的疏水作用力随间隔距离的变化规律：若以 d 表示微粒与气泡的间距，第一种模式中疏水作用力随间距的增大按 $1/d$ 规律衰减；第二种模式按 $1/d^2$ 规律衰减；第三种模式按指数规律 $\exp(-d/\lambda)$ 衰减，其中 λ 为衰减长度。

(2) 粗粒化法及隔油池处理含油废水中的疏水絮凝

含油废水对环境有着各种的危害。含油废水中的油有四种形态，即溶解油、乳化油、分散油及浮油。含油废水的预处理方法常采用粗粒化法和隔油池法。粗粒化法和隔油池法处理的对象主要是水中的分散油。

在粗粒化法除油过程中，分散油珠在聚结器内发生聚结，然后在油水分离器内被分离。聚结过程中废水中的油珠颗粒发生凝并，形成较大颗粒，从而提高油水分离的效率，其机理分为碰撞聚结和润湿聚结。碰撞聚结是指油珠在液相中相互碰撞合并成为大的油珠；润湿聚结是指液相中的油珠与疏水亲油介质黏附后发生聚结，或与已黏附在介质表面的油珠或油膜发生碰撞后产生凝并。无论是碰撞聚结还是润湿聚结，其驱动力都是疏水作用力，实际都应属于疏水絮凝的范畴。

在隔油池中，废水以较低的流速在池中做水平流动，密度小于水的油珠杂质将逐渐上升至水面，在流动过程中逐渐凝并为浮油，在到达隔油池末端后进入集油管而被分离。在隔油池中分散油的凝并也是在疏水作用力的驱动下发生的，应属于疏水絮凝的范畴。

（3）疏水缔合型絮凝剂的研究开发及疏水絮凝机理

自 21 世纪初起，高分子疏水基团的缔合作用引起了众多研究者的兴趣。胡红旗等综述了在水溶性高分子上引入疏水基团的研究工作，指出疏水缔合作用是疏水基团在疏水作用和亲酯作用下发生的碳氢链之间的簇集，疏水缔合作用会引起高分子溶液流变性质的改变。在此研究的启发下，国内水处理工作者开始研究开发疏水缔合絮凝剂。

陈鸿等以疏水性单体丙烯酸丁酯与丙烯酰胺、二甲基二烯丙基氯化铵等合成了疏水改性阳离子型高分子絮凝剂，并用其处理了硅藻土悬浊液；钟传蓉等以疏水缔合作用强且耐酸碱的丁基苯乙烯（BS）为疏水单体，与丙烯酰胺（AM）、二甲基二烯丙基氯化铵（DMDAAC）合成了 AM-BS-DMDAAC 共聚物 PBAD，然后以硅藻土悬浊液为絮凝对象进行了除浊实验；李刚辉等以含有多个—CF_3 基团的甲基丙烯酸十二氟庚酯为疏水改性单体对聚丙烯酰胺阳离子絮凝剂改性，制备了疏水性高分子絮凝剂，并用于造纸白水的絮凝处理，实验表明，絮凝剂分子的疏水侧链可发生分子间缔合和分子内缔合；鲁智勇等以疏水单体 C_x-甲基丙烯酰氧乙基三甲基氯化铵（C_xDMC）及丙烯酰胺、甲基丙烯氧乙基三甲基氯化铵（DMC）为原料，制备了疏水缔合阳离子絮凝剂 P（AM-DMC-C_xDMC），通过对硅藻土悬浊液的絮凝实验证明其有较好的絮凝效能；朱庆胜等以疏水单体全氟辛基乙基丙烯酸酯（FM）及 2-丙烯酰胺基-2-甲基丙磺酸（AMPS）、丙烯酰胺（AM）和甲基丙烯酰氧乙基三甲基氯化铵（DMC）等为原料，通过自由基胶束共聚合成了 P（FM-AMPS-AM-DMC）四元共聚物，即氟碳型两性聚丙烯酰胺（FPAM）絮凝剂，实验结果表明，FPAM 水溶液中存在强烈的分子间缔合作用；郭晓丹等通过在糊化淀粉上引入疏水单体甲基丙烯酰氧乙基二甲基十六烷基溴化铵（CDMN）及丙烯酰胺（AM）、功能性阳离子单体二甲基二烯丙基氯化铵（DMDAAC）和纳米 SiO_2 制备了疏水缔合阳离子改性淀粉-纳米 SiO_2 复合絮凝剂（CSSADD），并针对高岭土悬浊液与其他絮凝剂作了絮凝性能比较，实验证明在絮凝剂分子上引入疏水基团增强了其絮凝性能；Yi Liao 等考查了近年来在疏水改性聚丙烯酰胺的合成及水处理应用方面的进展，认为将疏水基团引入分子结构可以使聚合物分子链之间的作用加强，使聚合物与有机物之间的作用加强，使絮体的亲水性减弱，因而可以得到较好的絮凝效果；刘孔怡等以环氧氯丙烷、乙二胺和十六烷基二甲基叔胺为原料，合成了以聚环氧氯丙烷-乙二胺为亲水主链，长链叔胺为疏水侧链的聚环氧氯丙烷胺类疏水缔合型絮凝剂，并用它处理了高岭土悬浊液，作用机理是带有正电荷的亲水链与水中带负电荷的杂质颗粒发生电中和，而聚合物分子在疏水缔合作用下相互缠结，形成大块絮团，快速沉降而使水澄清。

总结国内疏水缔合高分子絮凝剂的研究情况可以发现，大多数国内研究者都认为疏水缔合高分子絮凝剂的作用机理是高分子中引入的疏水基团增强了其吸附架桥作用。决定吸附架桥作用的因素有二：一是高分子上有具有吸附性能的极性基团；二是高分子链的长度及伸展度，而不是疏水基团的存在，理由是疏水基团不能在亲水性高岭土等微粒上发生吸附，也不会伸入水中，而在分子内缔合不利于其伸展，因而不利于架桥作用。由于以上高分子絮凝剂的链长对架桥作用已足够，所以分子间缔合对增强架桥作用的影响是有限的。研究者应该认识到疏水缔合高分子絮凝剂的絮凝增强机理应该有疏水作用力引起的疏水絮凝的贡献。上述研究中只有刘孔怡认为疏水缔合高分子絮凝剂的作用机理是聚合物分子在疏水缔合作用下相互缠结，形成大块絮团，快速沉降而使水澄清，可以说刘孔怡的观点是比较接近疏水絮凝机理的，但其未提及疏水作用力及疏水絮凝机理。

7.9 天然水与水处理中的絮凝

7.9.1 天然水中的絮凝现象

絮凝是一个使高度分散的颗粒聚结起来并形成絮体的过程。在絮凝中形成的絮体可经过沉降作用与水分离。虽然由絮凝形成的絮体受到重力的影响，但同时也易受对流传质的影响。絮凝对天然水中悬浮物及胶体颗粒的输运、分布具有重要性。

一些元素种类的氧化物，特别是 Si、Al 和 Fe 的氧化物是地壳中丰富的成分，进入天然水后可发生许多化学过程，并以水合氧化物胶体的形式存在。水中的电解质会以不同的方式影响水合氧化物胶体的稳定性，阳离子及阴离子在水合氧化物表面的"专属吸附"被解释为表面配合反应，如式(7-120)～式(7-123) 所示：

$$\equiv MeOH + M^{z+} \rightleftharpoons \equiv MeOM^{(z-1)} + H^+ \tag{7-120}$$

$$2\equiv MeOH + M^{z+} \rightleftharpoons (\equiv MeO)_2 M^{(z-2)} + 2H^+ \tag{7-121}$$

$$\equiv Me\text{-}OH + A^{z-} \rightleftharpoons \equiv Me\text{-}A^{(z-1)} + OH^- \tag{7-122}$$

$$2\equiv Me\text{-}OH + A^{z-} \rightleftharpoons (\equiv MeO)_2 A^{(z-2)} + 2OH^- \tag{7-123}$$

O'Melia 和 Stumm 指出，天然水系中的絮凝及水和废水处理中的絮凝均依赖于式(7-100) 及式(7-104) 中的变量，图 7-42 综合表示了这些变量的影响：在天然水中，G 和 ϕ 较小，尽管碰撞频率很小，但滞留时间长可提供充足的接触机会导致聚沉。在淡水中碰撞效率通常很低，$\alpha = 10^{-4} \sim 10^{-6}$，即仅有 $1/10^4 \sim 1/10^6$ 的碰撞会导致成功凝聚。在海水中 $\alpha = 0.1 \sim 1$，胶体是不稳定的，这是因为海水盐分压缩了双电层。河口由于盐度梯度和潮汐运动提供了适宜的 α 值和 G 值，造成了一个巨大的天然絮凝池，河水带来的大部分分散胶体物质可在此处沉降。在水和废水处理系统，人们加入适量的絮凝剂使 $\alpha \rightarrow 1$ 及调节 G 值，可以缩短停留时间（即反应池的体积），如果粒子浓度 ϕ 太小，则可以通过加入另

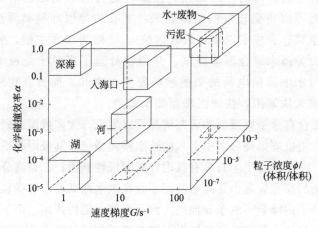

图 7-42　影响絮凝效率的重要参数

外的胶体物质即助凝剂增大。

7.9.2　水处理中的絮凝

絮凝是水处理中重要的单元操作之一，并且往往是必要的、不可省略或替代的单元操作。水处理中的絮凝是指在水中投加药剂后，在适当的水力混合条件下发生的混合、凝聚、絮凝的过程。絮凝作用的对象主要是水中由不溶性物质形成的憎液溶胶及悬浮颗粒，因此试图直接用絮凝法去除水中溶解性杂质的做法基本是无效的。对于一些溶解性物质，如果可以先用某种方法将其变为不溶性物质，然后再用絮凝法就可将其除去。在某些情况下，絮凝作用所形成的絮体会将一些溶解性物质吸附于其上而发生共沉淀，这可以看作是一种协同效应。一般由絮凝作用形成的絮体可经沉淀、过滤或气浮等工艺而达到与水分离的目的。此外，絮凝操作的目的不仅仅是以沉降的方式除去致浊物质，而且将赋予致浊微粒在后续过滤操作中能截留于滤料颗粒之间的性能。

给水处理是以提供生活用水和工业用水为目的，以地表水和地下水为水源，经过处理分别达到生活用水和工业用水的要求，典型的给水处理流程包括自然沉淀、絮凝、沉淀、过滤、消毒等操作单元，如图 7-43 所示。

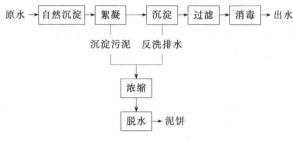

图 7-43　典型给水处理流程

根据原水水质和用水的不同要求，图 7-43 流程中某些单元操作有时是可以省略的，例如，当工业冷却用水的水质仅要求悬浮物含量低于 50mg/L，且在河水含沙量不高的情况下，只需经过自然沉淀就可达到要求。但在河水含沙量较高的情况下，就要采取自然沉淀和絮凝沉淀两步处理才能满足要求。作为单元操作，絮凝操作的效能不但会受到前处理的影响，并会对后续处理产生重大影响。

从 19 世纪后期至今，絮凝法在污水处理中已得到了广泛的应用。现今虽然有了生物处理法，但絮凝法仍然是其必要的补充。人们认识到：①在污水水量和流速升高时，絮凝作为一级处理可以大大降低后续生物处理的成本及其沉淀器对较多土地的需求，同时降低后续生物处理的负荷；②絮凝处理可以降低污水中有毒重金属的含量，这些重金属对后续生物处理有害；③絮凝处理可有效去除污水中生化法难以去除的磷化合物；④相对于生化法，絮凝法运行的启动和停止都很迅速快捷。从去除污染物的效果上讲，有效的絮凝操作不但可以去除污水的浊度，还可以削减相当部分的 BOD 和 COD，削减的程度取决于污水的具体特征。表7-3 列出了典型市政生活污水的组成。以化学絮凝法我们可以期待去除表中的颗粒态成分和部分胶态成分，因此对于表中的水质情况，我们可以去除 95％以上的 TSS、65％ COD、50％ BOD、20％ 氮和 95％ 的磷（归因于化学沉淀反应），其余溶解性成分的去除留给后续生物法完成，可大大减轻生物处理的负荷，在这方面目前已有许多文献报道证实了上述结论。

表 7-3 典型市政生活污水的组成

参数	数值/(mg/L)	参数	数值/(mg/L)
总悬浮固体(TSS)	240	溶解 BOD	63
总 COD	500	总氮	40
颗粒 COD	312	颗粒氮	8
胶体 COD	83	溶解氮(包括氨)	32
溶解 COD	105	总磷	10
总 BOD	245	颗粒磷	5
颗粒 BOD	130	溶解磷	5
胶体 BOD	52		

目前在一般情况下生活污水的处理一般分为三级,如图 7-44 所示,其中一级处理可由筛滤、重力沉降、浮选等方法串联组成,以除去污水中粒径大于 $100\mu m$ 的粗大颗粒,一级处理实际上为二级处理的预处理。二级处理常采用生化法和絮凝法,生化法主要除去一级处理后水中尚存的有机物,而絮凝法主要用来除去一级处理后水中的无机悬浊物及难溶有机物。经过二级处理后的水一般可以达到农业灌溉标准和废水排放标准,但水中还存有一定的悬浮物、微生物不能分解的有机物、溶解性无机物和氮磷等藻类增殖营养物,并含有病毒及细菌,因而不能满足高标准的排放标准,如排入流量较小稀释能力较差的河流就会引起污染,也不能用作自来水和工业用水的补给水,这就需要三级处理。三级处理可以采用许多物理和化学的方法,如曝气、吸附、絮凝沉淀、砂滤、离子交换、电渗析、反渗透及化学消毒等,其中最重要的方法仍然是絮凝沉淀和砂滤。如果再进一步用其他方法处理,就可达到理想的水质。

图 7-44 生活污水处理流程

工业废水中污染物的种类和浓度常千差万别,与工业生产的门类有很大的关系,常采用化学法或物理化学法或生化法进行处理,须根据具体情况选定,但其中絮凝法也是常用方法之一。

7.9.3 水处理絮凝的工艺流程

水处理絮凝工艺主要可分为三个阶段,即混合、反应和沉淀,需要分别在混合设备、反应设备和沉淀设备中完成。也可以将这三个工序合在一个设备即澄清设备中完成。通常在混合器前还需设置药液制备和投加计量设备。絮凝的工艺流程如图 7-45 所示。

图 7-45 絮凝的工艺流程

自 1974 年以来,人们发现生活饮用水中可能含有挥发性的三卤甲烷(THMs)和不挥发有机氯化合物(NPTOX)。它们是饮用水氯化消毒的副产物(DBP),具有致突变和致癌作用,对人类健康具有极大的危害。研究发现 DBP 的前致物是水中天然有机物(NOM)。20 世纪 90 年代美国水工协会提出了"强化絮凝"的概念,目的是在保证浊度去除的前提下，通过适度提高絮凝剂投加量来提高 NOM 的去除率，从而最大限度地消除 DBP。后来在强化絮凝的概念中又纳入了 pH 值控制、絮凝剂筛选和复配、残留絮凝剂浓度控制、污泥削减和处理成本降低等内容，使强化絮凝得到了优化，从而也降低了絮凝剂的投加量。实践证明，与那些复杂且昂贵的设备改造和工艺改进相比，强化絮凝是处理 DBP 前致物的最可行技术。

由以上所述可见，絮凝法在水处理中占有极重要的地位，往往发挥着不可缺少的重要作用，因而对絮凝科学的理论基础——胶体表面电化学进行学习具有极重要的意义。

7.9.4 水处理中常用絮凝剂

在水处理中使用的絮凝剂可分为无机盐类絮凝剂、无机高分子絮凝剂、天然有机高分子絮凝剂、人工合成有机高分子絮凝剂等，品种十分繁多，但最为常用的是硫酸铝、三氯化铁、聚合氯化铝、聚合硫酸铁、聚硅酸、聚丙烯酰胺、聚二甲基二烯丙基氯化铵等。

(1) 聚合氯化铝

在 7.5.4 节铝盐的絮凝原理中已叙述过，铝盐的凝聚、絮凝作用主要是以投入水中后产生的带适当电荷而聚合度较高的无机高分子形态进行的，它们实质上是铝盐在水解-聚合-沉淀的动力学过程中的中间产物，其化学形态属于多核羟基配合物。但是向原水中投加絮凝剂时，溶液中的影响因素错综复杂，诸如铝盐浓度、其他离子组成、悬浊物的性质和数量、吸附作用、温度、搅拌混合条件、反应时间等都会对生成无机高分子最优形态的铝化合物产生影响和干扰，所以在水处理现场投加铝盐并不能经常保证达到最佳的絮凝效果。可以设想，如果能够把铝盐在控制适宜的条件下预先制成最优形态的产物，然后投加到被处理的水中，可能会迅速发挥优异的絮凝作用，聚合铝絮凝剂的出现正是符合这一设想的。按照这一设想采取预制的方法制得的聚合氯化铝（PAC），不但能够更有保证地达到现场投加铝盐所能达到的最优形态，而且可以制出现场投加后不能达到的更优异产物。由此可见，聚合铝的基本形态应该是多核羟基配合物形成的无机高分子。通过对聚合氯化铝的组成和形态进行了多年的研究，被广泛接受的化学式为 $[Al_2(OH)_nCl_{6-n}]_m$，该化学式实际上是把羟基配合物 $Al_2(OH)_nCl_{6-n}$ 看成是高分子化合物的单体，而 m 为其聚合度。这种表达方式既考虑了 Al 数目为 2 的基本结构，又考虑了高分子聚合物的发展形态。

聚合氯化铝作为一种优良的絮凝剂，根据国内外的生产实践，总结出如下优点：①絮凝效果优于常用的无机絮凝剂；②絮体形成快，沉淀速度高；③沉淀泥渣的脱水性能高于硫酸铝；④消耗的水中碱度小，处理后出水的 pH 值降低也少；⑤适宜的投加范围宽，过量投加后不易产生水质恶化；⑥原水 pH 值适宜范围宽；⑦对原水温度适应性强；⑧对浊度、碱度、有机物含量的变化适应性强；⑨水处理成本低于现有各种无机絮凝剂。

(2) 聚合硫酸铁

铁盐和铝盐都是传统的无机盐类絮凝剂，二者具有相似的水解-沉淀行为，因而在聚合铝的启发下，日本于 20 世纪 70 年代开始研究了聚合铁絮凝剂，80 年代已形成工业生产规模，并在水处理中得到了广泛应用，取得了良好的效果。

已研究过的聚合铁絮凝剂种类有聚合硫酸铁和聚合氯化铁，目前得到实际应用的是聚合硫酸铁，其化学式表示为 $[Fe_2(OH)_n(SO_4)_{3-0.5n}]_m$，缩写为 PFS。与聚合硫酸铝相似，聚合硫酸铁实际上即铁（Ⅲ）盐水解聚合过程的动力学中间产物，其本质是多核羟基配合物或羟基桥联的无机高分子化合物，如下式：

$$\left[>Fe\begin{matrix}OH\\OH\end{matrix}>Fe\begin{matrix}OH\\OH\end{matrix}\right]_{n/2}^{n+}$$

在某些情况下也存在氧桥化的多核配合物：

$$\left[>Fe\begin{matrix}OH\\O\end{matrix}>Fe\begin{matrix}OH\\O\end{matrix}\right]_{n/2}$$

已经证实聚合硫酸铁水溶液中存在着 $Fe_2(OH)_2^{4+}$、$Fe_3(OH)_4^{5+}$、$Fe_4O(OH)_4^{6+}$ 等以 OH^- 作为架桥形成的多核配离子及大量的无机高分子化合物，分子量可高达 10^5，硫酸根的存在使它们易于生成更大的分子。聚合铁的上述各种形态能够强烈吸附于胶体颗粒及悬浮物表面之上，中和其表面电荷，降低其 ζ 电位，使胶体粒子由原来的相斥变成相互吸引，促使胶体颗粒相互凝聚。此外还可以通过黏附、架桥、卷扫网捕作用，产生絮凝沉淀。沉淀的表面积可达 $200\sim1000\,m^2/g$，极具吸附能力，所以对于 COD、BOD、色度、悬浮物等有较好的去除效果。聚合硫酸铁对水温和 pH 值适应范围更广，所形成的絮体密实，沉降速度高，所以聚合硫酸铁比其他无机絮凝剂絮凝能力更强，絮凝效果更好。

由于铁（Ⅲ）盐比铝盐的水解-聚合倾向更大，所以在制备聚合铁时，其碱化度不宜控制过高，过高则易得到高聚合度但电荷低的聚合物，使其在某些场合下的絮凝效果可能降低。根据研究，在以部分中和法制备聚合氯化铁时，加碱比 OH/Fe（摩尔比）最好控制在 $0\sim0.4$ 的范围内。

（3）聚硅酸

聚硅酸一般用作助凝剂，即与其他絮凝剂复配使用。它是由水玻璃经活化过程制成，实质上属于一种阴离子型无机高分子絮凝剂。

水玻璃的组成可表示为 $Na_2O\cdot3SiO_2\cdot xH_2O$，有效成分即硅酸钠。向一定浓度的水玻璃溶液中加入各种强酸、强酸弱碱盐等活化剂中和其碱度，就可以分解出游离的硅酸单体。投加的这种活化剂有硫酸、硫酸铵、碳酸氢钠、二氧化碳、氯气、硫酸铝等。反应方程式可以举例如下：

$$NaO-\underset{\underset{OH}{|}}{\overset{\overset{OH}{|}}{Si}}-ONa + H_2SO_4 = HO-\underset{\underset{OH}{|}}{\overset{\overset{OH}{|}}{Si}}-OH + Na_2SO_4$$

硅酸单体在溶液中产生缩聚过程，产生聚硅酸，也是氧基桥联的结果。例如：

$$HO-\underset{\underset{OH}{|}}{\overset{\overset{OH}{|}}{Si}}-OH + HO-\underset{\underset{OH}{|}}{\overset{\overset{OH}{|}}{Si}}-OH \xrightarrow{\text{聚合}} HO-\underset{\underset{OH}{|}}{\overset{\overset{OH}{|}}{Si}}-O-\underset{\underset{OH}{|}}{\overset{\overset{OH}{|}}{Si}}-OH + H_2O$$

无定形硅的溶解度在 pH>9 时 随 pH 值的增大则显著增大，在 pH<9 时与 pH 值无关，溶解度约为 $2\times10^{-3}\,mol/L$。在制备活化硅酸时，水玻璃溶液的 pH 值约为 12，其浓度超过 $2\times10^{-3}\,mol/L$，加活化剂中和使其 pH 值降到 9 以下，溶液中即可游离出硅酸单体。

聚硅酸分子中的硅醇基电离后就形成了无机高分子的阴离子。根据电子显微镜观察，聚硅酸是四面体状的高分子聚合物，可以发展成为线状，分支链状或球状颗粒等形状。生成物的形态和特性决定于硅酸的初浓度、反应 pH 值、反应进行时间等条件。在活化以后，溶液尚需进行熟化，实际上这就是反应聚合过程。这时溶液对不定形硅而言是过饱和的，因此，聚合硅酸产物也同铝和铁的水解聚合产物一样，是趋向于沉淀的动力学中间产物，反应进行时间过长便会成为凝胶。为了延缓或中断聚合反应，在熟化适当时间后就把溶液稀释，并在一定时间内投加使用。由于聚硅酸的聚合反应十分强烈，不能长期贮存而必须在现场制备，这是该种絮凝剂的主要缺点。

聚硅酸是阴离子型聚合物，对水中负电胶体仅能起到架桥絮凝作用，而不能起凝聚作用，在用量不大时就能大大强化絮凝过程，减少絮凝剂用量，改善低温、低碱度下的效果，因此常作为助凝剂配合铝盐和铁盐作用。此外它还具有原料便宜、来源广泛，对人体健康完全无害的优点。

（4）聚丙烯酰胺类有机高分子絮凝剂

在人工合成的有机高分子絮凝剂中，最重要的是聚丙烯酰胺（Polyacrylamide），以缩写 PAM 表示，代表一类线性高分子化合物的总称。在中国 PAM 被称为 $3^{\#}$ 絮凝剂，与美国的 Seporn、日本的 Sanfloc、美国的 Magnafloc 等牌号属同类产品。在各类高分子絮凝剂中，聚丙烯酰胺及其衍生物在实际中得到了最为广泛的应用。

聚丙烯酰胺常采用溶液聚合法制备。该法是在丙烯酰胺单体的水溶液中加入引发剂，在适当的温度下进行自由基聚合反应而得到产品。非离子型聚丙烯酰胺的结构式为：

$$[-CH-CH_2-CH-CH_2-]_n$$
$$\quad\ |\qquad\quad\ |$$
$$\ CONH_2\quad CONH_2$$

聚丙烯酰胺分子中若有部分氨基水解可成为阴离子型：

$$[-CH-CH_2-CH-CH_2-]_n + nOH^- \longrightarrow [-CH-CH_2-CH-CH_2-]_n + nNH_3$$
$$\ \ |\qquad\quad\ |\qquad\qquad\qquad\qquad\qquad\qquad |\qquad\quad\ |$$
$$CONH_2\quad CONH_2\qquad\qquad\qquad\qquad CONH_2\quad COO^-$$

即使非离子型聚丙烯酰胺往往也能发生轻微水解，而含有少量的阴离子团，完全水解则生成聚丙烯酸盐。也可以由丙烯酰胺和丙烯酸共聚来制得阴离子型聚丙烯酰胺。阳离子聚合物也可以由聚丙烯酰胺制得，但步骤较为复杂。一种可能的方法是使聚丙烯酰胺同一种合适的阳离子单体发生聚合，如此可以产生出分子量很高的阳离子聚合物，如胺甲基聚丙烯酰胺：

$$[-CH-CH_2-CH-CH_2-]_n$$
$$\quad\ |\qquad\qquad\ |$$
$$\ CONH_2\qquad CONHCH_2N(CH_3)_2$$

（5）聚二甲基二烯丙基氯化铵

聚二甲基二烯丙基氯化铵（PDMDAAC）是一种具有特殊功能的水溶性阳离子型高分子材料，据文献报道，二甲基二烯丙基氯化铵的均聚物或共聚物用于水处理方面作为絮凝剂，能获得很好的处理效果。在水和废水的处理中，水中污染物常带有负电荷，但目前所使用的有机高分子絮凝剂多为阴离子型，其中大量使用的聚丙烯酰胺还存在残留单体的毒性问题，使其应用正在受到越来越多的限制。二甲基二烯丙基氯化铵的均聚物和共聚物为一类新型的阳离子型有机高分子絮凝剂，其分子中含有季胺基阳离子，正电性强，不易受 pH 值等因素的影响。当作为絮凝剂用于水和废水处理时，既可发挥电中和作用，又可发挥架桥作用，无毒无害，因而是一种理想的絮凝剂，是我国絮凝剂的更新换代产品。

PDMDAAC 的单体 DMDAAC 的制备可采用两步法，该法用二甲胺和烯丙基氯反应可制备出纯度很高的单体，实验原理和方法如下：

$$2(CH_3)_2NH + CH_2\!=\!\!CH-CH_2Cl \longrightarrow (CH_3)_2NCH_2CH\!=\!\!CH_2 + (CH_3)_2NH_2Cl$$

由该反应生成的二甲胺盐酸盐与氢氧化钠中和而恢复为二甲胺：

$$(CH_3)_2NH_2Cl + NaOH \longrightarrow (CH_3)_2NH + NaCl + H_2O$$

生成的叔胺经分离后再经以下反应而成为DMDAAC：

$$(CH_3)_2NCH_2-CH=CH_2 + CH_2=CH-CH_2Cl \longrightarrow [(CH_3)_2N(CH_2-CH=CH_2)_2]^+ Cl^-$$

除两步法外尚可采用一步法，即用二甲胺和烯丙基氯在强碱性条件下一次反应完成。该法的产率较高，但所得单体溶液中含有大量副产物如氯化钠、烯醇、烯醛、叔胺盐及未反应完的烯丙基氯等，虽经减压蒸馏也不能完全去除或完全不能去除，这将影响后续聚合步骤和作为给水絮凝剂的卫生性能。

用上述方法制得的单体DMDAAC配成一定浓度的水溶液，以复合引发剂引发，在氮气保护下以自由基溶液聚合法使之聚合：

在制备过程中单体浓度、引发剂种类、引发剂用量、反应温度、反应时间等因素均影响产品的分子量、电荷密度，因而影响产品的絮凝性能，必须对它们进行仔细研究，找出其最佳值。

在DMDAAC的溶液聚合中，释放出大量的热。如何使反应热有效地散出是中试和工业化生产成败的关键。为解决这一问题，目前已有人研究用乳液聚合的方法制备PDMDAAC。

在二甲基二烯丙基氯化铵均聚物絮凝剂的制备和工业化生产中，目前尚存在如下问题：①由于DMDAAC单体的活性较低，在聚合反应中，当单体浓度较低时，得不到分子量较高的聚合物；但当单体浓度较高时，随着聚合反应的进行，体系黏度升高，因而聚合反应热不易散出，体系温度上升，导致分子量下降，甚至发生爆聚而使聚合失败。②原料成本较高，约为目前一般所用高分子絮凝剂聚丙烯酰胺的 2.5～3 倍。考虑到丙烯酰胺（AM）单体具有较强的自聚和共聚能力，且单体成本较低，如果以 DMDAAC 与 AM 共聚来制取阳离子型絮凝剂，既可降低成本，又可提高产品的分子量，因而是解决上述问题方法之一。

7.9.5 絮凝剂的毒性及对生态环境的影响

（1）铝系絮凝剂

铝系絮凝剂在使用中潜在的问题是其对生物体的影响。近年来的研究表明，铝经各种渠道进入人体后，通过蓄积和参与许多生物化学反应，能将体内必需的营养元素和微量元素置换流失或沉积，干扰破坏各部位的生理功能，导致人体出现诸如铝性脑病（老年痴呆）、铝性骨病、铝性贫血等中毒病症。此外还发现，水中铝含量大于 0.2～0.5mg/L，就可使鲑鱼致死。世界卫生组织对水中残留铝含量的限制标准为 0.2mg/L，美国定为 0.05mg/L。我国也在 2000 年暂行水质目标中，增加了铝的标准值为 0.2mg/L。

美国自来水协会调查统计自来水中残留铝含量的平均值为 0.12mg/L，而我国部分水厂的自来水铝含量的平均值约为 0.29mg/L，其偏高的原因可能与药剂的质量及絮凝过程不完善有关，导致部分铝以氢氧化铝微粒存于水中。要降低自来水中铝的含量，可以采用如下方法。

① 开发和采用能减少铝投加量的无机高分子絮凝剂。例如使用聚合氯化铝可在同等药耗条件下减少铝投加量，有助于出水铝含量得到控制。

② 通过添加无毒的有机高分子絮凝剂降低铝含量。近期的实验发现，聚合氯化铝

（PAC）絮凝处理后的水中铝含量为 0.23mg/L，而以 PAC 和有机絮凝剂复合絮凝处理后水中铝含量降为 0.12mg/L，表明通过高分子絮凝剂的吸附架桥作用，降低了水中的铝含量。

③ 以新型的无铝絮凝剂代替单铝盐、复合铝盐或聚铝盐。铁盐和铝盐在净水过程中起着相似的絮凝作用，它们都能使水中的微细胶体絮凝成较大颗粒后共同沉降，使浑水变清。铁盐比铝盐的絮凝沉降速度快，沉渣量少，pH 值适用范围广。如果能解决铁盐腐蚀性较强和造色的问题，以铁盐代替铝盐是可行的，聚合硅酸铁被认为是有应用前景的药剂。

④ 改进絮凝沉淀技术。不同自来水厂的出水中铝含量可能差别很大，这与处理技术有很大关系。应根据实际情况，改进絮凝的工艺和技术，尤其要注意选择适宜的药剂和合理的搅拌速度与时间，促进絮体长大，通过强化絮凝来降低水中残留铝的含量。

由于环境医学界关于铝对生物体影响的报道，铁系絮凝剂越来越受到重视。铁系絮凝剂对生物体不产生毒害，且具有在低温下絮凝效果良好的优点，因而水处理厂在冬季常使用铁系絮凝剂替代铝系絮凝剂，此外 pH 值的适应范围较广，受原水 pH 值和碱度波动的影响较小。但是铁系絮凝剂对金属的腐蚀性较强，且在絮凝操作条件不佳时，常使出水带有浅黄色，这些都限制了铁系絮凝剂的应用。

(2) 聚丙烯酰胺类絮凝剂

对聚丙烯酰胺絮凝剂的毒性问题，美国道化学公司的 Mccollister 等 1965 年发表了由丙烯酰胺和丙烯酸合成的高聚物的毒理学的研究报告。他们采用牌号为 Separan NP10（分子量约为 100 万，含丙烯酰胺单体 0.08%）和 Separan NP30（分子量约为 300 万，含丙烯酰胺单体 0.02%）的高分子化合物，对老鼠进行了一次口服和连续两年口服试验。其结果表明，即使饲喂 5%～10% 浓度的 PAM 高聚物，也并未发现任何影响。对老鼠半数致死量 LD_{50}（使 50% 被检动物死亡的药剂量）为 4000mg/kg 体重。此外还应用 C^{14} 示踪的聚丙烯酰胺做了试验，结果表明，只有 1% 以下很少的剂量能被吸收到动物体内。用鱼所做的实验也没有发现明显的副作用。美国氰胺公司（American Cyanamid）于 1960 年发表了该公司中心医药部以较低分子量的聚合物对狗和老鼠进行两年实验的结果。他们采用阿柯斯特林格斯树脂（分子量为 30 万～50 万，含丙烯酰胺单体 0.15～0.05）对狗和老鼠进行了两年实验，根据一般观察和病理检查，在饲料中加 2.5% 及 5% 的该树脂进行喂养，在病理学上未发现任何变化。关于高分子絮凝剂对水产生物的影响问题也有报道。聚丙烯酰胺非离子型及丙烯酰胺与丙烯酸共聚阴离子型聚合物对鱼的 48h 的半数耐受极限 TLm（在含有急性毒物的水中饲养鱼类 48h，鱼类存活率为 50% 时该毒物的浓度）值大部分在 1000mg/L 以上的低毒范围内。

虽然聚丙烯酰胺的聚合物本身可以认为是无毒的，但其单体的毒性却是被肯定的。各个国家对高分子絮凝剂中丙烯酰胺单体的含量都制定了相当严格的控制指标。McCollister 等对老鼠等多种动物进行了丙烯酰胺的皮肤刺激试验、眼球点滴、口服、腹腔注射和静脉注射等，并研究了所表现出了症状和病理学现象。从口服丙烯酰胺的急性毒理学试验中可以看到其毒性是缓和的。对于老鼠、豚鼠、兔子来说，其 LD_{50} 值为 150～180 mg/kg，对于鼠、猫、猴以单独的形式或聚合物中夹杂物的形式或人为掺和于聚合物中形式进行了大规模的连日口服试验，在被试验的动物中，猫最为敏感。试验证明，该单体对皮肤有一定的刺激作用，其水溶液容易被皮肤吸收。对猫及猴进行腹腔注射、静脉注射或是口服所显示的毒性是缓和的，只是在施用剂量高的情况下，会出现神经系统的中毒症状，进行性后肢硬化和蜕化，后肢平衡控制机能丧失，尿潴留，前肢运动失调，不能起立等。关于丙烯酰胺单体在自然水域中的分解问题，学者们也作了有关研究，日本的永泽·满等的实验证明，1g该单体相当于1.3gBOD$_5$，可见它在水溶液中氧化还是较容易的。有人向未被污染的天然水中投加丙烯酰胺单体，在适当补充微生物营养物的条件下曝气，结果所有单体都被分解。如按10mg/L浓度投加单体，在初期10余天内由于微生物尚未被驯化，其分解曲线较平缓。在微生物驯化之后，单体迅速分解而消失。日本的研究表明，含0.01~0.05mg/L单体的地面水在24h内其单体含量就能降低到0.001 mg/L以下。但在经过杀菌消毒后的自来水中，即使在30d之后，还残留50%的单体。由此可见，天然水中丙烯酰胺单体的分解是由于微生物作用的结果。

聚丙烯酰胺聚合物中残留的丙烯酰胺单体的毒性问题受到了世界各国的广泛关注。例如，美国食品和药物管理局根据上述资料规定了其单体含量≤0.5%，并允许在规定范围内使用。日本聚丙烯酰胺的质量标准规定单体含量≤0.05%，并禁止在给水处理中使用。中国国家标准对净水剂聚丙烯酰胺中丙烯酰胺单体的含量做出了如下规定：优等品0.02%~0.04%；一级品0.05%~0.09%；合格品0.1%~0.2%。

第8章 液体的表面

不同物相之间形成界（表）面的现象普遍存在于在自然界、生活以及生产的各个方面。对宏观上体积较大的物体，界面的影响有时可以忽略，但对于微小物体或分散度较高的体系，界面对体系性质有着重要的影响，不可忽略。根据两物相物理状态的不同，界面可以分为气-液、液-液、气-固、固-液和固-固等界面。习惯上常将有气相参与组成的相界面叫作表面，其他的称为界面。本章讨论纯液体的液-气界面，即液体表面，通过对液体表面的介绍，引入最为核心的一个基本概念：表面张力，即表面自由能。

8.1 表面张力和表面自由能

8.1.1 基本概念

用金属丝做一金属丝框，如图 8-1 所示。此金属丝框上有一可移动的边 AB，其长度为 L。将此金属丝框浸入肥皂液，然后取出，金属丝框上会形成一肥皂液膜。

设在 AB 边上施加一垂直作用力 F 使液膜的面积可逆地增大。在这一过程中，施力者会感受到在力的反方向有一大小相等的反作用力阻碍膜面积的扩大，使液膜收缩，此力可表示为：

$$F = \gamma \times 2L \tag{8-1}$$

式中，γ 为引起液体表面收缩的单位长度上的力，即表面张力，mN/m。

式(8-1) 中乘了系数 2 是由于液膜有 2 个表面。

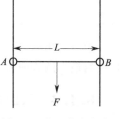

图 8-1 表面张力实验

设在以上过程中 AB 边移动了 $\mathrm{d}x$ 距离，环境对系统所做的非体积功计算如下：

$$\delta W' = F \mathrm{d}x = \gamma \times 2L \, \mathrm{d}x = \gamma \mathrm{d}A \tag{8-2}$$

式中，A 为液膜的面积。由此得到 γ 的另一种解释，即 γ 为使液体表面增加单位面积所需对体系做的可逆功，也是环境对系统所做的最小功。根据热力学原理，在等温等压下有 $\delta W' = \mathrm{d}G$，所以也称为比表面自由能，mJ/m^2。

表面张力和比表面自由能的单位可相互转化：

$$\mathrm{mJ/m^2} = \mathrm{mN \cdot m/m^2} = \mathrm{mN/m} \tag{8-3}$$

可见表面张力和比表面自由能的数值相同，单位不同，但量纲相同。

8.1.2 表面张力和表面自由能产生的原理

图 8-2 表示某种液体在空气中形成的表面及表面下分子受力的情形。

考虑液体内部一分子，由于该分子受到的四周相同分子的范德华作用力均相等，所以所

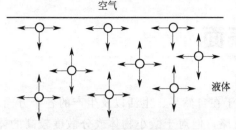

图 8-2 表面张力产生的原理

受合力为零。再考虑处于液体表面的一液体分子，由于气相中分子间距较大，对该分子的范德华作用相对小于液体内部分子对它的范德华作用，所以所受合力不为零，结果是该表面分子受到一个垂直向下的拉力，在该拉力的作用下，表面分子倾向于进入液体内部，产生使表面收缩的力，即表面张力。如欲扩大液体的表面，则需将液体内部的分子迁移至表面，为此须克服此垂直向下的拉力做表面功，该表面功将转化为表面分子的自由能，由此可见表面分子具有比内部分子较高的能量，此部分高出的能量称为表面过剩，如果没有这部分过剩的能量，表面分子将会被垂直向下的合力拉到液体内部，而不能处于表面。

表面张力的方向因表面形状不同而不同，对平面液体是平行于表面与表面相重合，对曲面液体，是在曲面的切线方向。广义地讲，气-液表面属于界面的一种，表面张力可称为界面张力，表面自由能也可称为界面自由能。

8.1.3 常见液体的表面张力

20℃时常见液体的表面张力见表 8-1。

表 8-1　常见液体的表面张力 γ（20℃）

液体	水	苯	四氯化碳	乙酸	丙酮	乙醇	正辛醇	正己烷	正辛烷	汞
γ/(mN/m)	72.75	28.88	26.8	27.6	23.7	22.3	27.5	18.4	21.8	485

可以看出汞具有非常高的表面张力，水也具有相当高的表面张力。在所有几何形状中，球形具有最小的表面积，因而也具有最小的表面自由能，这就是汞滴和水滴一般呈球形的原因。

8.1.4 表面张力与温度、压力的关系

温度升高时，气相中分子的密度会增加，而液相中分子间距离会增大。这两种变化都会使液体表面分子所受垂直向下的合力降低，因而表面张力降低。表面张力与温度的关系可用 Ramsay 和 Shields 经验公式表示：

$$\gamma\left(\frac{M}{\rho}\right)^{\frac{2}{3}} = K(T_c - T - 6) \tag{8-4}$$

式中，M 为摩尔质量；ρ 为密度，所以 $(M/\rho)^{2/3}$ 为摩尔表面积的一种量度；K 为常数；T_c 为液体的临界温度；T 为液体的温度。式(8-4)表明摩尔表面自由能随温度线性降低。

增加压力会使气体的密度增大，从而减小液体表面分子所受垂直向下的合力，使表面张力降低，此外气体分子在液体表面吸附和在液体中溶解都会影响表面张力，但总的效应是一般随着压力升高，表面张力会降低。

● 【例 8-1】　表面张力与表面自由能

20℃时汞的表面张力 $\gamma = 4.85 \times 10^{-1} \mathrm{J/m^2}$，求在此温度及 101.325kPa 的压力下，将半径 $r_1 = 1$mm 的汞滴分散成半径 $r_2 = 10^{-5}$mm 的微小汞滴至少需要消耗多少功？

解：因 T、P 恒定，γ 为常数，环境至少需消耗的功即可逆过程中所做的功。

设 σ_1 和 σ_2 分别为分散前后汞滴的总面积，则：

$$W' = \int_{\sigma_1}^{\sigma_2} \gamma \mathrm{d}\sigma = \gamma(\sigma_2 - \sigma_1)$$

$$\sigma_1 = 4\pi r_1^2 ; \quad \sigma_2 = N(4\pi r_2^2)$$

$$N = \left(\frac{r_1}{r_2}\right)^3$$

$$\sigma_2 = 4\pi r_2^2 \left(\frac{r_1}{r_2}\right)^3 = 4\pi r_1^2 \left(\frac{r_1}{r_2}\right)$$

$$W' = \gamma \times 4\pi r_1^2 \left(\frac{r_1}{r_2} - 1\right) = 4.85 \times 10^{-1} \times 4 \times 3.1416 \times (1 \times 10^{-3})^2 \times (10^5 - 1)$$

$$= 6.09 \times 10^{-1} \ (\mathrm{J})$$

表面张力和表面自由能是整个胶体与界面化学的核心内容。在所有常温下的液体中，除汞以外，水具有最大的表面张力，在 20℃ 时达到 72.75mN/m，而其他液体大多只在 20～50mN/m 范围内。同时水的各种界面特性如毛细、润湿、吸附等都很突出，这在各种物理化学作用和水处理中都起着显著的影响。水的这一特性决定于水的分子结构。水在分子结构上的突出特点就是具有很大极性和生成氢键的很强能力。这两方面的特点造成的结果首先就是大大增强了水分子之间的相互作用力，所以水的内聚力很大。一般液体的内聚力大多为2000～5000atm，而水的内聚力达到 22000atm。正是因为水的内聚力很大，内部分子强烈地趋向于将表面分子拉向内部，因而造成了很强的表面张力。

8.2 液体的压力与表面曲率的关系

研究发现液体内部的压力与液体表面的形状有关。设气相内部的压力为 p_0，液体内部的压力为 p'，若气体与液体平衡时形成的界面为平面，两相平衡时有：

$$p_0 = p' \tag{8-5}$$

若液体的表面为球面，如图 8-3 所示，对于凸液面 ABC，由于曲面液体的表面张力与表面相切，所以周界上的表面张力之合力指向液体内部，曲面 ABC 好像紧绷在液体上一样。所以平衡时，液体表面内部的分子所受的压力 p' 必大于外部压力 p_0，并等于气相压力与此合力之和，即

$$p' = p_0 + \Delta p \tag{8-6}$$

式中，Δp 称为附加压力。对于凹液面 $A'B'C'$，周界上的表面张力之合力指向外部，所以平

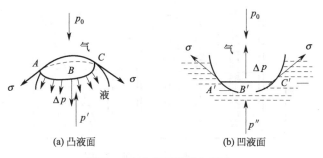

(a) 凸液面　　　　　(b) 凹液面

图 8-3　弯曲液面的附加压力

衡时，液体表面内部的分子所受的压力 p'' 必小于外部压力 p_0，并等于气相压力与此合力之差，即 Δp 为负值。

因为球面的表面自由能 $G = 4\pi r^2 \gamma$，设液滴收缩，其半径减小了 dr，则体系自由能的减少为：

$$dG = 8\pi r \gamma \, dr$$

体系收缩时克服 Δp 对环境做功为：

$$\delta W' = \Delta p \times 4\pi r^2 \, dr$$

体系自由能的减少等于体系对环境所做的功，则有：

$$\Delta p \times 4\pi r^2 \, dr = 8\pi r \gamma \, dr \tag{8-7}$$

由此得到：

$$\Delta p = \frac{2\gamma}{r} \tag{8-8}$$

对式(8-8)的应用做如下讨论：

① 凸液面　$r > 0$，$\Delta p > 0$，液体内部的压力大于外部压力；

② 平液面　$r = \infty$，$\Delta p = 0$，液体内部的压力等于外部压力；

③ 凹液面　$r < 0$，$\Delta p < 0$，液体内部的压力小于外部压力；

④ 肥皂泡　由于存在内外两个表面，$\Delta p = \dfrac{4\gamma}{r}$，附加压力扩大 2 倍；

⑤ 任意曲面　设 r_1 和 r_2 为两个主曲率半径，则有：

$$\Delta p = \gamma \left(\frac{1}{r_1} + \frac{1}{r_2} \right) \tag{8-9}$$

式(8-9)称为 Yang-Laplace 公式，对球面液体，r_1 和 r_2 相等，则还原为式(8-8)。应用式(8-9)可以说明一些很有趣的现象，例如我们都有这样的经验，如果两块平板玻璃间夹一层水，则很难把它们分开，如图 8-4 所示。

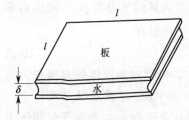

图 8-4　毛细管压力

设夹层水的厚度为 δ，由于水气间形成凹液面，主曲率半径 $r_1 = \delta/2$，$r_2 = \infty$，则液体内部的附加压力：

$$\Delta p = \gamma \left(\frac{1}{-\delta/2} + \frac{1}{\infty} \right) = -\frac{2\gamma}{\delta} < 0$$

即液体内部的压力小于大气压，它们之间的压力差将两块玻璃板紧压在一起，此压力差称为毛细管压力。

再如有形状各异的毛细管（如图 8-5 所示，从左至右依次编号），除指定者外均系玻璃制成，毛细管部分的管径均匀一致。左端第一根毛细管的弯月面是毛细上升的平衡结果，

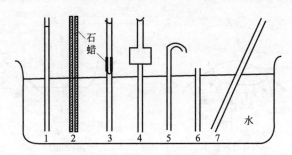

图 8-5　毛细管中水面的高度

根据附加压力的概念可以指出下述两种情况下其他各管中水面应在的平衡位置：自动上升的结果；先将水吸至各管上端，然后再使弯月面自动下降。

① 在水面自动上升的情况下：2 管管壁为石蜡表面，水不润湿，形成凸液面，附加压力大于零，即液面内部的压力大于管外平面液体的压力，平衡时水面在管外水平面之下；3 管下方为玻璃表面，水润湿，形成凹液面，附加压力小于零，即液面内部的压力小于管外平面液体的压力，致使水面上升，当水面上升至石蜡表面下沿时由凹液面转变为凸液面，附加压力由小于零过渡为大于零，上升停止；4 管水面上升至管中膨大部分下口时，凹液面变平，曲率半径变为无穷大，附加压力降低，上升终止；5 管水面升至弯管管口时，由于液体的重力作用，凹液面逐渐变平，附加压力降低，上升终止；6 管水面升至管口时凹液面变平，曲率半径变大，附加压力降低，上升终止；7 管水面略低于 1 管，因凹液面曲率半径略大于 1 管。

② 在先将水吸至各管上端，然后再使弯月面自动下降的情况下：2 管水面在水平面之下，原因同情况①；3、4 管水面下降时形成凹液面，应与 1 管水面具有相同高度；5、6、7 管水面下降时也形成凹液面，高度同情况①。

再如将一根毛细玻璃管插入水中，然后在管内液面处加热，或在水中加入少量氯化钠时，让我们考虑液面将如何变化，为什么会产生这种现象？根据 Yang-Laplace 公式，将毛细玻璃管插入水中形成凹液面，因此附加压力为负值（或者方向向上）。由于水的表面张力随温度上升而下降，在管内液面处加热会使附加压力降低，从而导致液面下降；在水中加入少量的 NaCl 会使水的表面张力升高，因而附加压力会升高，从而导致液面上升。

● 【例 8-2】 液体的压力与表面曲率的关系

在下图的装置上吹出两个大小不一的肥皂泡，然后打开活塞使两泡相通，试问会发生什么情况？说明最后两边的肥皂泡各成什么样子，并讨论。

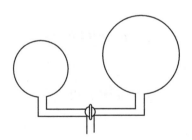

答：左边肥皂泡变小，右边肥皂泡变大。原因是：左边肥皂泡的曲率半径小于右边肥皂泡的曲率半径，根据式(8-8)，左边肥皂泡的附加压力大于右边肥皂泡的附加压力，所以左边泡内的气体会迁移至右边泡内，结果是一方面左边的气泡变小，在接近管口时逐渐变平，曲率半径变大，附加压力降低，另一方面右边气泡变大，曲率半径也变大，附加压力相应降低，但变化相对较小，当两边附加压力变化至相等时达到稳定。

● 【例 8-3】 液体的压力与表面曲率的关系

将一直径为 0.1cm 的毛细管插入一稀水溶液，管端深入液面 10cm。为使管口吹出气泡，所需气泡最大压力 Δp 为 11.6cm 水柱压力，设溶液的密度与纯水一样，试计算此溶液的表面张力。

解：
$$(11.6-10.0)\times 0.01\times \frac{101325}{10.336}=\frac{2\gamma}{r}$$

$$156.85=\frac{2\gamma}{0.0005}$$

$$\gamma=0.0392(\text{N/m})=39.2(\text{mN/m})$$

8.3 液体的蒸气压与表面曲率的关系

球形小液滴的表面积 $s=4\pi r^2$，设小液滴的半径增大了 $\mathrm{d}r$，则表面积的增加为：
$$\mathrm{d}s=8\pi r\mathrm{d}r$$

因此自由能的增加为：
$$\mathrm{d}G=8\pi r\gamma\mathrm{d}r \tag{8-10}$$

设此变化是由平面液体的蒸气凝结于小液滴表面而发生，如图 8-6 所示。

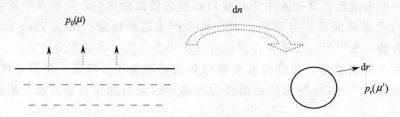

图 8-6　蒸气在小液滴表面的凝结

图中，p_0 为平面液体的蒸气压；μ 为平面液体化学势；p_r 为小液滴的蒸气压；μ' 为小液滴化学势。设此过程中有 $\mathrm{d}n$ 摩尔的液体从平面液体上方迁移至小液滴上方并凝结。迁移前液体的化学势为：

$$\mu=\mu^{\ominus}+RT\ln\frac{p_0}{p^{\ominus}}$$

迁移后液体的化学势为：

$$\mu'=\mu^{\ominus}+RT\ln\frac{p_r}{p^{\ominus}}$$

自由能的变化为：

$$\mathrm{d}G=\mathrm{d}n(\mu'-\mu)=\mathrm{d}nRT\ln\frac{p_r}{p_0} \tag{8-11}$$

由式(8-10) 和式(8-11) 得：

$$\mathrm{d}nRT\ln\frac{p_r}{p_0}=8\pi r\gamma\mathrm{d}r \tag{8-12}$$

设 ρ 为液体的密度，M 为液体的摩尔质量，则有：

$$\mathrm{d}n=4\pi r^2\mathrm{d}r\left(\frac{\rho}{M}\right)$$

代入式(8-12) 得：

$$RT\ln\frac{p_r}{p_0}=\frac{2\gamma M}{r\rho}=\frac{2\gamma V}{r} \tag{8-13}$$

式中，V 为液体的摩尔体积。此即 Kelvin（开尔文）公式。

由 Kelvin 公式可以看出：

① 液滴的半径越小，其蒸气压越大，因而水蒸气在干净的空气中可达很高的过饱和度；

② 对凸液面，$r > 0$，$p_r > p_0$；

③ 对凹液面，$r < 0$，$p_r < p_0$。

● 【例 8-4】液体的蒸气压与表面曲率的关系

水蒸气迅速冷却至 25℃ 时，会发生过饱和现象。已知 25℃ 时水的表面张力 $\gamma = 71.49\text{mN/m}$，当过饱和蒸汽为水的平衡蒸气压的 4 倍时，试计算：

(1) 在此过饱和情况下，开始形成的水滴的半径；

(2) 在此水滴中含有的水分子个数。

解：(1)

$$\ln \frac{p_r}{p_0} = \frac{M}{\rho} \times \frac{2\gamma}{RTr}$$

$$\ln 4 = \frac{0.018}{1000} \times \frac{2 \times 71.49 \times 10^{-3}}{8.314 \times 298 r}$$

$$r = 0.75 \times 10^{-9}(\text{m}) = 0.75(\text{nm})$$

(2) $n = \dfrac{4}{3}\pi r^3 \rho \times \dfrac{1}{M} \times N_A = \dfrac{4}{3} \times 3.14 \times (0.75 \times 10^{-9})^3 \times 1000 \times \dfrac{1}{0.018} \times 6.02 \times 10^{23}$

$\qquad = 59(\text{个})$

用 Kelvin 公式可以解释许多现象。

(1) 过饱和蒸气的形成

如果蒸气凝结成为液滴，那么需要先形成半径极小的小液滴，其液面为凸面，小液滴液面上的饱和蒸气压远大于此时液体的蒸气压，因此新相难成而导致过饱和。这个事实常被用来说明人工降雨的原理。例如高空中如果没有灰尘，水蒸气可以达到相当高的过饱和程度，比平面液体的饱和蒸气压高许多倍，而不能凝结成水，因为此时高空的水蒸气对平面液体的水已经过饱和了，但对于将要形成的小水滴来说，却尚未饱和，这意味着微小水滴难以形成，这时如果在空中撒入凝结核心（如 AgI 小晶粒、CO_2 干冰）使凝聚水滴的初始曲率半径加大，则其对应的饱和蒸气压力就会小于高空中已有的水蒸气压力，因此水蒸气将迅速凝结成水滴，形成人工降雨。

(2) 过热水的形成

液体过热现象的产生是由于液体在沸点时无法形成气泡所造成的。当气泡在液体中形成时曲率半径为负值，根据 Kelvin 公式，小气泡形成时期气泡内饱和蒸气压远小于平面时的蒸气压即外压，且气泡越小，气泡内饱和蒸气压越低，同时由于凹液面附加压力的存在，小气泡要稳定存在需克服的压力又必须大于外压和附加压力之和。因此，相平衡条件无法满足，小气泡不能存在，这样便造成了液体在沸点时无法沸腾而液体的温度继续升高的过热现象，过热太多时容易发生暴沸，这是实验室或工业上经常造成事故的原因之一。为防止暴沸，在加热液体时应加入沸石或插入毛细管，这是因为这些物质中已有半径较大的气泡存在，因此泡内压力不至于很小，达到沸腾温度时液体就会沸腾而不会暴沸。

(3) 过饱和溶液的形成

与过饱和蒸气相似，在溶液中将溶液的浓度看作蒸气压，将沉淀颗粒看作液滴，如果溶液要生成沉淀，必须经过沉淀颗粒从无到有、从小到大的过程，但最初形成的颗粒的半径极小，根据 Kelvin 公式，其饱和浓度远远大于溶液的正常饱和浓度，使沉淀无法形成而形成过饱和溶液，例如将较高温度下的饱和溶液降低到较低温度时，其应有的饱和浓度会降低至小于该溶液浓度，但无沉淀生成，即溶液在此温度下是过饱和的。如欲得到沉淀，应加入细小颗粒物或用器具摩擦容器壁。

8.4 液体表面张力的测定

液体表面张力的测定有多种方法，如毛细上升法、环法、吊片法、气泡最大压力法、滴重或滴体积法、液滴或气泡外形法、振动射流法等。这里介绍最常用的毛细上升法、环法和气泡最大压力法。

8.4.1 毛细上升法

毛细上升法可以用于液体表面张力即气-液界面张力的测定。其原理可以用前面介绍过的 Yang-Laplace 公式说明。

在待测液体中插入一玻璃毛细管，如图 8-7 所示，由于液体在玻璃管内形成凹液面，根据 Yang-Laplace 公式，液面下的附加压力 Δp 小于零，也就是说管外液面下的压力比管内大 Δp，在此压力差的作用下，管内液体会沿毛细管上升，直至液柱流体静压力上升至与 Δp 相等。

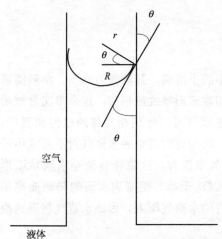

图 8-7　毛细上升法测定液体的表面张力

设液体的密度为 ρ，气体的密度为 ρ'，平衡时液柱的高度为 h，g 为重力加速度，则有：

$$\Delta p = \rho g h - \rho' g h = (\rho - \rho') g h$$

代入 Yang-Laplace 公式：

$$\frac{2\gamma}{r} = (\rho - \rho') g h$$

$$\gamma = \frac{r(\rho - \rho') g h}{2} \tag{8-14}$$

式中，r 为凹液面的曲率半径，不易求得，设法以毛细管半径表示，为此过三相交界点作气-液界面的切线，得润湿接触角 θ，如图 8-7 所示。过三相交界点再作凹液面的曲率半径 r 和毛细管半径 R，可以证明 r 和 R 之间的夹角即 θ，因而得到：

$$r = \frac{R}{\cos\theta} \tag{8-15}$$

将式(8-15)代入式(8-14)得：

$$\gamma = \frac{R(\rho - \rho') g h}{2\cos\theta} \tag{8-16}$$

式(8-16)即毛细上升法测定液体表面张力的基本公式。若假设 $\theta = 0°$，$\rho \gg \rho'$，可得到近似公式：

$$\gamma = \frac{Rh\rho g}{2} \tag{8-17}$$

根据式(8-17)，只要测得平衡时液柱的高度，就可方便地计算出待测液体的表面张力。

从表面张力的概念也可以推导出式(8-17)。如图8-7所示，沿 θ 角对顶角的一边作表面张力垂直向上的分力，此分力可以看作是将液柱拉向上方的拖曳力，平衡时则会有：

$$2\pi R\gamma\cos\theta = \pi R^2 h(\rho - \rho')g \tag{8-18}$$

式(8-18)左边是液柱顶端沿液面周长的表面张力，右边是液柱产生的静压力，由此可以得到同样的表达式：

$$\gamma = \frac{R(\rho - \rho')gh}{2\cos\theta} \approx \frac{R\rho gh}{2}$$

8.4.2 环法

将一铂制圆环平置在液面上，然后测定使圆环脱离表面所需之力 F，如图8-8所示。利用下式将其与界面张力相联系：

$$\gamma = \frac{\beta F}{4\pi R} \tag{8-19}$$

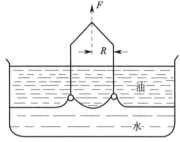

式中，R 为环的内外半径之平均值；β 为校正因子。为保证液体能润湿环，铂环在使用前需酸洗，并用火烧过。如果测定的是两种液体之间的界面张力，则环必须被下层液体优先润湿。例如对于苯-水界面，水是下层，用铂环是适宜的，因水能优先润湿铂环。对于水-四氯化碳界面，四氯化碳是下层，所以必须使用憎水的环才行。校正因子 β 是因为张力的方向不完全垂直，以及环脱离表面时拉起的液

图 8-8　环法测定界面张力

体具有复杂的形状而引起，其值与环的大小及液体的品种有关，可查专用表。

● 【例 8-5】液体表面张力的测定

在下图中玻璃毛细管的半径为 0.1mm，水柱上升的高度为 4cm，油的密度为 0.8g/cm^3，玻璃-水-油的接触角为 40°，试计算油水的界面张力。

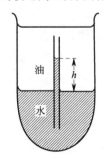

解：
$$\gamma = \frac{R(\rho - \rho')gh}{2\cos\theta} = \frac{0.1\times10^{-3}\times(1000-800)\times9.8\times4\times10^{-2}}{2\times0.766}$$
$$= 5.1\times10^{-3}(\text{N/m}) = 5.1(\text{mN/m})$$

8.4.3 气泡最大压力法

在此法中，将毛细管口事先磨平后放置在液面上使其刚好触及液面，如图8-9所示。然

后将惰性气体缓慢通入毛细管使其出泡，或由图 8-9 的装置中活塞通口处抽气使其出泡。对于液体能润湿管壁的情况，泡将自管口内壁形成。开始时形成的泡逐渐长大，泡的曲率半径由大变小，泡内外压力差逐渐增大；当形成的泡刚好是半球形时，曲率半径最小，且等于毛细管半径 r，泡内外压力差达到最大值；当泡继续长大时，泡的曲率半径又变大，泡内外压力差又下降。在泡内外压力差最大时，即气泡压力最大时，用图中压差计测出压差，根据公式（8-8）可求出液体的表面张力。本方法与接触角无关，也不需要液体密度数据，装置简单，测定迅速，因而被广泛应用。

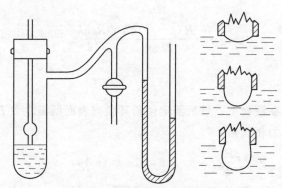

图 8-9   气泡最大压力法测表面张力

8.5 内聚功和黏附功

（1）内聚功

设有液体 A，其形状为立方体，上表面面积为 $1cm^2$，如图 8-10（a）所示。若用某种方法将其一分为二，则会产生两个新的表面，即 A_1 的下表面和 A_2 的上表面，其面积均为 $1cm^2$。在这一过程中环境对体系所做的功即体系表面自由能的增加为：

$$W_{AA} = 2\gamma_A \tag{8-20}$$

此功称为内聚功，表征同种液体内部吸引力的强度。

（2）黏附功

设某液体由 A 和 B 复合而成，其形状为立方体，上表面面积为 $1cm^2$，如图 8-10（b）所示。若用某种方法将其分为 A 和 B，则会产生两个新的表面，即 A 的下表面和 B 的上表面，同时失去一个 AB 界面，其面积均为 $1cm^2$。在这一过程中环境对体系所做的功即体系表面自由能的增加为：

$$W_{AB} = \gamma_A + \gamma_B - \gamma_{AB} \tag{8-21}$$

此功称为黏附功，表征不同种液体间吸引力的强度。

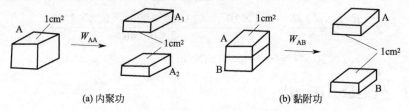

(a) 内聚功   (b) 黏附功

图 8-10   内聚功和黏附功

8.6 一种液体在另一种液体上的展开

8.6.1 展开系数

将一种液体滴加在另一种与其互不相溶的液体表面上，可能有三种后果：

① 不能展开，形成透镜，如图 8-11(a) 所示；

② 展开成薄膜，此薄膜有相当的厚度，有两个独立的界面，即水-膜、膜-空气界面，各有其自己的界面张力，这种膜叫作双重膜；

③ 展开成单分子膜及透镜，这种液体不能在其自身所形成的膜上展开，叫自憎，如图 8-11(b) 所示。

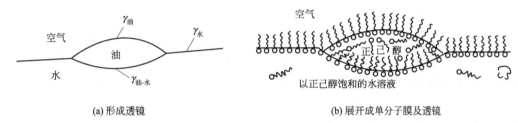

(a) 形成透镜　　　　　　　　(b) 展开成单分子膜及透镜

图 8-11　一种液体在另一种不互溶液体上展开的情况

一种液体在另一种不互溶液体上能否展开，可以用展开系数判定。例如油在水上的情况，设油滴在水面上所占面积扩大了 dA，相应有油水界面面积增大 dA，油的表面面积增大 dA，水的表面面积减小 dA，则体系自由能的变化为：

$$dG = (\gamma_{油-水} + \gamma_{油} - \gamma_{水})dA \tag{8-22}$$

根据热力学原理，在等温等压下，当 $dG < 0$ 时过程自发进行，所以展开的条件是：

$$\gamma_{油-水} + \gamma_{油} - \gamma_{水} < 0$$

或

$$\gamma_{水} - \gamma_{油} - \gamma_{油-水} => 0$$

若以 A 代表油，B 代表水，令展开系数为：

$$S_{(A-B)} = \gamma_B - \gamma_A - \gamma_{(A-B)} \tag{8-23}$$

所以展开系数判据为：

$$S_{(A-B)} > 0，A 在 B 上自发展开 \tag{8-24}$$

$$S_{(A-B)} < 0，A 在 B 上不能自发展开 \tag{8-25}$$

一般来讲，具有较低表面张力的液体容易在具有较高表面张力的液体上展开，道理是显而易见的。

● 【例 8-6】一种液体在另一种液体上的展开

已知在室温下 $\gamma_{水} = 73\,mN/m$，$\gamma_{汞} = 485\,mN/m$，$\gamma_{辛醇} = 27\,mN/m$，$\gamma_{水-汞} = 375\,mN/m$，$\gamma_{水-辛醇} = 9\,mN/m$，$\gamma_{汞-辛醇} = 348\,mN/m$，试求：(1) 水在汞面、辛醇面、汞-辛醇面上的起始展开系数；(2) 辛醇在水面、汞面、汞-水界面上的起始展开系数。

解：(1)　　$S_{水-汞} = \gamma_{汞} - \gamma_{水} - \gamma_{水-汞} = 485 - 73 - 375 = 37\,(mN/m)$

　　　　　　　$S_{水-辛醇} = \gamma_{辛醇} - \gamma_{水} - \gamma_{水-辛醇} = 27 - 73 - 9 = -55\,(mN/m)$

$$S_{水-(汞-辛醇)} = \gamma_{汞-辛醇} - \gamma_{水-汞} - \gamma_{水-辛醇} = 348 - 375 - 9 = -36 \text{ (mN/m)}$$

(2)
$$S_{辛醇-水} = \gamma_水 - \gamma_{辛醇} - \gamma_{辛醇-水} = 73 - 27 - 9 = 37 \text{ (mN/m)}$$

$$S_{辛醇-汞} = \gamma_汞 - \gamma_{辛醇} - \gamma_{辛醇-汞} = 485 - 27 - 348 = 110 \text{ (mN/m)}$$

$$S_{辛醇-(汞-水)} = \gamma_{汞-水} - \gamma_{辛醇-水} - \gamma_{辛醇-汞} = 375 - 9 - 348 = 18 \text{ (mN/m)}$$

● 【例 8-7】一种液体在另一种液体上的展开

已知水和异戊醇在未发生互溶和互相饱和后各自的表面张力及水-异戊醇的界面张力如下。若将一滴异戊醇滴在水面上,刚开始会有什么现象发生?随时间延长会有什么变化?为什么?

界面	水-空气	异戊醇-空气	水-异戊醇
未互溶之 γ/(mN/m)	72.8	23.7	5.0
互相饱和后之 γ/(mN/m)	25.9	23.6	5.0

解:一滴异戊醇滴在水面上时有:

$$S = \gamma_{水-气} - \gamma_{水-异戊醇} - \gamma_{异戊醇-气} = 72.8 - 23.7 - 5.0 = 44.1 \text{ (mN/m)} > 0$$

所以铺展过程自发进行。异戊醇可在水面上自动展开。随时间延长,异戊醇不断溶于水中,水相的表面张力降低。当各表面张力达到题设数值时有:

$$S = 25.9 - 23.6 - 5.0 = -2.7 (\text{mN/m}) < 0$$

所以异戊醇不能再铺展,在水面上成聚集状态。

8.6.2 油对水体的污染及防治原理

在研究两种互不相溶的液体的相互黏附及相互展开时,从水质控制的角度首先应关注油对水体的污染及含油废水的处理问题。

在被油污染的水体和含油废水中,油的主要形态应是浮油和分散油。近年来海上石油运输和海底石油开采所引起的海洋石油污染事故频发,泄漏的石油大部分在海面上成为浮油,需要用适宜的方式方法处置,这就涉及一种液体在另一种液体上展开和相互黏附的原理。浮油漂浮在水面上,分散油分散在水中,实际已处在脱稳状态,但仍存在聚结稳定性的问题,在一定的条件下单块浮油的面积可以由小变大,或由大变小,甚至降级变为分散油。影响因素有油/水界面张力、油的表面张力、水体的流态、流速、速度梯度、温度及黏度等。在层流状态下适当提高速度梯度会加快浮油和分散油间的相互碰撞从而使之聚结凝并,但速度梯度过高或紊流将使浮油分裂破碎。水体的温度和黏度也会因影响水的运动速度和速度梯度而影响浮油和分散油的相互碰撞和聚结。近年来人们已越来越认识到研究不同液体的相互黏附和一种液体在另一种液体上展开的理论对开发海上石油泄漏的治理技术有重要的指导意义。

含油废水是一种常见的量大面广的工业废水,石油的开采及加工运输、机电及机械加工、石油化工等行业每天排出大量的含油废水,严重危害着水环境的安全。目前,含油废水的常用处理方法有隔油池法、气浮法、过滤法、絮凝沉淀法、粗粒化法、膜法,生化法等。隔油池法是含油废水处理常规方法之一,平流式隔油池所利用的基本原理是当废水流入隔油池后流速减缓,各种形态的油(如乳化油、分散油等)通过凝并聚结和上浮成为浮油,然后被集油管收集。目前上述这些方法的处理效率都还比较低,其中一些方法的处理设施占地面积大,或造价高,或操作复杂,或反冲洗难,或对进水油的浓度限制较高,或设备易堵塞等,存在诸多问题,都亟待解决。由于以上各法的处理效率和存在的问题均与含油废水的热力学稳定性和动力稳定性直接有关，所以研究含油废水的稳定性及其破坏的原理对于提高含油废水处理的效果和提出新的处理方法具有重要的指导意义。含油废水的稳定性与油在水中的存在形式有密切的关系，通常将油在水中的存在形式划分为浮油（直径大于 $100\mu m$）、分散油（直径为 $10\sim100\mu m$）、乳化油（直径小于 $10\mu m$）、固体附着油（直径大于 $10\mu m$）及溶解油。除少量溶解油外，其余各类均为热力学不稳定体系（或暂时稳定体系），但在一定的条件下具有一定程度的热力学稳定性和动力学稳定性，能在较长的时间内存在，而在某些条件下其稳定性可较快地遭到破坏，发生絮凝、聚结、上浮及沉降等过程而与水体分离，此过程的快慢因具体条件会有很大的差异。

从胶体与界面化学的原理出发对油在天然水体及工业废水中的热力学稳定性/不稳定性、动力稳定性/不稳定性分别做出详尽的探讨，在此基础上提出其稳定性破坏的理论与方法，为处置石油对天然水体污染的突发事件，改进现有含油废水的处理方法和研发更新更先进的含油废水处理技术工艺提供翔实可靠的理论依据，无疑具有重要的理论和实际意义。

8.7 液液界面张力的 Fowkes 理论

以上主要是从宏观的角度来讨论表面张力，深入的探讨将涉及分子的相互作用。对于液体，欲集合个别分子的行为以导出宏观性质（即统计热力学的方法）是极困难的，但对于液液界面张力，Fowkes 等发展了颇有启发性的半经验处理，值得介绍。

前面曾指出，表面张力实际上是由表面分子受到的垂直向下的合力引起的，是与分子间力相关的。而分子间力是多种多样的，其中包括色散力（d）、氢键（h）、金属键（m）、电子相互作用（π）和离子相互作用（i）等。在这些作用中，只有色散力在各种分子中是普遍存在的，而且与其他各种分子间作用力相比，色散力又是作用距离最长的力。Fowkes 认为，表面张力 γ 是各种作用力的贡献之和：

$$\gamma=\gamma^d+\gamma^h+\gamma^m+\gamma^\pi+\gamma^i \tag{8-26}$$

但其中只有色散项 γ^d 的作用能够越过界面，使分子由内部移至表面所需之功降低。Fowkes 进一步假定，此功降低（$-\Delta G$）等于形成界面的两液相的表面张力的色散项（γ^d）的几何平均，若以 A 和 B 代表此两液相，则有：

$$-\Delta G=(\gamma_A^d\gamma_B^d)^{\frac{1}{2}} \tag{8-27}$$

选择几何平均的根据是非电解质溶度理论中利用范德华引力常数的几何平均所取得的成就。

据此，将分子 A 由液相 A 内部移至 AB 界面时，所需之功正比于 $\gamma_A-(\gamma_A^d\gamma_B^d)^{\frac{1}{2}}$；若 B 是气相，则 $\gamma_B^d=0$；若 B 也是液相，则将分子 B 由液相 B 内部移至 AB 界面时所需之功正比于 $\gamma_B-(\gamma_A^d\gamma_B^d)^{\frac{1}{2}}$。故形成 AB 界面所需之功是两者之和：

$$\gamma_{AB}=\gamma_A+\gamma_B-2(\gamma_A^d\gamma_B^d)^{\frac{1}{2}} \tag{8-28}$$

将式（8-28）与式（8-21）结合，可得

$$W_{AB}=2(\gamma_A^d\gamma_B^d)^{\frac{1}{2}} \tag{8-29}$$

式(8-29) 说明了两点：一是黏附功 W_{AB} 的确是表面 A 和 B 吸引强弱的量度；二是越过界面起作用的表面张力是它的色散项部分，即 γ^{d}。

经过精心评选，并对所涉及的作用力作了合理的假定，Fowkes 认为，对于烃类化合物（H）、水（W）和汞（Hg），式(8-26) 可分别写成：

$$\gamma_{H} = \gamma_{H}^{d} \tag{8-30}$$

$$\gamma_{W} = \gamma_{W}^{d} + \gamma_{W}^{h} \tag{8-31}$$

$$\gamma_{Hg} = \gamma_{Hg}^{d} + \gamma_{Hg}^{m} \tag{8-32}$$

因此，对于汞/烃类化合物界面，式(8-28) 成为：

$$\gamma_{Hg/H} = \gamma_{Hg} + \gamma_{H} - 2(\gamma_{Hg}^{d}\gamma_{H}^{d})^{\frac{1}{2}} \tag{8-33}$$

式中，除了 γ_{Hg}^{d} 外都可由实验直接测定得出，故式(8-33) 提供了测定 γ_{Hg}^{d} 的方法。同样，对于水/烃类化合物界面，可得：

$$\gamma_{W/H} = \gamma_{W} + \gamma_{H} - 2(\gamma_{W}^{d}\gamma_{H}^{d})^{\frac{1}{2}} \tag{8-34}$$

同样，式(8-34) 提供了测定 γ_{W}^{d} 的方法。表 8-2 是某些烃类化合物的 γ_{H}、$\gamma_{W/H}$ 和 $\gamma_{Hg/H}$ 的实验值，以及根据式(8-33) 和式(8-34) 计算出的 γ_{W}^{d} 和 γ_{Hg}^{d}。由表 8-2 可见，γ_{W}^{d} 的计算值是 $21.8 \pm 0.7 \text{mJ/m}^{2}$，$\gamma_{Hg}^{d}$ 的计算值是 $200 \pm 7 \text{mJ/m}^{2}$，都近似为常数，说明这个理论有一定的客观基础。

表 8-2　一些烃类化合物的 γ_{H}、$\gamma_{W/H}$ 和 $\gamma_{Hg/H}$ 的实验值及 γ_{W}^{d} 和 γ_{Hg}^{d} 的计算值（20℃）

烃类化合物	$\gamma_{H}/(\text{mJ/m}^{2})$	$\gamma_{Hg/H}/(\text{mJ/m}^{2})$	$\gamma_{Hg}^{d}/(\text{mJ/m}^{2})$	$\gamma_{W/H}/(\text{mJ/m}^{2})$	$\gamma_{W}^{d}/(\text{mJ/m}^{2})$
正己烷	18.4	378	210	51.1	21.8
正庚烷	18.4	—	—	50.2	22.6
正辛烷	21.8	375	199	50.8	22.0
正壬烷	22.8	372	199	—	—
正癸烷	23.9	—	—	51.2	21.6
正十四烷	25.6	—	—	52.2	20.8
环己烷	25.5	—	—	50.2	22.7
十氢化萘	29.9	—	—	51.4	22.0
苯	28.85	363	194	—	—
甲苯	28.5	359	208	—	—
邻二甲苯	30.1	359	200	—	—
间二甲苯	28.9	357	211	—	—
对二甲苯	28.4	361	203	—	—
正丙苯	29.0	363	194	—	—
正丁苯	29.2	363	193	—	—
			平均 200 ± 7		平均 21.8 ± 0.7

注：$\gamma_{Hg} = 484 \text{mJ/m}^{2}$，$\gamma_{W} = 72.8 \text{mJ/m}^{2}$。

求得了 γ_{W}^{d} 和 γ_{Hg}^{d}，我们就可以由式(8-28) 来计算 $\gamma_{Hg/w}$，并与实验值比较，以进一步考验这个理论。计算结果是 426mJ/m^{2}，与实验值完全一致。不过这种完全一致不能看得太认真，因为计算时所取的 γ_{Hg}^{d} 和 γ_{W}^{d} 是许多数值的平均值。

● 【例 8-8】界面张力的 Fowkes 理论

在 20℃时某化合物（Y）与水（W）的界面张力为 421.5mN/m；同样的化合物与某烃类化合物（H）界面张力为 378.1mN/m；同样的烃类化合物与水的界面张力为 50.1mN/m。已知水的表面张力和化合物 Y 的表面张力分别为 72.8mN/m 和 484.1mN/m，求烃类化合物在 20℃时的表面张力。

解：根据 Fowkes 理论：

$$\gamma_{WH} = \gamma_W + \gamma_H - 2\sqrt{\gamma_W^d \gamma_H^d}$$

$$\gamma_{YH} = \gamma_Y + \gamma_H - 2\sqrt{\gamma_Y^d \gamma_H^d}$$

$$\gamma_{YW} = \gamma_Y + \gamma_W - 2\sqrt{\gamma_Y^d \gamma_W^d}$$

即

$$51.1 = 72.8 + \gamma_H - 2\sqrt{\gamma_W^d \gamma_H^d} \qquad (\text{i})$$

$$378.1 = 484 + \gamma_H - 2\sqrt{\gamma_Y^d \gamma_H^d} \qquad (\text{ii})$$

$$421.5 = 484 + 72.8 - 2\sqrt{\gamma_Y^d \gamma_W^d} \qquad (\text{iii})$$

考虑 $\gamma_H = \gamma_H^d$，合并方程（ii）和方程（iii）得到：

$$\frac{484 - 375.1 + \gamma_H}{2\sqrt{\gamma_H}} = \sqrt{\gamma_Y^d} = \frac{484 - 421.5 + 72.8}{2\sqrt{\gamma_W^d}}$$

即

$$\sqrt{\gamma_W^d} = \frac{135.5\sqrt{\gamma_H}}{105.9 + \gamma_H} \qquad (\text{iv})$$

将方程（iv）代入方程（i）得到：

$$\gamma_H^2 - 143\gamma_H + 2298 = 0$$

解此方程得到：

$$\gamma_H = 18.5 (\text{mN/m})$$

及

$$\gamma_H = 124.5 (\text{mN/m}) \quad （不合理）$$

所以有：

$$\gamma_H = 18.5 (\text{mN/m})$$

8.8 不溶物单分子膜

膜是指展开在表面的一层物质，倘若膜有相当的厚度，有两个独立的界面，并有其独立的表面张力，这种膜叫双重膜。单分子膜是指厚度只有 1 分子厚的膜，这种膜仅有一个表面。

8.8.1 表面压

在古代人们就知道油有平浪的作用，因此在救生船中常带有鱼油，这是因为不溶物单分子膜具有表面压。

将细线连成一个封闭的圈，放在水面上，然后在水面上放一点点油酸，原来松弛的线圈立刻会变得紧绷起来，如图 8-12（a）所示。又在水面上放一根火柴，再用另一根在脸上抹过的火柴头在水面上火柴棍的一边碰一下，火柴棍就会向另一边移动，如图 8-12（b）所示。在这两个实验中，水面上都有单分子膜形成，该膜能对浮物施以力。我们将膜对单位长度浮物所施加的力称为表面压，通常以 π 表示。

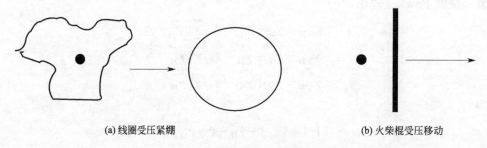

(a) 线圈受压紧绷　　　　　　　　　(b) 火柴棍受压移动

图 8-12　表面压存在的实例

设火柴的长度为 L，移动的距离为 $\mathrm{d}x$，干净水面的表面张力为 γ_0，覆盖了膜的表面的表面张力为 γ，则：

$$\pi L \mathrm{d}x = (\gamma_0 - \gamma) L \mathrm{d}x \tag{8-35}$$

此式的意义是体系对环境所做的功等于体系表面自由能的降低。解式(8-35) 得表面压：

$$\pi = \gamma_0 - \gamma \tag{8-36}$$

此式的物理意义是：表面压是膜对单位长度浮物所施的力，其数值等于水的表面张力被膜所降低的数值。

● 【例 8-9】表面压

如果表面压 π 为 50mN/m，浮物长 1m，膜厚 1nm，求浮物上单位面积所受压力。

解：
$$F = \frac{50}{1 \times 10^{-9}} = 5 \times 10^{10} \left(\frac{\mathrm{mN}}{\mathrm{m}^2}\right) \approx 500(\mathrm{atm})$$

可见表面压的大小是相当可观的。

8.8.2　单分子膜的各种状态

三维空间中有气态、液态和固态，而在二维表面上不仅有类似于三维空间中的这些状态，甚至还有三维空间中不存在的状态。下面按膜被压缩时顺序出现的状态逐一讨论，如图 8-13 所示。

(1) 气态膜

图 8-13 中 G 段表示气态膜，此段内分子所占的面积 a 较大，表面压 π 较小，在理想状态下，其关系可表示为：

$$\pi a = K_B T \tag{8-37}$$

式中，K_B 为玻耳兹曼常数。此式与理想气体的 P-V 关系很相似。许多实际气态膜的行为与理想状态有偏差，可以表示为：

$$\pi(a - a_0) = i K_B T \tag{8-38}$$

或

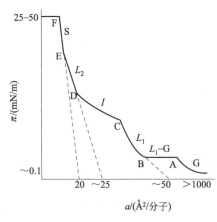

图 8-13　膜被压缩时可能
出现的各种状态

$$\left(\pi+\frac{b}{a^2}\right)(a-a_0)=K_BT \qquad (8\text{-}39)$$

式中，a_0 为分子独占面积，即不容许其他分子侵入的面积；i 为常数；b 为与分子引力有关的常数。

（2）气液共存区

若将气态膜压缩，使 a 减小到一定程度，到达图中 A 点时，π 即不再上升，当 a 进一步减小到 B 点时，π 又很快上升。图 8-13 中从 A 到 B 的 L_1-G 段即为气液共存区。这种情形与液体的蒸气压力图十分相似，故可将 AB 段的 π 当作膜的饱和蒸气压，在这一区域中气液两相共存。

（3）液态扩张膜

从 B 到 C 的 L_1 段称为液态扩张膜，这种膜本质上是液态的，但膨胀系数大得多，这一点可以从曲线的斜率看出。若将此膜的 π-a 线延长至 $\pi=0$ 处，得到的分子面积与任何取向都不同，而是介于立着和倒着之间。可以将这种膜看作是双重膜，上面是与空气接触的碳氢链，碳氢链之间的吸引力使之成为液相。下面是溶于水的极性基，相互距离较大，保持着气态，因此可以用非理想气态膜的公式表示：

$$\pi_p(a-a_0)=K_BT \qquad (8\text{-}40)$$

式中，π_p 为极性基对 π 的贡献，a_0 为极性基所占的面积。设碳氢链之间的吸引力是 π_0，其方向和 π_p 相反，实验得到的 π 是这两部分的代数和：

$$\pi=\pi_p+\pi_0$$

由此得到液态扩张膜的状态方程：

$$(\pi-\pi_0)(a-a_0)=K_BT \qquad (8\text{-}41)$$

（4）转变膜

从 C 到 D 的 I 段称为转变膜，这种膜本质上是液态的，但膨胀系数更大，这一点可以从曲线的斜率看出。此膜中分子会聚集成团，形成半胶团。

（5）液态凝聚膜

将 I 膜压缩，得到从 D 到 E 的液态凝聚膜 L_2，π-a 关系变为直线型，膨胀系数很小，就像液体那样。一些人认为这种膜是在极性基之间多少带一些水的半固态膜。

（6）固态凝聚膜

当进一步压缩时，液态凝聚膜中的水被挤出，形成从 E 到 F 的固态凝聚膜 S。固态膜的 π-a 关系也是直线型，膨胀系数更小。将固态膜进一步压缩会引起膜的崩溃，变为大的体相。

将液态凝聚膜的 π-a 关系线延长到 $\pi=0$，得到直链同系物的分子面积均为 $25\text{Å}^2/$分子，将固态凝聚膜的 π-a 关系线延长到 $\pi=0$，得到直链同系物的分子面积均为 $20\text{Å}^2/$分子。这说明表面活性剂分子在水面上是直立的。

8.8.3　表面膜的应用

表面膜的研究不仅提供了分子在表面上定向排列的最有力的证据，而且为许多重要的领域提供了有效的研究手段。

（1）高聚物分子量的测定

假如高聚物能在液面上展开成单分子膜，而且是气态的，则膜的状态方程为：

$$\pi(a-a_0)=K_B T$$

在上式的左右两边同乘以摩尔数 n 和阿伏伽罗数 N_A，设 A 为膜面积，A_0 为 1mol 成膜物本身的面积，W 为成膜物的质量，M 为 1mol 成膜物的质量，得到：

$$\pi(A-nA_0)=nRT=\frac{W}{M}RT$$

$$\pi A=nA_0\pi+\frac{W}{M}RT \tag{8-42}$$

以 πA 对 π 在坐标系中作图得直线，求出其截距，由此可得到高聚物的分子量。

（2）阻止水的蒸发

若在水面上铺一层油，即可阻止水的蒸发。而且此油膜只要 1 分子厚就够了。对于沙漠和缺水地区，这类应用具有很大的意义。已经取得成功的物质是十六醇和十八醇。

● 【例 8-10】单分子表面膜

有一面积为 $100km^2$ 的储水库，今欲以十六醇的单分子膜铺在水库的水面上，以阻止水蒸发，问需用多少千克十六醇（假定此单分子膜是液态凝聚膜）。

解：液态凝聚膜的分子面积：

$$a=25Å^2/\text{分子}$$

1mol 十六醇的单分子膜所占的面积：

$$A_0=25\times(10^{-10})^2\times6.02\times10^{23}=150.5\times10^3(\text{m}^2/\text{mol})$$

1mol 十六醇的质量：

$$M=0.242(\text{kg/mol})$$

铺满水库水面所需十六醇的质量：

$$W=\frac{10^8}{150.5\times10^3}\times0.242=160.8(\text{kg})$$

第9章   溶液的表面

第 8 章介绍了纯液体的表面性质，事实上在自然界中纯液体是很罕见的，许多物质可以溶于液体形成溶液，对液体的表面性质产生重要影响，特别是表面活性剂对液体表面性质的影响非常重要。本章介绍溶质对液体表面性质的影响，重点是介绍表面活性剂的概念、结构特点、种类及表面活性剂溶液的一些特殊性质。表面活性剂是一种非常重要的化学物质，具有增溶、吸附等作用，在洗涤、润湿、渗透、分散、乳化、起泡、消泡等方面应用广泛，本书将在后续章节中逐步加以介绍。

9.1 表面活性

实验证明，溶液的表面张力会受到溶质种类的影响，并随溶质浓度发生变化。其情形有三种，如图 9-1 所示。

第一种（A）是当溶质为无机盐时，表面张力随着浓度增大线性增大；第二种（B）是当溶质为极性有机物时，表面张力随着浓度增大逐渐降低；第三种（C）是当溶质为八碳以上的有机酸或盐时，表面张力随着浓度增大迅速降低。像第三种这样能显著降低水的表面张力的物质被认为具有表面活性，称为表面活性剂。其表面活性的大小以式(9-1)衡量：

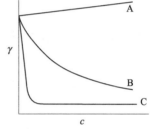

图 9-1　水溶液的表面张力与溶质浓度的关系

$$\frac{\gamma_0 - \gamma}{c} \tag{9-1}$$

式中，γ_0 为水的表面张力；γ 为加入表面活性剂后溶液的表面张力；c 为表面活性剂的浓度。对表面活性剂有以下规则。

（1）Traube 规则

表面活性剂的碳链越长，其表面活性就越强。按照 Traube 规则，每增加 1 个—CH_2—，表面活性就会扩大 3 倍。

（2）Szyszkowski 经验公式

对表面活性剂的稀水溶液有：

$$\frac{\gamma_0 - \gamma}{\gamma_0} = b\ln\left(\frac{c}{a} + 1\right) \tag{9-2}$$

式中，a、b 均为经验常数。对同系物而言，b 基本保持不变。由于：

$$\ln\left(\frac{c}{a} + 1\right) \approx \frac{c}{a}$$

式(9-2)成为：

$$\frac{\gamma_0 - \gamma}{\gamma_0} = \frac{b}{a}c \tag{9-3}$$

当 $c=1$ 时，$\dfrac{b}{a}$ 就是表面张力降低的分数，故可以用 $\dfrac{b}{a}$ 衡量表面活性剂的表面活性大小。

9.2 表面过剩和 Gibbs 公式

9.2.1 表面过剩

设有一杯溶液，如图 9-2 所示，其液相为 α 相，气相为 β 相，s-s 为气液界面，a-a 到 b-b 之间设为表面相，或记为 σ 相。

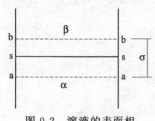

图 9-2　溶液的表面相

若表面相中溶质的浓度与其内部相等，则：

$$n=n^{\alpha}+n^{\beta}=c_{\alpha}V_{\alpha}+c_{\beta}V_{\beta}$$

式中，n 为溶质摩尔数；c 为溶质的体积摩尔浓度；V 为液相或气相的体积。一般情况下，由于表面过剩的存在，表面相中溶质的浓度与其内部并不相等，令：

$$n^{\sigma}=n-(n^{\alpha}+n^{\beta})=n-(c_{\alpha}V_{\alpha}+c_{\beta}V_{\beta}) \tag{9-4}$$

并且

$$\Gamma=\dfrac{n^{\sigma}}{A} \tag{9-5}$$

式中，A 为溶液的表面积，式(9-5) 即表面过剩的表达式。因为：

$$n^{\alpha}\gg n^{\beta}$$

所以：

$$n^{\sigma}\approx n-n^{\alpha}=n-c_{\alpha}V_{\alpha} \tag{9-6}$$

$$\Gamma\approx\dfrac{n-n^{\alpha}}{A} \tag{9-7}$$

表面过剩 Γ 可以理解为单位表面积的表面层中与液体内部同量液体中所含溶质物质的量之差，其值可能为正，也可能为负。

以上推导中 s-s 位置的设定与液体的体积 V 有关，因而与 $c_{\alpha}V_{\alpha}$ 有关，也就与 Γ 有关，统一的设定方法如下。

设烧杯中溶液的横截面积为单位面积，则烧杯的高度 h 等于烧杯的体积 V，再设溶剂的浓度为 c，溶剂的总物质的量为 n。以 c 对 h 作图得图 9-3。

可以看出溶剂浓度 c 从烧杯底开始随烧杯高度的升高而变化，但在 a-a 以下为常数，基本不变，进入表面相后随高度逐渐降低，到 b-b 时降低为零。因此体系中溶剂总物质的量为：

$$n=\int_{0}^{V_{\mathrm{b}}}c\,\mathrm{d}V=\int_{0}^{h_{\mathrm{b}}}c\,\mathrm{d}h=曲线下的面积$$

将 s-s 放置在使 A_1 等于 A_2 的位置，曲线下的面积就等于 s-s 以下矩形的面积。

因为：

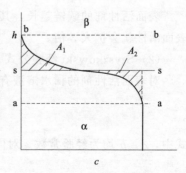

图 9-3　s-s 位置的设定

$$n^{\alpha}=c_{\alpha}V_{\alpha}=矩形的面积$$

所以：
$$n^{\sigma}=n-n^{\alpha}=0$$

即
$$\Gamma=0$$

也就是将 s-s 放在溶剂的表面过剩为零的地方。

对于溶质，当表面过剩为正时，溶质的表面过剩可以用同样的方法得到，即 $n^{\sigma}=$ 曲线下的面积-矩形的面积，如图 9-4 中所示阴影部分。

9.2.2　Gibbs 公式

热力学第一定律的数学式为：
$$dU=\delta Q-\delta W=TdS-\delta W \tag{9-8}$$

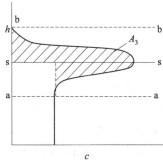

图 9-4　溶质的表面过剩

式中，U 为内能；Q 为热量；W 为功；S 为熵；T 为热力学温度。对于表面相，仅考虑表面积扩大和表面相中组分的变化，以环境对体系做的表面功 γdA 代替 $-\delta W$，再加上组分变化引起的自由能变化（对于表面相，自由能的变化等于内能的变化），则有：

$$dU^{\sigma}=TdS^{\sigma}+\gamma dA+\sum_{i}\mu_{i}dn_{i}^{\sigma} \tag{9-9}$$

式中，i 代表组分；μ 为化学势。在恒温恒压下，从 $A=0$ 到 A 对式(9-9) 积分得：
$$U^{\sigma}=TS^{\sigma}+\gamma A+\sum\mu_{i}n_{i}^{\sigma} \tag{9-10}$$

再将式(9-10) 微分得：
$$dU^{\sigma}=TdS^{\sigma}+S^{\sigma}dT+\gamma dA+Ad\gamma+\sum_{i}\mu_{i}dn_{i}^{\sigma}+\sum_{i}n_{i}^{\sigma}d\mu_{i} \tag{9-11}$$

比较式(9-9) 和式(9-11)，消去相同项得：
$$S^{\sigma}dT+Ad\gamma+\sum_{i}n_{i}^{\sigma}d\mu_{i}=0 \tag{9-12}$$

恒温时：
$$S^{\sigma}dT=0$$

则有：
$$-Ad\gamma=\sum_{i}n_{i}^{\sigma}d\mu_{i} \tag{9-13}$$

对式(9-13) 左右两边同除以 A 得：
$$-d\gamma=\sum_{i}\Gamma_{i}d\mu_{i} \tag{9-14}$$

对二组分体系，以 1 表示溶剂，以 2 表示溶质：
$$-d\gamma=\Gamma_{1}d\mu_{1}+\Gamma_{2}d\mu_{2} \tag{9-15}$$

由图 9-3 中 s-s 位置设定知溶剂的表面过剩为零，所以有：
$$-d\gamma=\Gamma_{2}d\mu_{2} \tag{9-16}$$

又化学势公式如下：
$$\mu=\mu^{\ominus}+RT\ln c$$

所以：

$$\mathrm{d}\mu_2 = RT \mathrm{dln}c_2$$

代入式(9-16)得：

$$-\mathrm{d}\gamma = \Gamma_2 RT \mathrm{dln}c_2$$

则有：

$$\Gamma_2 = -\frac{\mathrm{d}\gamma}{RT\mathrm{dln}c_2} = -\frac{\mathrm{d}\gamma}{RT\dfrac{\mathrm{d}c_2}{c_2}} = -\frac{c_2}{RT}\frac{\mathrm{d}\gamma}{\mathrm{d}c_2} = -\frac{c_2}{RT}\left(\frac{\partial\gamma}{\partial c_2}\right)_T \qquad (9\text{-}17)$$

此即 Gibbs 公式。从式(9-17)可以看出，当溶液的表面张力随溶质浓度升高而降低，即 $\partial\gamma/\partial c < 0$ 时，表面过剩为正，也就是正吸附，当溶液的表面张力随溶质浓度升高而升高，即 $\partial\gamma/\partial c > 0$ 时，表面过剩为负，也就是负吸附。

● 【例 9-1】溶液的表面过剩

某人利用 McBain 及其学生设计的实验装置，在 25℃时将某非离子型表面活性剂稀水溶液表面（面积为 300cm^2）刮下一薄层，体积共 2cm^3，测得其中含非离子表面活性剂 4.013×10^{-5} mol，而 2cm^3 原液中含这种非离子表面活性剂 4.000×10^{-5} mol，做合理的简化假设，计算该溶液的表面张力。

解：设该溶液的表面张力随表面活性剂浓度线性下降。根据 Gibbs 公式：

$$\Gamma_2 = -\frac{C_2}{RT}\left(\frac{\partial\gamma}{\partial C_2}\right)_T = -\frac{C_2}{RT}\times\frac{\gamma-\gamma_0}{c_2-0} = -\frac{\gamma-71.97\times10^{-3}}{RT} \quad (\mathrm{mol/m^2})$$

根据表面过剩的定义：

$$\Gamma_2 = \frac{4.013\times10^{-5}-4.000\times10^{-5}}{300\times10^{-4}} \quad (\mathrm{mol/m^2})$$

所以：

$$\frac{4.013\times10^{-5}-4.000\times10^{-5}}{300\times10^{-4}} = -\frac{\gamma-71.97\times10^{-3}}{8.314\times298}$$

$$\gamma = 61.27(\mathrm{mN/m})$$

● 【例 9-2】溶液的表面过剩

25℃时乙醇水溶液的表面张力服从 $\gamma = 72 - 0.5c + 0.2c^2$，其中，$c$ 是乙醇的浓度(mol/L)，试计算 $c = 0.50$mol/L 时乙醇的表面过剩(mol/cm^2)。

解：
$$\gamma = 72 - 0.5c + 0.2c^2$$

$$\frac{\partial\gamma}{\partial c} = -0.5 + 0.4\times0.5 = -0.3$$

$$\Gamma_2 = -\frac{c_2}{RT}\left(\frac{\partial\gamma}{\partial c_2}\right)_T = -\frac{0.50}{8.314\times298}\times(-0.3) = 6.05\times10^{-5} \quad (\mathrm{mol/m^2})$$

$$= 6.05\times10^{-11} \quad (\mathrm{mol/cm^2})$$

9.2.3 溶液的表面吸附

从图 9-1 表面活性剂的变化曲线看出，当表面活性剂浓度较低时，可以写出线性关系：

$$\gamma = \gamma_0 - Bc$$

式中，B 为斜率。根据此式得到：

$$\gamma_0 - \gamma = Bc$$

按照式(8-36)得表面压：

$$\pi = Bc \tag{9-18}$$

按照式(9-17)有：

$$\Gamma_2 = -\frac{c_2}{RT}\left(\frac{\partial \gamma}{\partial c_2}\right)_T = -\frac{c_2}{RT} \times \frac{\gamma - \gamma_0}{c_2 - 0} = \frac{\pi}{RT} = \frac{Bc}{RT} \tag{9-19}$$

由于 Γ_2 指单位表面积的表面层内溶质的表面过剩，所以表面层内 1mol 溶质分子所占的面积为：

$$A = \frac{1}{\Gamma_2}$$

近似将 Γ_2 看作单位表面积的表面层内溶质总物质的量，代入式(9-19)：

$$\frac{1}{A} = \frac{\pi}{RT}$$

即

$$\pi A = RT \tag{9-20}$$

两边同除以阿伏伽德罗常数 N_A：

$$\pi a = K_B T \tag{9-21}$$

式中，a 为 1 个分子所占的面积；K_B 为玻耳兹曼常数。式(9-20) 和式(9-21) 即二维理想气体状态方程。

当表面活性剂浓度继续增大至是非线性关系时，将式(9-2) Szyszkowski 经验公式微分后代入 Gibbs 公式得：

$$\Gamma_2 = \frac{\Gamma_m c}{a + c} \tag{9-22}$$

此即溶液吸附的吸附等温线，式中：

$$\Gamma_m = \frac{b\gamma_0}{RT} \tag{9-23}$$

当表面活性剂浓度增大至很高时，式(9-22) 变为：

$$\Gamma = \Gamma_m \tag{9-24}$$

当表面活性剂浓度很小时，式(9-22) 还原为式(9-19) 的线性关系。

9.3 表面活性剂

9.3.1 表面活性剂的特点、化学结构及类型

图 9-1 中能显著降低水的表面张力的一类物质就是表面活性剂。对此类物质有 $\left(\dfrac{\partial \gamma}{\partial c_2}\right) < 0$，根据 Gibbs 公式，表面活性剂溶液表面存在正吸附。表面活性剂的作用十分广泛，包括乳化、破乳、起泡、消泡、分散、絮凝、增溶、改变表面润湿性及阻垢缓蚀等。表面活性剂典型的分子结构特点是链状分子的一端有亲水的极性基团，另一端具有憎水的非极性基团，如图 9-5 所示，例如醇类 $CH_3-(CH_2)_n-OH$、酸类 $CH_3-(CH_2)_n-COOH$、胺类 $CH_3-(CH_2)_n-NH_2$ 等，因而表面活性剂分子在表面上总是发生定向吸附，亲水基伸向水中，而

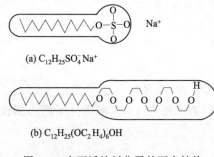

(a) $C_{12}H_{25}SO_4^- Na^+$

(b) $C_{12}H_{25}(OC_2H_4)_6OH$

图 9-5　表面活性剂分子的两亲结构

憎水基朝向空气。由于表面活性剂分子非极性基的憎水作用，表面活性剂分子在表面上定向排列，有利于减小表面分子所受垂直向下的合力，从而降低了水的表面张力，表面层内表面吸附的分子越多，则表面张力被降低得越多。当开始向水中加入少量表面活性剂时，由于浓度很稀，表面活性剂的碳链大致平躺在水面上，但两亲分子受到水分子的吸引和排斥，仍然有一定的取向，如图 9-6（a）所示。随着浓度增大，吸附量增大，碳氢链便越来越倾向于空气，如图 9-6（b）所示。在表面活性剂浓度很高时，表面活性剂分子在表面上形成"肩并肩"的排列，达到饱和吸附，如图 9-6（c）所示。表面活性剂根据其亲水基的特点可分为非离子型和离子型两类，在离子型中有阳离子型、阴离子型和两性型三种。

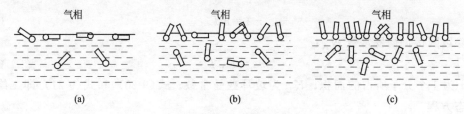

图 9-6　表面活性剂分子在液面上的定向排列

●【例 9-3】表面活性剂

在循环冷却水处理中常使用有机缓蚀剂，如有机胺类缓蚀剂、葡萄糖酸钠等，简述其作用原理。

答：在循环冷却水处理中常使用的有机缓蚀剂一般属于表面活性剂，是吸附模型缓蚀剂，其极性基团吸附于金属表面，改变了双电层结构，提高了金属离子化过程的活化能，而非极性基团远离金属表面作定向排列，形成一层疏水薄膜，成为腐蚀反应有关物质扩散屏障，使腐蚀反应受到抑制，特别是在腐蚀性强的酸性介质中。

9.3.2　胶团的形成

如上所述，表面活性剂能显著降低水的表面张力，图 9-7 就是其典型的关系曲线，有时候会发现在此关系曲线上还会出现极小值，如图 9-7 中虚线所示。

按照 Gibbs 公式对此曲线提出过两点疑问：①当浓度增大到一定值后，表面张力几乎不再改变，$\left(\dfrac{\partial \gamma}{\partial c_2}\right) \approx 0$，这是否意味着随着表面活性剂浓度的增大溶液表面的吸附量突然由正吸附变成了零吸附？②在极小值之后，表面张力随着浓度的增大反而上升，例如当以十二烷基硫酸钠作表面活性剂时，这是否意味着随着表面活性剂浓度的增大溶液表面的吸附量突然由正吸附变成了负吸附？以上两个怀疑实际上都是不可能的。以后的研究证实，之所以如此是因为表面活性剂可以形成胶团。

图 9-8 是胶团形成原理的示意图。在水中加入表面活性剂

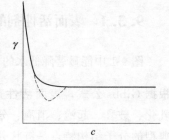

图 9-7　表面活性剂水溶液
γ-c 的典型关系曲线

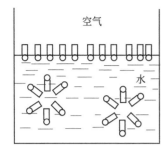

图 9-8　胶团形成原理

时，为尽可能多地降低体系的自由能，表面活性剂分子首先进入表面相，占据液体表面，随着表面相逐渐被充满，表面活性剂分子开始逐渐进入液体内部。由于表面活性剂分子非极性基的憎水作用，使进入液体内部的分子不能稳定存在于液体内部，于是多个分子缔合在一起，形成胶团或胶束，在胶团中，分子的碳氢链朝向内部，极性基朝外，形成了热力学稳定体系。表面活性剂分子所形成的胶团是可逆的，其大小处于胶体尺度范围。胶团开始形成的表面活性剂浓度称为临界胶团浓度（CMC），一般在 $0.001 \sim 0.02 mol/L$ 之间。表面活性剂的 CMC 越大，其亲水性越大，溶解度也越大。

胶团的大小可以用分子聚集数 n 表示，一般为 100 ± 50。降低温度，分子的热运动减弱，n 会变大。增大无机盐浓度，分子极性基之间的静电排斥力减弱，n 会变大。胶团的形状除了球形外，还有其他形状，如层状、腊肠状等。

根据胶团形成的原理，可对上述两个疑问解释如下。①当表面活性剂浓度增大到一定值后，加入的表面活性剂分子主要用于形成胶团，单个分子的数目增加并不多，因而表面张力下降并不明显，吸附量保持基本不变；②表面活性剂十二烷基硫酸钠中常混有十二醇，十二醇具有很强的表面活性，强烈吸附在溶液表面，使表面张力显著下降。当表面活性剂浓度增大到一定值后形成胶团，十二醇分子会从表面脱附而溶入胶团内部（增溶作用），引起表面张力发生一定程度的回升。

9.3.3　胶团对溶液性质的影响

表面活性剂稀溶液的性质与一般溶液的性质相同，但当表面活性剂浓度增大到 CMC 以上时，许多性质会偏离一般溶液的性质所遵循的变化规律，特别是依数性，即与质点数目相关的性质，会发生明显的偏离，这是因为在 CMC 后质点主要是以胶团的形式存在，胶团比分子大得多，质点的数目增加变缓。图 9-9 显示浊度、增溶能力、渗透压、表面张力、当量电导、去污能力、与油相的界面张力在 CMC 附近发生了转折，偏离了原有的变化规律。

从图 9-9 可以看出，表面活性剂溶液在 CMC 附近显示出增溶作用。例如，在一般条件下，苯在水中的溶解度为 $0.07 g/100g$ 水，但在 10% 的油酸钠表面活性剂的溶液中，苯的溶解度可达到 $7 g/100g$ 水。这是因为在 CMC 后形成了胶团，在胶团中大量表面活性剂分子的碳链朝向内部，胶团内部好像是"有机液体"一样，

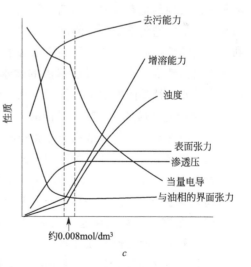

图 9-9　十二烷基硫酸钠水
溶液的性质与浓度的关系

根据相似相溶的原理，一些在水相中难溶的有机物会溶入胶团内部，引起溶解度增大。利用表面活性剂溶液的增溶作用，可加强对油污的洗涤作用，在高分子合成中实施乳液聚合。

9.3.4 表面活性剂溶解度和温度的关系

（1）离子型表面活性剂的 Krafft 温度

当温度升高时，离子型表面活性剂的溶解度随温度升高，达到 CMC 时，形成胶团，溶解度骤然升高，此时的温度称为 Krafft 温度，图 9-10 所示为烷基苯磺酸盐的溶解度与温度的关系，从图中可看出其 Krafft 温度。

（2）非离子型表面活性剂的浊点

当温度升高至某一定值时，表面活性剂溶液会变得浑浊起来，溶解度变小，此时的温度称为浊点。例如聚氧乙烯型表面活性剂溶解于水中时，分子中的—O—与水分子形成氢键，当温度升至浊点时，氢键遭到破坏，表面活性剂分子析出，溶液变得浑浊。一般来说，非离子型表面活性剂的亲水性越强，浊点越高，反之则浊点越低。所以可以用浊点的高低衡量非离子型表面活性剂的亲水、亲油性。

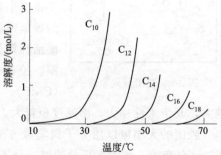

图 9-10　烷基苯磺酸盐的溶解度与温度的关系

9.3.5 影响表面活性剂性质的结构因素

表面活性剂分子中极性基团的亲水性越强，则表面活性剂的亲水性越强，反之则越弱。常见极性基团的亲水性按以下顺序依次降低：

$$-SO_4^- > -COO^- > -SO_3^- > NR_4^+ > -COO- > -COOH > OH > -O- > -CH_2-CH_2O-$$

亲水性强的表面活性剂一般适用于洗涤，如十二烷基苯磺酸钠常作为洗涤剂使用。亲水性弱的表面活性剂一般适用于消泡，如脂肪醇、醚类等化合物。环氧乙烷和环氧丙烷聚合成的非离子表面活性剂是有效的消泡剂。其机理是它们能使气泡之间的液膜变薄，导致气泡破裂。污水处理中常遇到难于处理的泡沫问题，比如淀粉废水中的泡沫使处理变得异常困难，所以利用表面活性剂消泡具有重要的应用价值。

表面活性剂分子中非极性基团的憎水性越强，则表面活性剂的憎水性越强，反之则越弱。常见非极性基团的憎水性按以下顺序依次降低：

烷烃基＞烯烃基＞带烷烃链的芳香烃基＞芳香烃基＞—CH$_2$—CH$_2$—CH$_2$O—

表面活性剂憎水基的结构与油相似有利于油的乳化，例如可以用带芳香烃基的表面活性剂乳化芳香族染料，用带脂肪链的表面活性剂乳化矿物油。

表面活性剂分子中极性基团和非极性基团的几何位置影响其性能。如果亲水基在分子末端，则去污能力强；如果亲水基在分子中部，则润湿渗透性能好。表面活性剂分子上带有支链，则润湿渗透性能好，不带有支链，则润湿渗透性能相对较差。

阴离子型表面活性剂在硬水中生成钙皂，在酸性溶液中析出酸或分解；阳离子表面活性剂不受水中硬度和酸的影响，季铵盐型表面活性剂还具有杀菌作用；非离子表面活性剂不受水中硬度和 pH 值的影响；两性表面活性剂在碱性溶液中为阴离子型，在酸性溶液中为阳离子型。

9.3.6 表面活性剂的毒性及对水生态环境的影响

目前表面活性剂在许多行业得到了广泛的应用，近年来在环境保护中的应用有了较大的突破。表面活性剂对水环境有两项重要的指标，即生物毒性和生物降解性。废水和污水中残留表面活性剂对水生生物的危害用半数致死浓度（LC_{50}，mg/L）表示，数值越小，毒性越大。鱼类能安全生存的表面活性剂浓度应在 0.5mg/L 以下，1～5mg/L 就会使敏感的鱼类死亡，1mg/L 就会使水蚤慢性中毒。与大多数阴离子表面活性剂和非离子表面活性剂相比，阳离子表面活性剂具有更高的毒性。它们对鱼类的 LC_{50} 48～96h 为 0.6～2.6mg/L，对水蚤的 LC_{50} 48h 为 0.16～1.06mg/L，5d 的抑藻浓度为 0.1～1.60mg/L。此外还应考虑表面活性剂在生物体内的累计，例如鱼在含 0.026mg/L 的阳离子表面活性剂二硬脂酰二甲基氯化铵柔软剂残液中生存 49d 后，在其食用部分中富集的浓度增至 4 倍多而在非食用部分中增至 260 倍，相当惊人。

表面活性剂随废水排入污水处理厂经处理后，大部分会被降解，但如果未被处理直接排入水体，其生物降解性就显得十分重要，研究开发易于生物降解的绿色表面活性剂品种具有很重要的意义。

第10章 固体的表面

固体和液体都有表面，但通常情况下固体表面的情况比液体表面要复杂得多。固体表面是各向异性的，除少数理想状态外，固体表面常处于热力学非平衡态，并且趋向于热力学平衡态的速度是极其缓慢的，一般不易观察到自发发生的变化。此外固体表面组成结构与其内部不同，存在各种类型的缺陷和弹性形变。到目前为止，还没有一种能直接测定固体表面张力的可靠实验方法，这给固体表面热力学的研究造成了极大困难。

吸附、过滤、反渗透及膜过滤等是水处理的重要方法，所用吸附剂、滤料及膜材料的表面在水处理中发挥着关键作用，对水处理效能有着重要的影响，所以研究固体表面性质对水处理有着重要的指导意义。

10.1 基本原理

固体表面与液体表面的不同之处是：液体表面的分子可以移动，表面收缩，且光滑均匀；而固体表面上的分子不能移动，表面不能收缩，且凹凸不平。固体表面与液体表面相同之处是：力场不饱和，存在表面自由能。固体表面自由能引起的后果如下。

（1）吸附

固体表面分子与液体表面分子一样，都受到了垂直向下的合力的作用，因而存在表面自由能。为降低表面自由能，液体可以收缩表面，固体却不能，但固体却可以通过表面吸附使垂直向下的合力得到一定程度的抵消，从而降低表面自由能。因此固体表面自由能存在的后果之一是表面吸附。

（2）小颗粒固体的蒸气压升高

将 Kelvin 公式（8-13）应用于固体：

$$RT \ln \frac{p_r}{p_0} = \frac{2\gamma M}{r\rho} = \frac{2\gamma V}{r}$$

式中，p_r 为小颗粒固体的平衡蒸气压；p_0 为大颗粒固体的平衡蒸气压，其余符号意义均同前。可见颗粒的半径越小，其平衡蒸气压越大，因而熔点就越低。

（3）小颗粒的溶解度升高

将 Kelvin 公式（8-13）应用于固体，将固体在溶剂中的溶解度看作是 Kelvin 公式中的蒸气压，则有：

$$RT \ln \frac{X_r}{X_0} = \frac{2\gamma M}{r\rho} = \frac{2\gamma V}{r}$$

式中，X_r 为小颗粒的溶解度；X_0 为大颗粒的溶解度。可见颗粒的半径越小，其溶解度越大，因此难溶物质从溶液中析出时，如果溶液中不存在较大的晶核，就会形成过饱和溶液。

化学沉淀法是水处理中常采用的方法，但有时沉淀不完全，或沉淀速度慢，根据 Kelvin 公式，可向水中投入适宜的晶核物质，降低其溶解度，促进沉淀，改善处理效果，该法称为

"诱导结晶法"。

10.2 固体表面对气体的吸附

10.2.1 物理吸附和化学吸附

固体对气体的吸附分为物理吸附和化学吸附。物理吸附的吸附作用力是范德华力，化学吸附的吸附作用力是化学键。表 10-1 列出了物理吸附与化学吸附的主要区别。

表 10-1 物理吸附与化学吸附的主要区别

性　质	物理吸附	化学吸附
吸附力	范德华引力	化学键
吸附热	近于液化热	近于化学反应热
选择性	无	有
可逆性	可逆	不可逆
吸附速度	快,不需活化能	慢,常需活化能
吸附层数	单层或多层	单层
吸满单层的压力	$p/p_0 \approx 0.1$	$p/p_0 \ll 0.1$
吸附温度	吸附物沸点附近或以下	远高于吸附物沸点

虽然物理吸附与化学吸附有许多不同，但在区别二者时，以可逆性和吸附热进行判别最为明显。从表 10-1 可见，物理吸附是可逆吸附，而化学吸附是不可逆吸附，物理吸附的吸附热较小，近于液化热，而化学吸附的吸附热较高，近于化学反应热。

10.2.2 吸附热力学

（1）影响因素

吸附热力学研究吸附平衡的问题。影响吸附平衡的因素有温度、溶解度和物质的极性、吸附剂孔径等。

① 温度　由于一般情况下，吸附是放热过程，所以温度升高时，吸附量下降。对于一些溶解度很有限的物质，当温度升高时，溶解度升高，导致吸附量会升高。

② 溶解度　物质的溶解度越小，越容易被吸附，吸附量就越高。

③ 物质的极性　极性吸附剂容易吸附极性溶质，非极性吸附剂容易吸附非极性溶质；极性溶质容易自非极性溶剂中被吸附，非极性溶质容易自极性溶剂中被吸附。在图 10-1 中的活性炭是非极性吸附剂，脂肪酸的碳链越长，非极性就越强，就越容易从极性溶剂水中被吸附。在图 10-2 中硅胶是极性吸附剂，脂肪醇的碳链越短，极性就越强，就越容易从非极性溶剂四氯化碳中被吸附。图 10-3 显示，活性炭对四氯化碳中极性较强的脂肪酸吸附作用更强，这是因为活性炭虽然相对于水是非极性吸附剂，但相对于四氯化碳却是极性吸附剂。

④ 吸附剂的孔径　孔径的大小不仅影响吸附速度，也影响吸附平衡。当孔径相对较小时，碳链较短的溶质容易填充在微孔中导致吸附量相对较大，碳链较长的溶质不易填充在微孔中导致吸附量相对较小，这与上述极性作用规律相反。在孔径足够大时，显示上述极性规律。

（2）吸附热

热力学原理告诉我们，对等温条件下的变化有：

$$\Delta G = \Delta H - T \Delta S \tag{10-1}$$

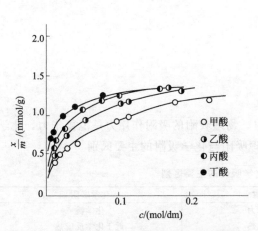

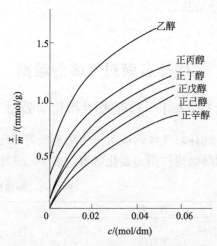

图 10-1　400℃活性炭自水溶液中吸附脂肪酸　　　　图 10-2　硅胶自四氯化碳中吸附脂肪醇

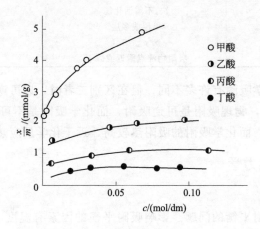

图 10-3　400℃活性炭自四氯化碳中吸附脂肪酸

式中，G 为自由能；H 为焓；T 为热力学温度；S 为熵。对自发过程有：

$$\Delta G < 0 \tag{10-2}$$

当发生吸附时，气体分子从三维空间转移到了固体表面，混乱度会减小，即

$$\Delta S < 0$$

所以：

$$-T\Delta S > 0$$

必然有：

$$\Delta H < 0$$

所以吸附是放热过程。但这一结论只是对惰性吸附剂才是正确的。对于化学吸附，吸附剂表面原子经受了化学变化，因此 ΔS 中应包含这部分贡献，结果在少数情况下，ΔS 可以是正值，因而 ΔH 也可能为正；对于自溶液中的吸附，由于伴随着去溶剂化的作用，ΔS 往往可以是正的。

吸附热的数值可以用描述液气平衡的 Clausius-Clapeyron 方程计算得出：

$$\left(\frac{\partial \ln P}{\partial T}\right)_{\mathrm{V}} = \frac{-\Delta H}{RT^2} = \frac{Q}{RT^2} \tag{10-3}$$

式中，ΔH 为吸附的热效应；$Q = -\Delta H$，为等量吸附热。将式(10-3) 积分得：

$$\Delta H = \frac{RT_1 T_2}{T_2 - T_1} \times \ln \frac{P_1}{P_2} \tag{10-4}$$

代入两个温度及其平衡压力即可得吸附热。

10.2.3　吸附等温线

吸附量是压力和温度的函数，即

$$V = f(P, T) \tag{10-5}$$

式中，V 为吸附量（可以用被吸附气体在标准状况下的体积表示）；P 为气体的压力；T 为吸附发生时体系的热力学温度。当温度恒定时，吸附量仅是压力的函数：

$$V = f(P) \tag{10-6}$$

由此式以吸附量对压力作图，得吸附等温线。在实际中存在 5 种吸附等温线，如图 10-4 所示。

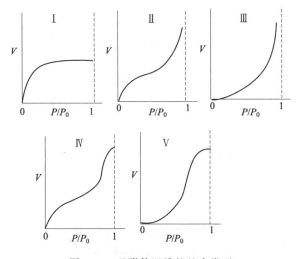

图 10-4　吸附等温线的基本类型

经过长期研究，得到了数种吸附等温线的数学模型，成为研究吸附的有力工具。以下分别进行介绍。

10.2.4　Langmuir 单分子层吸附理论

Langmuir 单分子层吸附理论适用于化学吸附及低压高温时的物理吸附。推导如下。

设每秒内有 μ 个气体分子碰撞了面积为 1cm^2 的固体表面，其中有 $a\mu$ 个气体分子被吸附（a 为比例系数），又设每秒内有 ν 个气体分子离开了 1cm^2 固体表面，再设 Γ 为吸附分子在固体表面上的浓度（cm^{-2}）。吸附速度则可表示为：

$$\frac{\mathrm{d}\Gamma}{\mathrm{d}t} = a\mu - \nu \tag{10-7}$$

吸附达平衡时有：

$$\frac{\mathrm{d}\Gamma}{\mathrm{d}t} = 0$$

$$a\mu = \nu$$

若 1 个分子被吸附时放出的热量为 q，则固体表面上被吸附分子中能量超过 q 的分子会脱离表面，它们在 $1cm^2$ 的固体表面上被吸附分子总数中的比例可以按 Boltzmann 定律计算，所以有：

$$\nu = k_0 e^{-\frac{q}{K_B T}} \tag{10-8}$$

式中，k_0 为比例系数。根据分子运动论可知：

$$\mu = \frac{P}{(2\pi m K_B T)^{\frac{1}{2}}} \tag{10-9}$$

式中，P 为气体的压力，m 为分子的质量。假设存在理想状况：①被吸附分子间无相互作用力；②固体表面处处均匀，即吸附强度处处相等；③仅发生单分子层吸附。若 θ 是覆盖度（即吸附分子所占据的吸附位数目在所有吸附位数目中所占比例），ν_1 是 θ 等于 1 时分子脱离固体表面的速度，a_0 是 $\theta = 0$ 时的 a，则有以下线性关系：

$$\nu = \nu_1 \theta \tag{10-10}$$

$$a\mu = a_0 (1-\theta)\mu \tag{10-11}$$

吸附达平衡时有：

$$a_0 (1-\theta)\mu = \nu_1 \theta$$

$$\theta = \frac{\frac{a_0}{\nu_1}\mu}{1 + \frac{a_0}{\nu_1}\mu}$$

将式(10-8) 和式(10-9) 代入上式得：

$$\theta = \frac{\frac{a_0}{k_0 e^{-\frac{q}{K_B T}} (2\pi m K_B T)^{\frac{1}{2}}}P}{1 + \frac{a_0}{k_0 e^{-\frac{q}{kT}} (2\pi m K_B T)^{\frac{1}{2}}}P}$$

令

$$b = \frac{a_0}{k_0 e^{-\frac{q}{K_B T}} (2\pi m K_B T)^{\frac{1}{2}}} \tag{10-12}$$

则

$$\theta = \frac{bP}{1+bP} \tag{10-13}$$

式中，b 为吸附系数。式(10-13) 即 Langmuir 吸附等温式。从式 (10-12) 看出，吸附热 q 越大，则 b 值越大，所以吸附系数 b 表示吸附作用的强度。

如果以 V 表示吸附量，V_m 表示饱和吸附量，覆盖度 θ 则可以表示为 V 与 V_m 之比，所以有：

$$\frac{V}{V_m} = \frac{bP}{1+bP}$$

$$V = \frac{V_m bP}{1+bP} \tag{10-14}$$

式(10-14) 是 Langmuir 吸附等温式最常用的形式。当 b 很小或 P 很小时，式(10-14) 可化为：

$$V = V_m bP$$

当 b 很大或 P 很大时，式(10-14) 可化为：

$$V = V_m$$

Langmuir 吸附等温式的图形是图 10-4 中的第Ⅰ种类型。经适当的变化可以得到 Langmuir 吸附等温式的直线式：

$$\frac{P}{V} = \frac{1}{V_m b} + \frac{P}{V_m} \tag{10-15}$$

在实验的基础上，以 $\dfrac{P}{V}$ 对 P 作图为直线：

$$斜率 = \frac{1}{V_m}$$

$$截距 = \frac{1}{V_m b}$$

将以上二式联立可求得饱和吸附量 V_m 和吸附系数 b。也可用 Excel 软件作线性回归分析，得到直线及复相关系数 R^2，用 R^2 值的大小判定拟合程度的大小，即实验对象对 Langmuir 吸附等温式的符合程度，R^2 的值越接近于 1，则拟合程度越大，即实验对象对 Langmuir 吸附等温式的符合程度越高。

事实上 Langmuir 吸附等温式与一些单分子层吸附的实验数据符合程度并不完美，原因在于理论推导时，做了不符合实际的理想化的假设。实际上固体表面上被吸附分子间存在着相互作用力，吸附时随着吸附量逐渐增大，表面上被吸附分子浓度逐渐增大，分子之间的作用力逐渐增大，吸附发生的难易程度会随之发生变化。而脱附时表面上被吸附分子浓度逐渐减小，分子之间的作用力逐渐减小，脱附发生的难易程度也会随之发生变化；此外固体表面并非均匀，吸附初期分子总是优先占据活性较高的吸附位，吸附较易发生，吸附后期分子只能占据活性较低的吸附位，吸附较难发生。在脱附初期分子总是先离开活性较低的吸附位，脱附较易发生，在脱附后期分子只能离开活性较高的吸附位，脱附较难发生。由于以上原因，式(10-10) 和式(10-11) 所表示的线性关系并不完全正确，导致了公式与某些实际情况不符。

若根据表面的不均匀性将表面分为 i 种，各有其相应的单分子层饱和吸附量 $V_{m,i}$ 及 b_i、q_i，Langmuir 认为这时吸附等温式可写为：

$$V = \sum_i \frac{V_{m,i} b_i P}{1 + b_i P} \tag{10-16}$$

式中，$V_{m,i}$ 加和应等于 V_m，这样做可以提高与实际的符合程度。

● 【例 10-1】Langmuir 吸附等温式

0℃时在不同的氮气压力下，1g 活性炭吸附氮气的体积（换算为标准状态）如下：

P/Pa	57.2	161	523	1728	3053	4527	7484	10310
$V/(mL/g)$	0.111	0.298	0.987	3.043	5.082	7.047	10.31	13.05

试用 Langmuir 吸附等温式表示结果。

解：Langmuir 吸附等温式的直线式：

$$\frac{P}{V} = \frac{1}{V_m b} + \frac{P}{V_m}$$

将题设数据换算为：

P/Pa	57.2	161	523	1728	3053	4527	7484	10310
$(P/V)/(\text{Pa} \cdot \text{g/mL})$	515	540	530	568	601	642	726	790

用 Excel 软件做线性回归得到 P/V-P 图如下：

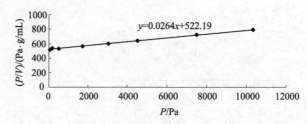

由此求得：

$$截距 = \frac{1}{V_m b} = 522 (\text{Pa} \cdot \text{g/mL})$$

$$斜率 = \frac{1}{V_m} = 0.0264 (\text{g/mL})$$

所以：

$$V_m = 37.8\text{mL/g}, \quad b = 5.07 \times 10^{-5}\text{Pa}$$

在此基础上 Langmuir 吸附等温式可表示为：

$$V = \frac{b V_m P}{1 + bP} = \frac{1.91 \times 10^{-3} P}{1 + 5.07 \times 10^{-5} P}$$

● 【例 10-2】Langmuir 吸附等温式

推导 A、B 两种吸附质在同一表面上吸附，即混合吸附时的吸附等温式。

解：A 的吸附速率： $\quad r_a = k_a P_A (1 - \theta_A - \theta_B)$

A 的脱附速率： $\quad r_d = k_d \theta_A$

式中，k_a、k_b 分别为吸附速率常数和脱附速率常数。

达到吸附平衡时 $r_a = r_d$：

$$k_d \theta_A = k_a P_A (1 - \theta_A - \theta_B)$$

两边同除以 k_d，且令 $b_A = \dfrac{k_a}{k_d}$，则：

$$\frac{\theta_A}{1 - \theta_A - \theta_B} = b_A P_A \tag{ⅰ}$$

同理可得：

$$\frac{\theta_B}{1 - \theta_A - \theta_B} = b_B P_B \tag{ⅱ}$$

将式（ⅰ）和式（ⅱ）联立可得：

$$\theta_A = \frac{b_A P_A}{1 + b_A P_A + b_B P_B}$$

$$\theta_B = \frac{b_B P_B}{1 + b_A P_A + b_B P_B}$$

即

$$\theta_i = \frac{b_i P_i}{1 + \sum\limits_i b_i P_i}$$

因为：

$$\theta_i = \frac{V_i}{V_{m,i}}$$

所以混合吸附的等温式为：

$$V_i = \frac{V_{m,i} b_i P_i}{1 + \sum\limits_i b_i P_i}$$

10.2.5 Temkin 吸附等温式

在实际情况下，表面并不均匀，所以设吸附热随 θ 的增大直线下降，即

$$q = q_0(1 - \alpha\theta) \tag{10-17}$$

式中，q_0 为起始吸附热，即 $\theta = 0$ 时的吸附热；α 为常数。由式(10-10) 和式(10-11) 得到在吸附达平衡时：

$$a_0(1-\theta)\mu = \nu_1\theta \tag{10-18}$$

则

$$\frac{\theta}{1-\theta} = \frac{a_0\mu}{\nu_1}$$

代入式(10-8) 和式(10-9) 得：

$$\frac{\theta}{1-\theta} = \frac{a_0}{k_0 \exp\left(-\dfrac{q}{K_B T}\right)(2\pi m K_B T)^{\frac{1}{2}}} P$$

代入式(10-17) 得：

$$\frac{\theta}{1-\theta} = \frac{a_0 \exp\left(\dfrac{q_0}{K_B T}\right)}{k_0 \exp\left(\dfrac{q_0\alpha\theta}{K_B T}\right)(2\pi m K_B T)^{\frac{1}{2}}} P$$

令

$$B_0 = \frac{a_0 \exp\left(\dfrac{q_0}{K_B T}\right)}{k_0 (2\pi m K_B T)^{\frac{1}{2}}}$$

则有：

$$\frac{\theta}{1-\theta} = \frac{B_0}{\exp\left(\dfrac{q_0\alpha\theta}{K_B T}\right)} P$$

取对数得：

$$\ln P = -\ln B_0 + \frac{q_0\alpha\theta}{K_B T} + \ln\frac{\theta}{1-\theta} \tag{10-19}$$

对于化学吸附，通常 $q_0\alpha \gg RT$，并当 θ 在 $0.2 \sim 0.8$ 的范围内，$\ln[\theta/(1-\theta)]$ 随 θ 的变化不大。因此 $\ln P$ 的变化主要由 $q_0\alpha\theta/K_B T$ 决定，这样式(10-19) 可化简为：

$$\theta=\frac{K_{B}T}{q_{0}\alpha}\ln B_{0}P \tag{10-20}$$

代入
$$\theta=\frac{V}{V_{m}}$$

合并常数，分子分母同乘以阿伏伽德罗数 N_{A} 得 Temkin 模型的线性式：

$$V=\frac{RT}{b_{T}}\ln B_{0}+\frac{RT}{b_{T}}\ln P \tag{10-21}$$

式中，b_{T} 为 Temkin 常数（J/mol），与吸附热有关。这就是 Temkin 公式，不管吸附是否解离，表面是否均一，所得结果都一样，若式（10-21）可以应用，则以 θ 或 V 对 $\ln P$ 作图应得直线。但当 θ 接近 0 和 1 时，显然此式不能用。

10.2.6　Freundlich 吸附等温式

Freundlich 吸附等温式在提出时是一个经验式，适用于物理吸附和化学吸附。Freundlich 吸附等温式的简单形式及广泛适用性使其具有很高的实用价值。其形式如下：

$$V=KP^{\frac{1}{n}} \tag{10-22}$$

式中，V 为吸附量；K 和 n 都为经验常数，没有明确的物理意义，无饱和吸附量。经过了多位科学家的系统总结，认为 K 是 Freundlich 吸附常数，与吸附相互作用和吸附量有关，$1/n$ 是 Freundlich 指数系数，反映了吸附作用强度。将该式取对数得到其直线式：

$$\lg V=\lg K+\frac{1}{n}\lg P \tag{10-23}$$

以 $\lg V$ 对 $\lg P$ 作图，应为直线：

$$斜率=\frac{1}{n}$$

$$截距=\lg K$$

根据直线的斜率和截距可得 K 和 n 的数值。也可用 Excel 软件作线性回归分析，得到直线及复相关系数 R^{2}，用 R^{2} 的大小判定拟合程度的大小，即实验对象对 Freundlich 吸附等温式的符合程度。

一个经验式获得了广泛的应用，其中必有科学的渊源，故引起了大家的关注。以后的研究发现 Freundlich 方程可以从理论上用几种方法推导得出。此处介绍 Halsey-Taylor 方法如下。

以 Langmuir 公式为基础，但认为固体表面活性应是不均一的，不同吸附中心的吸附强弱应随 θ 而变，覆盖度 θ 及表征活性的吸附系数 b 应是吸附热 q 的函数。将固体表面分成许多区域，每个区域服从 Langmuir 公式，则有：

$$\theta(q)=\frac{b(q)P}{1+b(q)P} \tag{10-24}$$

式中，吸附热 $q=-\Delta H_{m}$，为摩尔吸附焓的负值，总表面覆盖度为：

$$\theta=\int_{0}^{\infty}n(q)\theta(q)\mathrm{d}q=\int_{0}^{\infty}\frac{n(q)b(q)P}{1+b(q)P}\mathrm{d}q \tag{10-25}$$

式中，$n(q)$ 为吸附热在 $q\longrightarrow q+\mathrm{d}q$ 区间的吸附中心在总吸附中心中所占的分数。设函数

$n(q)$ 是连续的，且可以用下式描述：

$$n(q)=n_0\exp\left(-\frac{q}{q_{\mathrm{m}}}\right) \tag{10-26}$$

式中，n_0、q_{m} 是两个特性常数。此式的意义是吸附中心的分布是按活性增高呈指数减少规律。

在 Langmuir 公式推导中的 b 为常数，统计力学推导可表明：

$$b=A_0\exp\left(-\frac{\Delta H_{\mathrm{m}}}{RT}\right) \tag{10-27}$$

将式(10-27) 和式(10-26) 代入式(10-25) 得：

$$\theta=\int_0^\infty\frac{n_0\exp\left(\dfrac{-q}{q_{\mathrm{m}}}\right)}{1+\dfrac{\exp\left[\dfrac{-q}{RT}\right]}{A_0P}}\mathrm{d}q \tag{10-28}$$

式(10-28) 在 $q\gg\pi RT$ 时可积分得：

$$\theta=(A_0P)^{\frac{RT}{q_{\mathrm{m}}}}n_0q_{\mathrm{m}} \tag{10-29}$$

两边取对数得：

$$RT\ln(A_0P)=q_{\mathrm{m}}\ln\theta-q_{\mathrm{m}}\ln(n_0q_{\mathrm{m}}) \tag{10-30}$$

在保持 θ 不变下对温度求导得：

$$RT\ln(A_0P)+RT^2\left(\frac{\partial\ln P}{\partial T}\right)=0 \tag{10-31}$$

Clapeyron-Clausius 方程为：

$$\frac{\partial\ln P}{\partial T}=\frac{\Delta H_{\mathrm{m}}}{RT^2} \tag{10-32}$$

由此式得：

$$q=RT^2\frac{\partial\ln P}{\partial T} \tag{10-33}$$

将式(10-33) 代入式(10-31) 得：

$$q=-RT\ln(A_0P) \tag{10-34}$$

将式(10-30) 代入式(10-34) 得：

$$q=-q_{\mathrm{m}}\ln\theta+q_{\mathrm{m}}\ln(n_0q_{\mathrm{m}}) \tag{10-35}$$

由式(10-29) 和式(10-35) 看出，当 $P=1/A_0$ 时，$\theta=n_0q_{\mathrm{m}}$，此时 $q=0$；而当 $P>1/A_0$ 时，$\theta>n_0q_{\mathrm{m}}$，此时 $q<0$，然而热力学认为，吸附是放热的，所以 $P>1/A$ 是不符合热力学的，这就意味着 $P=1/A_0$ 是吸附饱和的压力，相应的覆盖度应是 $n_0q_{\mathrm{m}}=1$，于是由式(10-29) 得到：

$$\theta=(A_0P)^{\frac{RT}{q_{\mathrm{m}}}} \tag{10-36}$$

此即 Freundlich 方程，因为 $\theta=V/V_{\mathrm{m}}$，代入式(10-36) 可得：

$$V=V_{\mathrm{m}}A_0^{\frac{RT}{q_{\mathrm{m}}}}P^{\frac{RT}{q_{\mathrm{m}}}}$$

并合并常数项可得到 $V = kP^{\frac{1}{n}}$，式中，$1/n$ 是与吸附强度有关的常数。由此可见，这个等温式的覆盖度 θ 并非随压力 P 的增大而不断地增大，而是存在一个饱和吸附量。此外因 $n_0 q_m = 1$，由式(10-35) 还可以得到：

$$q = -q_m \ln\theta$$

上式意味着吸附热随覆盖度的增大而指数减小。推导说明 Freundlich 方程对应了这样一个模型：固体表面的活性是不均一的；吸附是单分子层的；被吸附分子是定域的，且彼此之间没有作用力。

10.2.7　BET 多分子层吸附理论

BET 多分子层吸附理论适用于物理吸附。推导如下。

设固体表面上无吸附的面积为 S_0，被一层吸附分子吸附覆盖的面积为 S_1，被二层吸附分子覆盖的面积为 S_2，……，被 i 层吸附分子覆盖的面积为 S_i。

吸附平衡时空白面积一定，所以第一吸附层形成的速度一定等于第一吸附层解析的速度，则有：

$$a_1 P S_0 = b_1 S_1 e^{\frac{-E_1}{RT}}$$

式中，左边是第一吸附层形成的速度，其中 a_1 为第一层吸附速率常数，P 为被吸附气体的压力；右边是第一吸附层脱附的速度，其中 b_1 为第一吸附层脱附速率常数，E_1 为固气吸附热，$e^{\frac{-E_1}{RT}}$ 为按照 Boltzmann 定律计算的能量超过固气吸附热的分子所占比率，这部分分子因其能量超过固气吸附热，所以可以从固体表面脱附。由此得：

$$S_1 = \left(\frac{a_1}{b_1}\right) P e^{\frac{E_1}{RT}} S_0 \tag{10-37}$$

吸附平衡时被一层吸附分子覆盖的面积一定，所以第二吸附层形成的速度一定等于第二吸附层解析的速度，则有：

$$a_2 P S_1 = b_2 S_2 e^{\frac{-E_2}{RT}}$$

式中，左边是第二吸附层形成的速度，其中 a_2 为第二层吸附速率常数，P 为被吸附气体的压力；右边是第二吸附层脱附的速度，其中 b_2 为第二吸附层脱附速率常数，E_2 为液液吸附热，即液化热，$e^{\frac{-E_2}{RT}}$ 为按照 Boltzmann 定律计算的能量在液化热以上分子所占比率，这部分分子因其能量超过液液吸附热，所以可以从第一层表面脱附。由此得：

$$S_2 = \left(\frac{a_2}{b_2}\right) P e^{\frac{E_2}{RT}} S_1 \tag{10-38}$$

同理：

$$S_3 = \left(\frac{a_3}{b_3}\right) P e^{\frac{E_3}{RT}} S_2 \tag{10-39}$$

$$\cdots$$

$$S_i = \left(\frac{a_i}{b_i}\right) P e^{\frac{E_i}{RT}} S_{i-1} \tag{10-40}$$

式中，E_l 为液化热；$E_l = E_2 = E_3 \cdots = E_i$。由此得到：

$$吸附剂总面积 A = \sum_{i=0}^{\infty} S_i \tag{10-41}$$

$$吸附量 V = V_0 \sum_{i=0}^{\infty} i S_i \tag{10-42}$$

式中，V_0 为单位面积单分子层饱和吸附量。以式(10-42)除以式(10-41)得：

$$\frac{V}{AV_0} = \frac{\sum_{i=0}^{\infty} i S_i}{\sum_{i=0}^{\infty} S_i}$$

$$\frac{V}{V_m} = \frac{\sum_{i=0}^{\infty} i S_i}{\sum_{i=0}^{\infty} S_i} \tag{10-43}$$

式中，V_m 为单分子层饱和吸附量。下面的关键就是求出 S_i。

设
$$E_2 = E_3 = \cdots = E_i = E_1 (液化热)$$

（需要说明的是第一层的吸附作用是固体表面与被吸附分子间的作用，所以 E_1 不等于液化热 E_1）

再设
$$\frac{b_2}{a_2} = \frac{b_3}{a_3} = \cdots = \frac{b_i}{a_i} = g \tag{10-44}$$

$$y = \left(\frac{a_1}{b_1}\right) P e^{\frac{E_1}{RT}} \tag{10-45}$$

$$x = \left(\frac{a_i}{b_i}\right) P e^{\frac{E_1}{RT}} = \left(\frac{P}{g}\right) e^{\frac{E_1}{RT}} \tag{10-46}$$

$$c = y x^{-1} = \left(\frac{\alpha_1 g}{b_1}\right) e^{\frac{(E_1 - E_1)}{RT}} \tag{10-47}$$

从式(10-37)～式(10-40)得到：

$$S_1 = y S_0$$
$$S_2 = x S_1$$
$$S_3 = x S_2 = x^2 S_1$$
$$\cdots$$
$$S_i = x^{i-1} S_1 = y x^{i-1} S_0 = c x^i S_0 \tag{10-48}$$

将式(10-48)代入式(10-43)得：

$$\frac{V}{V_m} = \frac{c S_0 \sum_{i=0}^{\infty} i x^i}{S_0 \left(1 + c \sum_{i=1}^{\infty} x^i\right)} \tag{10-49}$$

式(10-49)右边分母中括号内加 1 是因为空白面积不能用式(10-48)计算。分母中的加和是一个无穷几何级数的和：

$$\sum_{i=1}^{\infty} x^i = \frac{x}{1-x} \tag{10-50}$$

分子中的加和为：

$$\sum_{i=1}^{\infty} i x^i = x \frac{\mathrm{d}}{\mathrm{d}x} \sum_{i=1}^{\infty} x^i = \frac{x}{(1-x)^2} \tag{10-51}$$

将式(10-50) 和式(10-51) 代入式(10-49) 得：

$$\frac{V}{V_m} = \frac{cx}{(1-x)(1-x+cx)} \tag{10-52}$$

式(10-52) 中 x 的求法如下：

当 $P \to P_0$（饱和蒸气压）时，$V \to \infty$；

从式(10-52) 看出，当 $x \to 1$ 时，$V \to \infty$；

所以 $P = P_0$ 时，$x = 1$。

于是由 x 的定义式(10-46) 得：

$$x = \left(\frac{a_i}{b_i}\right) P_0 \mathrm{e}^{\frac{E_1}{RT}} = \left(\frac{P_0}{g}\right) \mathrm{e}^{\frac{E_1}{RT}} = 1$$

因为任何数量除以 1 总是不变，则有

$$x = \frac{\left(\dfrac{P}{g}\right) \mathrm{e}^{\frac{E_1}{RT}}}{\left(\dfrac{P_0}{g}\right) \mathrm{e}^{\frac{E_1}{RT}}} = \frac{P}{P_0} \tag{10-53}$$

将式(10-53) 代入式(10-52) 得：

$$V = \frac{V_m c P}{(P_0 - P)\left[1 + (c-1)\dfrac{P}{P_0}\right]} \tag{10-54}$$

式中，V 为气体分压为 P 时的吸附量；V_m 为单层饱和吸附量；c 为吸附系数。式(10-54) 为著名的多分子层吸附的 BET 二常数公式。从 c 的定义式(10-47) 可以看出它是吸附热的函数，代表气固作用的强度。c 的大小对吸附等温线的形状有重要影响，如图 10-5 所示。

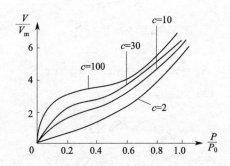

图 10-5　吸附系数 c 值对吸附等温线形状的影响

当吸附系数 c 的值很大时，固气作用强，优先发生固气吸附，在 $P \ll P_0$ 的范围内就可完成第一层吸附，之后开始其他层的吸附，如图 10-5 中 $c=100$ 的曲线所示，其等温式简化如下：

$$V=\frac{V_m cP}{(P_0-P)\left[1+(c-1)\dfrac{P}{P_0}\right]}\approx V_m\frac{cP}{P_0\left(1+c\dfrac{P}{P_0}\right)}=\frac{V_m cP}{P_0+cP}=\frac{V_m bP}{1+bP}$$

式中，$b=\dfrac{c}{P_0}$，此即 Langmuir 吸附等温式。

当 c 较小时，固气作用较弱，在发生固气吸附的同时，其他层的吸附也会发生，Langmuir 吸附等温线的平台消失，如图 10-5 中 $c=30$、$c=10$、$c=2$ 的曲线所示。

BET 式代表图 10-4 中 Ⅰ、Ⅱ、Ⅲ 类吸附等温线。将 BET 式重置后取倒数，得直线式：

$$\frac{P}{V(P_0-P)}=\frac{1+(c-1)\dfrac{P}{P_0}}{V_m c}=\frac{1}{V_m c}+\frac{c-1}{V_m c}\times\frac{P}{P_0} \tag{10-55}$$

以 $\dfrac{P}{V(P_0-P)}$ 对 $\dfrac{P}{P_0}$ 作图得直线：

$$斜率=\frac{c-1}{V_m c}$$

$$截距=\frac{1}{V_m c}$$

联立求解得单分子层饱和吸附量和吸附系数。也可用 Excel 软件作回归分析，得到直线及复相关系数 R^2，根据复相关系数的大小可判定拟合程度的大小，也就是实验对象对 BET 吸附等温式的符合程度。如果用吸附分子（如 N_2）的横截面积乘以单分子层饱和吸附量，就可得到固体的比表面积。

BET 多分子层吸附等温式与实际情况尚有一定的偏差，原因是在其推导过程中假设吸附热为常数，同时表面上所吸附的分子间无相互作用力，这都与实际情况不符，特别是后者与多分子层吸附的假设相矛盾，如果吸附分子间无相互作用，则第二层以上的吸附不能发生。

● 【例 10-3】BET 多分子层吸附等温式

用 BET 二常数公式直线式处理 77K 时氮在某固体样品上的吸附数据，得到截距为 0.005g/mL，斜率为 1.50g/mL，计算单层饱和吸附量 V_m 和比表面 S，再计算第一层的吸附热（设氮的凝聚热为 5.43kJ/mol）。

解：由式(10-55) 得：

$$\frac{P}{V(P_0-P)}=\frac{1}{V_m c}+\frac{c-1}{V_m c}\times\frac{P}{P_0}$$

以上式等号左项对 P/P_0 作图得直线，由直线的斜率和截距得：

$$V_m=\frac{1}{截距+斜率}=\frac{1}{0.005+1.50}=0.664\ (\text{mL/g})$$

$$S=\frac{N_A V_m \sigma_m}{22400}=\frac{6.02\times10^{23}\times0.664\times0.162\times10^{-18}}{22400}=2.89\ (\text{m}^2/\text{g})$$

$$c=\left(\frac{斜率}{截距}\right)+1=301$$

由 BET 公式推导知：

$$c = \exp \left[(E_1 - E_1)/RT\right]$$

式中，E_1 为第一层的吸附热；E_1 为吸附质液化热，将题设 $E_1 = 5.43$kJ/mol 代入得：

$$E_1 = RT \ln c + E_1 = 9092 \ (\text{J/mol})$$

10.2.8 Polanyi 吸附势能理论和 D-R 公式

Polanyi 吸附势能理论不涉及吸附的具体物理图像，即对固体表面是否均匀、吸附层数均未做任何假设。该理论认为：

（1）固体表面附近的空间内存在吸附力场，气体分子一旦落入此空间即被吸附，这一空间称为吸附空间；

（2）在吸附空间内任意位置均存在吸附势，此吸附势即为吸附自由能，吸附势的定义是将 1mol 气体从吸附空间外吸附到吸附空间中某一位置所做的等温可逆非体积功，吸附势常用 ε 表示。距表面 x 点处之吸附势 ε_x 按热力学应为：

$$\varepsilon_x = -\Delta G = \int_P^{P_0} V \mathrm{d}P = RT \ln \frac{P_0}{P} \tag{10-56}$$

式中，P 为气体的平衡压力；P_0 为实验温度 T 时的饱和蒸气压（因吸附膜是液体的）；V 为吸附质摩尔体积。在吸附空间内，吸附势相等的点连成的面称为等势面，各等势面与固体表面所夹体积为吸附体积（即为吸附量），若设距表面 x 点处的等势面与固体表面所夹体积为 V_x（吸附体积），它与实测吸附量 a（mol）的关系为：

$$V_x = aM/\rho = a\bar{V} \tag{10-57}$$

式中，M 为吸附质摩尔质量；ρ 为试验温度下吸附质液态密度；$\bar{V}$ 为液态吸附质摩尔体积。式(10-56) 和式(10-57) 是吸附势理论的基本公式。

（3）按照假设，吸附势和吸附势按吸附空间分布的特性曲线都与温度无关。因而 ε 与 V 的关系曲线称为该吸附质-吸附剂体系的特性曲线。图 10-6 是 5 个温度下 CO_2 在炭上吸附的特性曲线。实质上特性曲线就是吸附等温线，因为 ε 是 P 的函数，而 V_x 与吸附量 a 有

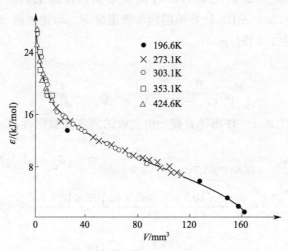

图 10-6　CO_2 在炭上吸附的特性曲线

关［见式(10-56) 和式(10-57)］。特性曲线与温度无关这一特点使得可以由一个温度下的等温线数据给出的特性曲线出发，改变温度求出相应温度下的平衡压力和吸附量。图 10-7 中 CO_2 吸附等温线数据点为实测值，实线是根据 273.1K 实测等温线数据得出的特性曲线计算出的。

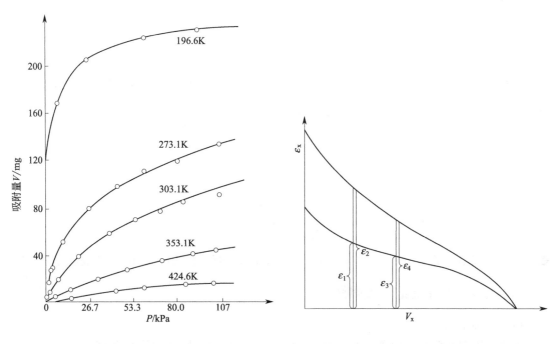

图 10-7　CO_2 吸附等温线　　　　　　　图 10-8　亲和系数之比确定

可以证明，在同一吸附剂上，不同吸附质的特性曲线在吸附体积 V_x 相同时吸附势之比为一定值，此值称为亲和系数，常以 β 表示，亲和系数之比确定如图 10-8 所示。

$$\beta = \cdots = \frac{\varepsilon_1}{\varepsilon_2} = \frac{\varepsilon_3}{\varepsilon_4}$$

β 可由吸附质的多种物理化学常数求出。对于一定的吸附剂，若以某一种吸附气体为参考物，即可求出其他吸附质的 β 值。表 10-2 列出了以苯的 β 值为 1 时其他气体在活性炭上吸附的 β 值。

表 10-2　其他气体在活性炭上吸附的 β 值

气体	苯	C_5H_{12}	C_6H_{12}	C_7H_{16}	CH_3Cl	$CHCl_3$	CCl_4	CH_3OH	C_2H_5OH	HCOOH	CH_3COOH	$(C_2H_5)_2O$	CS_2	NH_3
β	1	1.12	1.04	1.50	0.56	0.88	1.07	0.40	0.61	0.60	0.97	1.09	0.70	0.28

苏联科学家 Dubinin 等将活性炭分为主要含微孔和含有较大孔隙的两类。对于第一类进行了细致分析，认为这类活性炭的特性曲线可以用下式描述：

$$V = V_0 \exp(-k\varepsilon^2) \tag{10-58}$$

$$\ln V = \ln V_0 - k\varepsilon^2 \tag{10-59}$$

式中，V 为吸附势为 ε 时的吸附体积；V_0 为该类活性炭的微孔体积，当活性炭的中孔比表面积小于 $50m^2/g$ 时，V_0 可视为总孔体积；k 为与微孔大小有关的常数。将式(10-56) 和式

(10-57) 代入式(10-58)，得：

$$a = \frac{V_0}{\overline{V}} \exp\left[-k\left(RT\ln\frac{P_0}{P}\right)^2\right] \tag{10-60}$$

将上式取自然对数：

$$\ln a = \ln\frac{V_0}{\overline{V}} - kR^2T^2\left(\ln\frac{P_0}{P}\right)^2 \tag{10-61}$$

以 $\ln a$ 对 $\left(\ln\dfrac{P_0}{P}\right)^2$ 作图应得直线，由该直线的斜率和截距可求出微孔体积 V_0 和常数 k。

将式(10-60) 取以 10 为底的对数，并将各常数合并得：

$$\lg a = C - D\left(\lg\frac{P_0}{P}\right)^2 \tag{10-62}$$

$$C = \lg\frac{V_0}{\overline{V}}$$

$$D = KkR^2T^2$$

式中，K 为常数。式(10-59)、式(10-61)、式(10-62) 均称为 Dubinin-Radushkevich 公式。

10.2.9 毛细凝结和吸附滞后

(1) 毛细凝结

如果吸附剂是多孔吸附剂，且该吸附剂可以被水润湿，则孔中形成凹液面，如图 10-9 所示。图 10-9 中 P_r 是凹液面上的蒸气压，P_0 是孔外的蒸气压。

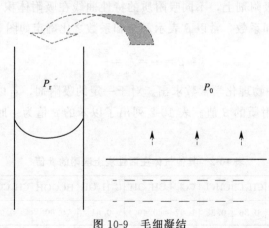

图 10-9 毛细凝结

根据 Kelvin 公式有：

$$RT\ln\frac{P_r}{P_0} = -\frac{2\gamma V}{r} \tag{10-63}$$

式中，r 为曲率半径。将曲率半径转化为毛细管半径，以 R 表示：

$$RT\ln\frac{P_r}{P_0} = -\frac{2\gamma V\cos\theta}{R} \tag{10-64}$$

式(10-63) 和式(10-64) 的右边取负号是因为凹液面的曲率半径小于零。事实上式(10-64) 中 R 称为开尔文半径，等于 R_p（毛细管半径）$-\tau$（吸附层厚度）。从式(10-63) 和式(10-64) 可以看出，由于 $P_r < P_0$，孔外的蒸气会进入孔内，在凹液面上凝结，若 r 越大，则 P_r 越大，若 r 越小，则 P_r 越小。当毛细管半径较大，孔外蒸气压较小，$P_0 = P_r$ 或 $P_r > P_0$ 时，不会发生凝结，只有正常吸附。当毛细管半径小于 P_0 所对应的 R 时，则会发生毛细凝结。在第Ⅳ型和第Ⅴ型吸附等温线中，随着压力的增加，由多层吸附产生毛细凝结，所以吸附量强烈增大，最后由于毛细孔中装满吸附质液体，故吸附量不再增加，等温线又平缓起来。

● **【例 10-4】毛细凝结**

试用 Kelvin 公式计算相应于 77K 氮在 $P/P_0 = 0.75$ 时发生毛细凝结的 Kelvin 半径。已知 77K 时液氮的表面张力是 8.85mN/m，摩尔体积是 34.7cm^3。

解： 设接触角等于 0 度，根据 Kelvin 公式：

$$RT\ln\frac{P_r}{P_0} = -\frac{2\gamma V \cos\theta}{R}$$

$$8.314 \times 77\ln 0.75 = -\frac{2 \times 8.85 \times 10^{-3} \times 34.7 \times 10^{-6}}{R}$$

$$R = 3.34 \times 10^{-9}(\text{m}) = 3.34(\text{nm})$$

（2）吸附滞后

多孔吸附剂常发生吸附滞后现象，即吸附较易，而脱附较难，如图 10-10 所示。

在吸附过程中，当气体的压力升至 P 时吸附量为 V，但在脱附过程中当压力降至该压力 P 时，吸附量大于吸附过程中相同压力下的吸附量 V，只有当气体压力继续降低至某个小于 P 的压力时，吸附量才可能降低至 V。

对吸附滞后现象的解释如下：对毛细凝结，吸附过程中孔外的蒸气压力须大于孔内的蒸气压力，而脱附过程中孔外的蒸气压力须小于孔内的压力。吸附过程中 θ 为前进接触角（θ_a），其值较大，所以 $\cos\theta_a$ 值较小，根据 Kelvin 公式 P_r 较大，则发生毛细凝结所需的孔外压力需更大；脱附过程中

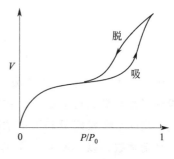

图 10-10　吸附滞后

θ 为后退接触角（θ_r），其值较小，$\cos\theta_r$ 值较大，根据 Kelvin 公式 P_r 较小，所以发生脱附所需的孔外压力更小。一般认为出现吸附滞后环是介孔材料的典型吸附行为。图 10-11 为前进接触角和后退接触角的示意图。在增加液滴体积时测出的是前进接触角 θ_a，如图 10-11 (a) 所示；在减小液滴体积时测出的是后退接触角 θ_r，如图 10-11(b) 所示。

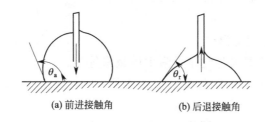

(a) 前进接触角　　　　(b) 后退接触角

图 10-11　前进接触角和后退接触角

10.3 固体自溶液中的吸附

10.3.1 吸附量

由于溶液中的溶质、溶剂、固体表面三者之间均有相互作用，溶质和溶剂均可被吸附，所以固体自溶液中的吸附较为复杂。如果在固体表面上溶质分子数与溶剂分子数之比大于在溶液内部，则称为正吸附，反之则称为负吸附，如果固体表面上溶质分子数与溶剂分子数之比等于在溶液内部的比例，则吸附量为零。固体自溶液中的吸附量可以通过实验按下式求得。

$$q = \frac{x}{m} = \frac{V(c_0 - c)}{m} \tag{10-65}$$

式中，q 为吸附量；x 为被吸附溶质的量；m 为吸附剂的质量；c_0 为吸附发生前溶质的浓度；c 为吸附后溶质的浓度。

10.3.2 吸附热力学

气体的吸附热力学已在本书 10.2.2 中做了讨论。对于溶液，当溶液中的吸附达到平衡时还有如下热力学关系：

$$\Delta G^{\ominus} = -RT \ln K_D \tag{10-66}$$

$$\Delta G^{\ominus} = \Delta H^{\ominus} - T \Delta S^{\ominus} \tag{10-67}$$

$$\ln K_D = \frac{\Delta S^{\ominus}}{R} - \frac{\Delta H^{\ominus}}{RT} \tag{10-68}$$

$$K_D = \frac{q_e}{c_e} \tag{10-69}$$

式中，q_e 和 c_e 分别为平衡吸附量和平衡浓度；K_D 为吸附平衡常数。可以看出，在不同的温度下，从实验测定出的平衡吸附量和平衡浓度求出不同温度下的吸附平衡常数，以 $\ln K$ 对 $1/T$ 作图，通过线性拟合可求出吸附过程的标准熵变 $\Delta S^{\ominus}$ 和焓变 $\Delta H^{\ominus}$。

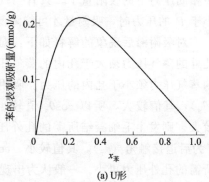

(a) U形

10.3.3 吸附等温线

（1）自全浓度范围内的吸附等温线

设 x 为溶质的摩尔分数，在 x 从 0 变化到 1 的整个范围内，吸附等温线的形式有 U 形和 S 形两种，如图 10-12 所示。

（2）自稀溶液中的吸附等温线

自稀溶液中的吸附等温线与气体吸附中的吸附等温线相似，其吸附等温式包括 Langmuir 吸附等温式、Temkin 吸附等温式、Freundlich 吸附等温式、BET 多分子层吸附等温式、Polanyi 吸附势能理论和 D-R 公式等，只需将公式中的压力 P 改为浓度 c，吸附量 V

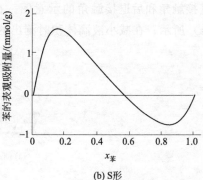

(b) S形

图 10-12　自全浓度范围内的吸附等温线

（标准状况下的体积）改为 q_e（摩尔数或质量），如下所示。

① Langmuir 吸附等温式

$$q_e = \frac{q_m bc}{1 + bc} \tag{10-70}$$

线性式为：

$$\frac{c}{q_e} = \frac{1}{q_m b} + \frac{c}{q_m} \tag{10-71}$$

如用线性吸附等温式拟合后可以求出分离因子 R_b：

$$R_b = \frac{1}{(1 + bc_0)} \tag{10-72}$$

当 $R_b > 1$ 时为不利吸附；当 $R_b = 1$ 时为线性吸附；当 $R_b = 0$ 时为不可逆吸附。

② Temkin 吸附等温式

$$q_e = \frac{RT}{b_T} \ln B_0 + \frac{RT}{b_T} \ln c \tag{10-73}$$

③ Freundlich 吸附等温式

$$q_e = K c^{\frac{1}{n}} \tag{10-74}$$

线性式为：

$$\lg q_e = \lg K + \frac{1}{n} \lg c \tag{10-75}$$

用线性等温式拟合可以求出 $\frac{1}{n}$ 的值，一般认为当 $\frac{1}{n}$ 介于 $0.1 \sim 0.5$ 之间时，吸附容易发生，大于 2 则吸附难于发生。

④ BET 多分子层吸附等温式

$$q_e = \frac{q_m kc}{(c_0 - c)\left[1 + (k-1)\dfrac{c}{c_0}\right]} \tag{10-76}$$

线性式为：

$$\frac{c}{q_e(c_0 - c)} = \frac{1}{q_m k} + \frac{k-1}{q_m k} \times \frac{c}{c_0} \tag{10-77}$$

⑤ Polanyi 吸附势能理论和 D-R 公式

$$\ln q_e = \ln q_m - \beta \varepsilon^2 \tag{10-78}$$

$$\varepsilon = RT \ln\left(1 + \frac{1}{c_e}\right) \tag{10-79}$$

$$E_a = \frac{1}{\sqrt{2\beta}} \tag{10-80}$$

式中，c_e 为平衡吸附浓度，mg/L；q_e 为平衡吸附容量，mg/g；q_m 为最大吸附容量，mg/g；β 为 Dubinin-Radukevich 常数，mol^2/kJ^2；ε 为波拉尼吸附势能，J/mol；E_a 为平均吸附能，kJ/mol。E_a 更能反映出吸附机理，当 $E_a < 8\text{kJ/mol}$ 时吸附类型主要是物理吸附；当 $8 < E_a < 16\text{kJ/mol}$ 时吸附类型主要是离子交换作用；当 $E_a > 16\text{kJ/mol}$ 时吸附类型主要是强化学吸附类型。

●【例 10-5】吸附剂饱和吸附量

用 Langmuir 方程描述悬浮物对溶质的吸附作用，假设溶液平衡浓度为 3.0×10^{-3} mol/L，溶液中每克悬浮固体吸附溶质为 0.5×10^{-3} mol/L，当平衡浓度降至 1.0×10^{-3} mol/L 时，每克吸附剂吸附溶质为 0.25×10^{-3} mol/L，求每克吸附剂可以吸附溶质的吸附限量。

解：

$$q = \frac{q_m bc}{1 + bc}$$

$$0.5 \times 10^{-3} = \frac{q_m b \times 3.0 \times 10^{-3}}{1 + b \times 3.0 \times 10^{-3}}$$

$$0.25 \times 10^{-3} = \frac{q_m b \times 1.0 \times 10^{-3}}{1 + b \times 1.0 \times 10^{-3}}$$

联立以上二式求解得：

$$q_m = 1.0 \times 10^{-3} \; [\text{mol}/(\text{L} \cdot \text{g})]$$

●【例 10-6】溶液吸附平衡浓度

炭从溶液中吸附某溶质的结果服从 Langmuir 方程，已知饱和吸附量 $q_m = 4.2$ mmol/g，吸附系数 $b = 2.8$ mL/mmol，求将 5g 炭加入 0.2mol/L 的 200mL 溶液中达吸附平衡时溶液浓度。

解：

$$q = \frac{q_m bc}{1 + bc} = \frac{V(c_0 - c)}{m}$$

将题设数据化为同一单位后代入：

$$\frac{4.2 \times 10^{-3} \times 2.8c}{1 + 2.8c} = \frac{0.2(0.2 - c)}{5}$$

$$c = 0.1665 \; (\text{mol/L})$$

10.3.4 吸附动力学

吸附动力学研究吸附速度问题，即吸附量随时间的变化。被吸附物质在吸附剂上的吸附过程一般由三个步骤构成：①吸附物质从溶液扩散到吸附剂表面；②对于多孔吸附剂，吸附物质需要在孔隙中继续扩散到吸附点；③吸附物质在吸附剂表面或孔隙内表面上与吸附位结合。在这三个步骤中，哪个是相对最缓慢的速度决定步骤，要看吸附过程的具体条件。

一般认为，靠近吸附剂表面处有一层静止的溶液薄膜，吸附物质从溶液中到达吸附剂表面必须扩散通过这层表面膜，而膜中的扩散阻力大于溶液中。一般在动态流动操作中，由于水溶液的流动速度并不大，膜扩散很有可能成为速度决定步骤，而在分次吸附操作中若同时对溶液加以激烈搅动，就会使膜扩散阻力下降到不再起决定性作用。

无孔吸附剂的吸附速率一般是很大的，常常在 10～20s 内达到吸附平衡，而其中 90%～95% 的吸附是在 1～2s 内完成的。多孔吸附剂的吸附往往需要很长的时间才能达到平衡，可见在这种情况下，吸附物质在孔隙中的扩散运动起着很大的作用。吸附物质在孔道中扩散运动时，沿途被孔壁上许多吸附位暂时吸附，延缓了扩散速率，减少了孔道的有效断面积，阻碍了其他分子或离子的扩散。当吸附物质的分子较大时孔隙扩散更容易成为速度决定步骤。

吸附剂颗粒的直径对吸附速度有很大的影响，颗粒越细，达到吸附平衡所需要的时间越短。对于无孔吸附剂，吸附速率应与颗粒直径的一次方成反比。对于多孔吸附剂，如果膜扩散是阻力最大的速度决定步骤，仍然会保持同样的反比关系。当多孔吸附剂的颗粒内扩散是主要控制吸附速率时，速度将与颗粒直径的更高次方成反比，这时孔径粗细对吸附量和吸附速率的影响将是矛盾的，孔径微细虽使吸附速率缓慢，但可以使吸附量增大。粗孔占比例较大时虽对吸附量不利，却可以更快地达到吸附平衡。

当用活性炭吸附有机物时，被吸附物质的尺寸会对吸附速度产生明显的影响，例如在内扩散起主要作用时，在分次激烈搅拌的条件下让活性炭吸附烷基苯磺酸，其吸附速度与分子量成反比，烷基碳原子越多，吸附越慢。

10.3.5 准一级动力学方程

Lagergren准一级动力学方程是最早描述固液界面吸附速率的一个模型，它的建立基础是吸附速度与吸附空位成正比，如式(10-81)所示：

$$\frac{dq_t}{dt} = k_1(q_e - q_t) \tag{10-81}$$

式中，q_t 为接触时间为 t 时的吸附量，mmol/L；q_e 为吸附平衡时的吸附量，mmol/L；k_1 为准一级速率常数，min^{-1}。从 $t=0$ 到 $t=t$ 和 $q_t=0$ 到 $q_t=q_t$ 积分得：

$$q_t = q_e(1 - e^{-k_1 t}) \tag{10-82}$$

其线性方程如下：

$$\ln(q_e - q_t) = \ln q_e - k_1 t \tag{10-83}$$

准一级动力学方程适合于描述以快速吸附为主导、慢速吸附极弱的理想表面单分子层吸附过程。对大部分吸附反应，不适合于研究整个过程，但对反应的前 20~30min 比较适合。

10.3.6 准二级动力学方程

Lagergren准二级动力学方程认为吸附速率的控制步骤是化学反应或是通过电子共享或是电子得失的化学吸附，该方程建立的基础是吸附速率与吸附空位的平方有关，如式(10-84)所示。

$$\frac{dq_t}{dt} = k_2(q_e - q_t)^2 \tag{10-84}$$

式中，q_t 为接触时间为 t 时的吸附量，mmol/L；q_e 为吸附平衡时的吸附量，mmol/L；k_2 为准二级速度常数，g/(mmol·min)。从 $t=0$ 到 $t=t$ 和 $q_t=0$ 到 $q_t=q_t$ 积分得到

$$q_t = \frac{q_e^2 k_2 t}{1 + q_e k_2 t} \tag{10-85}$$

该方程包含了吸附的所有过程，如外部液膜扩散、表面吸附和颗粒内扩散等，可以很好地描述快速与慢速叠加的吸附过程。重置后得直线式：

$$\frac{t}{q_t} = \frac{1}{k_2 q_e^2} + \frac{t}{q_e} \tag{10-86}$$

10.3.7 颗粒内扩散动力学方程

准一级动力学方程和准二级动力学方程不能解释吸附质在吸附剂内部的吸附进程，所以常采用颗粒内扩散模型来拟合吸附质在吸附剂内部的吸附情况。颗粒内扩散模型可通过扩散偏微分方程求解，并根据不同情况做出假设和简化而导出。颗粒内扩散动力学线性方程如下式：

$$q_t = kt^{\frac{1}{2}} + c \qquad (10\text{-}87)$$

式中，q_t 为接触时间为 t 时的吸附量；c 为方程常数，能反映液膜的厚度，c 值越大表明液膜扩散的影响越大；k，$mg/(g \cdot min)$ 可以认为是表观扩散速率，与颗粒内扩散系数的关系为：

$$k = \frac{6q_e}{R}\sqrt{\frac{D}{\pi}} \qquad (10\text{-}88)$$

式中，q_e 为平衡吸附量；R 为颗粒半径；D 为颗粒内扩散系数。颗粒内扩散理论认为整个吸附过程是由多种动力学机理共同作用的结果，包括液膜扩散、颗粒内扩散和活性位点表面扩散。对于许多吸附，颗粒内扩散常是速度控制步骤。当方程的拟合直线不过原点时，说明颗粒内扩散不是唯一的速度控制步骤。吸附速率还受颗粒外扩散过程的控制（如表面吸附和液膜扩散）。采用颗粒内扩散方程得到的拟合线常分为两段，如图 10-13 所示，第一阶段是透过液膜扩散到表面进行吸附，第二阶段是逐渐吸附。

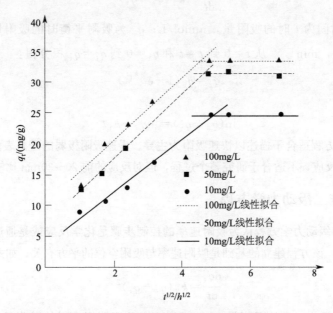

图 10-13　颗粒内扩散的两段拟合线

通过计算得到的两段斜率不同，第一阶段的斜率远远大于第二阶段斜率，表明第一阶段的表面吸附速率大于第二阶段的逐渐吸附速率。当表面达到吸附饱和后才发生颗粒内扩散，此时扩散受到阻力增加，导致吸附速率降低。当颗粒内孔扩散为唯一速度控制步骤时方程如下：

$$q_t = kt^{\frac{1}{2}} \qquad (10\text{-}89)$$

10.3.8　Elovich 动力学方程

Elovich 动力学方程认为吸附速率随吸附剂表面吸附量的增加而成指数下降，其数学表达式如下：

$$\frac{dq_t}{dt} = \alpha \exp(-\beta q_t) \qquad (10\text{-}90)$$

式中，q_t 为 t 时刻的吸附量，mg/g；α 为初始吸附速率常数，$mg/(g \cdot min)$；β 为与吸附活

化能和表面覆盖率有关的常数，g/mg，或脱附速率常数。假设 $\alpha\beta \gg 1$，且当 $t=0$ 时，$q_t=0$，当 $t=t$ 时，$q_t=q_t$，则上式可以化简为线性方程：

$$q_t = \left(\frac{1}{\beta}\right)\ln(\alpha\beta) + \left(\frac{1}{\beta}\right)\ln t \tag{10-91}$$

或

$$q_t = \alpha + b\lg t \tag{10-92}$$

式中，b 为吸附速率随时间下降快慢的量度。该方程能描述均相快反应和慢反应叠加的扩散机制。

与吸附热力学相同，在吸附动力学研究中，也可以利用上述几种模型的线性方程，用 Excel 软件作线性回归分析，根据复相关系数的大小判定模型的符合程度，从而做出适用模型的选择。

10.4 动态吸附动力学

在实际水处理中一般应用固定床吸附柱作连续动态吸附，所以研究动态吸附的规律具有较重要的实际意义。

在固定床吸附柱运行时，定时监测出水浓度，然后从出水浓度为零至浓度穿透点，做出水浓度对运行时间的曲线，得穿透曲线，一般取固定床出水中吸附质的浓度超过相关限制标准或为初始浓度的某一值的时间点为穿透点。固定床总吸附量 q_{total} 是在一定流速和初始浓度下，由穿透曲线与初始浓度的直线所围成的积分面积进行计算得到：

$$q_{total} = \frac{QA}{1000} = \frac{Q}{1000}\int_{t=0}^{t=t_{total}} C_{ad}\,\mathrm{d}t \tag{10-93}$$

式中，q_{total} 为固定床总吸附量，mg；t_{total} 为总运行时间，min；Q 为体积流速，mL/min；A 为穿透曲线与初始浓度的直线所围成的面积；$C_{ad} = C_0 - C_t$。

固定床的动态饱和吸附量，即单位干重的吸附剂所能吸附的吸附质的平均值为：

$$q_0(\exp) = \frac{q_{total}}{m} \tag{10-94}$$

式中，$q_0(\exp)$ 为由实验所得的动态饱和吸附量，mg/g；m 为固定床内吸附剂的总干重，g。运行过程中流经固定床的吸附质总量可计算如下：

$$M_{total} = \frac{C_0 Q t_{total}}{1000} \tag{10-95}$$

固定床对吸附质的去除率可按下式计算：

$$\gamma = \left(\frac{q_{total}}{M_{total}}\right) \times 100\% \tag{10-96}$$

10.4.1 动态吸附 Thomas 模型

Thomas 模型是连续动态实验中应用比较广泛的模型，是建立在 Langmuir 方程基础上的模型。假设不存在轴向扩散而得到的理想化模型，Thomas 模型可以描述固定床吸附柱的吸附曲线、吸附速率常数及吸附容量。模型表达式如下：

$$\frac{C_0}{C_t} = 1 + \exp\left[\frac{K_{Th}}{Q}(q_0 m - C_0 V_{eff})\right] \tag{10-97}$$

式中，C_t 为出水浓度，mg/L；C_0 为进水浓度，mg/L；q_0 为动态饱和吸附容量，mg/L；Q 为水的体积流速，mL/min；K_{Th} 为吸附速率常数，L/(mg·min)。穿透体积 $V_{eff} = Qt$，所以其线性表达式为：

$$\ln\left(\frac{C_0}{C_t} - 1\right) = \frac{K_{Th} q_0 m}{Q} - K_{Th} C_0 t \tag{10-98}$$

在一定的流速下，$\ln[(C_0/C_t) - 1]$ 与 t 呈线性关系，以 $\ln[(C_0/C_t) - 1]$ 对 t 作图，得到斜率和截距，通过计算可以得到动态饱和吸附量和吸附速率常数。

10.4.2 动态吸附 BDST 模型

固定床穿透时间与床高有相关关系，最常用的是由 Bohart-Adams 提出的 Bed-Depth-Service Time（BDST）模型，是在假定吸附质直接吸附于吸附剂表面，忽略内部扩散和质量传递的阻力的基础上得到的，其线性表达式如下：

$$t = \frac{q_0}{C_0 v} Z - \frac{1}{K_a C_0} \ln\left(\frac{c_0}{c_t} - 1\right) \tag{10-99}$$

式中，t 为穿透时间，min；C_t 为出水浓度，mg/L；C_0 为进水浓度，mg/L；q_0 为动态饱和吸附容量，mg/L；v 为水流的线速度，cm/min；K_a 为吸附速率常数，L/(mg·min)；Z 为床高，cm。式(10-99) 也可以化为：

$$t = aZ - b \tag{10-100}$$

式中，a 为斜率 $\frac{q_0}{C_0 Q}$；b 为截距 $\frac{1}{K_a C_0} \ln\left(\frac{C_0}{C_t} - 1\right)$。穿透时间的误差计算公式如下：

$$\varepsilon = \frac{\sum_{N=1}^{N} \left|\frac{t_{exp} - t_{theo}}{t_{esp}}\right|}{N} \times 100\% \tag{10-101}$$

BDST 模型的一个优点是当系统参数发生改变时，可提供适用的公式，从而得到预测结果。当只改变流速时，a 改变而 b 不变。a 可按式(10-102) 计算：

$$a' = a\frac{Q}{Q'} \tag{10-102}$$

当只改变进水浓度时，a 和 b 都会改变，可分别按式(10-103) 和式(10-104) 计算：

$$a' = a\frac{C_0}{C_0'} \tag{10-103}$$

$$b' = b\frac{C_0 \ln\left(\frac{C_0'}{C_t'} - 1\right)}{C_0' \ln\left(\frac{C_0}{C_t} - 1\right)} \tag{10-104}$$

由此可以得到新的计算公式，减少试验次数。以新的计算公式得到预测的穿透时间、动态饱和吸附容量及吸附速率常数。

10.5 液体对固体的润湿

10.5.1 润湿与接触角

润湿是自然界中常见的现象,清晨植物叶片上的水呈露珠形状即不润湿的例子,手入水即湿是润湿的例子。液体对固体的润湿可以看作是以固液界面替代气液界面和气固界面的过程,如图 10-14 所示。

设图 10-14 中的各种界面的面积均为 $1\mathrm{cm}^2$,若润湿是自发进行的,则有:

$$\Delta G=\gamma_{sl}-(\gamma_{sV}+\gamma_{lV})<0 \tag{10-105}$$

即自由能总是降低,其自由能的降低值为:

$$-\Delta G=\gamma_{sV}+\gamma_{lV}-\gamma_{sl}=W_{sc} \tag{10-106}$$

式中,W_{sc} 为固体和液体之间的黏附功,可用来衡量润湿的程度。若黏附功越大,则润湿程度越高,反之则润湿程度越低。但由于 γ_{sV} 和 γ_{sl} 无法测定,式(10-106)实际上无法用于润湿程度的研究,但引入接触角可解决此问题。

设在固体表面上放置一液滴,或在固体下方的液体中放置一气泡,如图 10-15 所示。

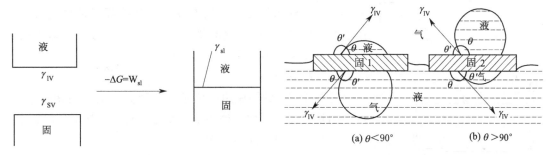

图 10-14 润湿的实质　　　　　图 10-15 润湿接触角

过三相交界点 O 作气液界面的切线,该切线经过液体内部与固液界面的夹角称为润湿接触角,以 θ 表示。并人为规定:$\theta<90°$,润湿;$\theta>90°$,不润湿。

考察三相交界点所受的作用力,如图 10-16所示。可以看出,三相交界点 O 点在其左方受到固气界面张力向左的拉力,该拉力力图减小固气界面面积,从而降低其界面自由能;同时 O点在其右方受到了固液界面张力向右的拉力,该拉力力图减小固液界面面积,从而降低其界面自由

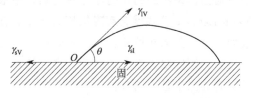

图 10-16 三相交界点上力的平衡

能;此外 O 点还在气液界面的切线方向受到气液界面张力向斜上方的拉力,该拉力力图减小气液界面面积,从而降低其界面自由能。此三力平衡时则有:

$$\gamma_{sV}=\gamma_{sl}+\gamma_{lV}\cos\theta \tag{10-107}$$

式(10-107)称为 Young 方程。将式(10-107)代入式(10-106)得:

$$W_{sl}=\gamma_{sl}+\gamma_{lV}\cos\theta+\gamma_{lV}-\gamma_{sl}=\gamma_{lV}(1+\cos\theta) \tag{10-108}$$

这样将黏附功的计算转化成了求润湿接触角的问题。可以看出,接触角 θ 越小,黏附功越大,润湿程度则越高,反之,润湿程度则越低。因此 θ 的测定成了关键。因固液界面张力总

是小于它们各自的表面张力之和，或从式(10-108)可以看出，固液接触时黏附功总是大于0，因此不管对什么液体和固体，黏附总是可以自发进行的。

●【例 10-7】润湿接触角

氧化铝瓷件上需要披银，当烧至 1000℃时，液态银能否润湿氧化铝瓷件表面？已知 1000℃时 γ（Al_2O_3，s）$=1\times10^{-3}$N/m；γ（Ag,l）$=0.92\times10^{-3}$N/m；γ（Ag,l/Al_2O_3，s）$=1.77\times10^{-3}$N/m。

解：根据式(10-107)

$$cos\theta = \frac{\gamma_{sv}-\gamma_{sl}}{\gamma_{lv}} = \frac{1\times10^{-3}-1.77\times10^{-3}}{0.92\times10^{-3}} = -0.837$$

$$\theta = 147° > 90°$$

所以液态银不能润湿氧化铝瓷件表面。

10.5.2 接触角的测定

（1）Adam-Jessop 插板法

将实验的固体材料制成光滑平板，插入液体，液体附着在板上会形成弯曲液面，改变插入角度，直到液面与板接触之处一点也不弯曲，如图 10-17 所示，根据接触角的定义（气液界面的切线经过液体内部与固体表面之间的夹角），此时液面与平板之间的夹角即为接触角，通过测量其对顶角可得其大小。

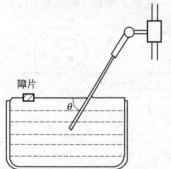

图 10-17 Adam-Jessop 插板法测定润湿接触角
（图中障片用于清扫液面）

（2）投影量角法

将图 10-16 的图像用单色光投影到屏幕上或用相机拍照，然后用量角器或其他方法测定，就可得到润湿接触角的大小。

（3）Bartell-Osterhof 法

该法适合于测定粉末固体或颗粒状固体的润湿接触角。测定时将粉末或颗粒装填在一管中，形成多孔塞，相当于一束毛细管。将此填充管插入待测液体中，如图 10-18 所示。如果液体对固体是湿润的，则在每一毛细管中形成凹液面，根据 Yang-Laplace 公式就会有附加压力产生，使每一毛细管中的液面上升。如果在填充管的上方施加一压力 P，恰好等于附加压力，则能阻止液面的上升，将毛细管的曲率半径转化为毛细管等当半径，则有：

$$P = \Delta P = \frac{2\gamma}{r} = \frac{2\gamma}{\dfrac{R}{cos\theta}} = \frac{2\gamma cos\theta}{R} \tag{10-109}$$

式中，r 为凹液面的曲率半径；R 为毛细管的等当半径；R 值可以用完美液体求出，完美液体的 θ 等于零，$cos\theta=1$，因此只需实验得得 P，就可得 R 值。在已知 R 的情况下可以通过测定 P 得到其他液体的 θ。如果在不施加压力的情况下，任液体在毛细管中上升，直至达到平衡，测量液体上升的高度，通过毛细管中液体的静压力等于附加压力的关系，

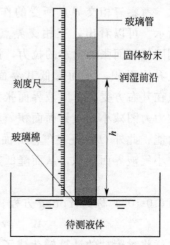

图 10-18 粉末固体接触角测定的示意图

也可求出润湿接触角。

此外，根据液体在毛细管中上升的速率也可以求得润湿接触角，依据是 Washburn 方程：

$$h^2 = (\gamma R \cos\theta / 2\eta)t \tag{10-110}$$

式中，h 为液面在 t 时间内上升的高度；R 为滤床中毛细管的半径；γ 为液体的表面张力；η 为液体的黏度；t 为液体流过毛细管的时间。

可以看出，通过实验画出 h^2-t 的关系图，将得到一条直线，其斜率为：

$$k = \gamma R \cos\theta / 2\eta \tag{10-111}$$

因此有：

$$\theta = \arccos(2k\eta / \gamma R) \tag{10-112}$$

实验证明，水处理滤料的润湿性，特别是对含油废水的润湿性可以用该法研究。

● **【例 10-8】接触角的测定**

有一固体塞，为阻止液体渗入需施加一定的压力。对于一表面张力为 50mN/m 并能很好润湿固体 ($\theta=0°$) 的液体所需加的压力为另一表面张力为 70mN/m 液体的 2 倍，计算第二种液体在此固体塞上的接触角。

解：对于第一种液体所需加的压力为：

$$p_1 = \frac{2\gamma_1 \cos\theta_1}{R_1} = \frac{2\gamma_1 \cos0°}{R_1}$$

对于第二种液体所需加的压力为：

$$p_2 = \frac{2\gamma_2 \cos\theta_2}{R_2}$$

当毛细管束等当平均半径很小时，$R_1 \approx R_2$：

$$\frac{p_1}{p_2} = \frac{\gamma_1}{\gamma_2 \cos\theta_2} = 2$$

$$\cos\theta_2 = \frac{\gamma_1}{2\gamma_2} = \frac{50}{2 \times 70} = 0.3571$$

$$\theta_2 = 68.1°$$

10.5.3　表面粗糙度对接触角的影响

固体表面通常并不光滑，也不均匀，即使用肉眼看是光滑均匀的，但在显微镜下还是粗糙的，因此上述 Young 方程式(10-105)只是一个理想化的方程，为此提出了 Wenzel 模型和 Cassie 模型，如图 10-19 所示。

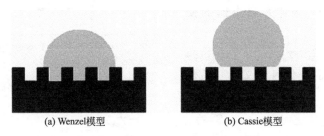

(a) Wenzel模型　　　　　　　(b) Cassie模型

图 10-19　Wenzel 模型和 Cassie 模型

（1）Wenzel 模型

Wenzel 模型认为水滴与固体表面保持接触，并渗入表面凹槽中，使表面接触面积增大，即表面观察到的表观面积比实际接触面积小，定义一个粗糙度的概念：

$$r = \frac{真实面积}{表观面积} \tag{10-113}$$

对于粗糙表面，真实面积总是大于表观面积，所以粗糙度一般大于 1。根据 Young 方程式（10-107）可得：

$$\gamma_{sV} - \gamma_{sl} = \gamma_{lV}\cos\theta \tag{10-114}$$

对于粗糙表面应该有：

$$r(\gamma_{sV} - \gamma_{sl}) = \gamma_{lV}\cos\theta' \tag{10-115}$$

式中，θ' 称为表观接触角。用式（10-115）除以式（10-114）得：

$$r = \frac{\cos\theta'}{\cos\theta} \tag{10-116}$$

此即 Wenzel 方程。因为 $r > 1$，所以 θ 在小于 90°的范围内时必有：

$$\theta' < \theta$$

这说明粗化固体表面有利于液体的润湿。当 θ 在大于 90°的范围内时必有：

$$\theta' > \theta$$

这说明粗化固体表面不利于液体的润湿。

（2）Cassie 模型

Cassie 模型认为水滴是悬浮在表面凹凸槽上，液滴落在由固-液和固-气界面组成的复合表面上，故其方程为：

$$\cos\theta' = f_1\cos\theta_1 + f_2\cos\theta_2 \tag{10-117}$$

此即 Cassie 方程。式中，θ' 为 Cassie 模型的表观接触角；f_1 和 f_2 分别为液体与固体表面和空气接触的比例；θ_1 和 θ_2 分别为液体与固体表面和空气的接触角。其中 $f_1 + f_2 = 1$，$\theta_2 = 180°$，故有：

$$\cos\theta' = f_1\cos\theta_1 - f_2 = f_1\cos\theta_1 + f_1 - 1 \tag{10-118}$$

从上述模型可知，制备具有特殊结构的表面可以提高疏水表面的接触角。

10.5.4　液体在固体表面上的展开

液体在固体表面上展开实际上是以液-气界面和固-液界面替代原有固-气界面的过程，如图 10-20 所示。

设液体在固体表面上自发展开，展开的面积为单位面积，则体系自由能的变化为：

$$\Delta G = \gamma_{sl} + \gamma_{lV} - \gamma_{sV} < 0 \tag{10-119}$$

根据其自由能的变化可定义展开系数如下：

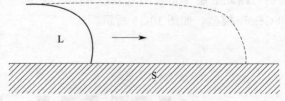

图 10-20　液体在固体表面上的展开

$$S = \gamma_{sV} - (\gamma_{lV} + \gamma_{sl}) \tag{10-120}$$

式中，V 代表蒸气相，并可做如下判断：

$S \geqslant 0$，自由能降低，液体在固体表面上能够自发展开；

$S \leqslant 0$，自由能升高，液体在固体表面上不能自发展开。

在式（10-120）中代入 Young 方程：

$$\gamma_{sV} = \gamma_{sl} + \gamma_{1V} \cos\theta$$

得：

$$S = \gamma_{sl} + \gamma_{1V} \cos\theta - \gamma_{1V} - \gamma_{sl} = \gamma_{1V}(\cos\theta - 1) \tag{10-121}$$

可以看出，由于 $\theta > 0$ 时 $S < 0$，而 $\theta < 0$ 不存在，所以欲展开，就必须有 $\theta = 0$。如欲求展开系数 S，须先求得接触角 θ。由于接触角一般不易求得，提出了如下滴高法。

将液体滴加在固体表面上，如果液体不能润湿，则形成液柱。随着不断往上滴加液体，液柱不断升高，达到极限高度时，滴加上去的液体不会使液柱的高度增加，而是垮塌下来使固-液界面面积增大，如图 10-21 所示。

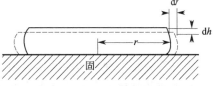

图 10-21　滴高法测定展开系数

设液柱的极限高度为 h，液体垮落减小的高度为 dh，固-液界面半径为 r，由于垮落固液界面半径增大了 dr。由于此过程中，固-液界面和气-液界面会增大，而固-气界面会减小，所以相应表面自由能的增加应为：

$$2\pi r \, dr (\gamma_{sl} + \gamma_{1V} - \gamma_{sV}) \tag{10-122}$$

设液体的体积为 V，重心下落了 $dh/2$，则位能的下降为：

$$\frac{1}{2} \rho g V \, dh \tag{10-123}$$

此位能转化为界面自由能，所以：

$$2\pi r \, dr (\gamma_{sl} + \gamma_{1V} - \gamma_{sV}) = \frac{1}{2} \rho g V \, dh \tag{10-124}$$

因为液体落下前的体积和落下后的体积相同，所以：

$$(2\pi r \, dr)h = V \frac{dh}{h} \tag{10-125}$$

将式（10-124）左右两边同乘以 h，然后将右边乘以 h，再除以 h，得：

$$(2\pi r \, dr)h (\gamma_{sl} + \gamma_{1V} - \gamma_{sV}) = \frac{1}{2} \rho g V \, dh \frac{h^2}{h} \tag{10-126}$$

根据式（10-125），消去式（10-126）中的相等部分，得：

$$(\gamma_{sl} + \gamma_{1V} - \gamma_{sV}) = \frac{1}{2} \rho g h^2$$

或

$$\gamma_{sV} - \gamma_{sl} - \gamma_{1V} = -\frac{1}{2} \rho g h^2$$

即

$$S = -\frac{1}{2} \rho g h^2 \tag{10-127}$$

所以只要测得液柱的极限高度，就可求出展开系数。

●【例 10-9】 液体在固体表面上的展开

实验测得 27.5℃ 时水在石蜡上液饼高度最大为 0.435cm，实验用水的表面张力为 69.2mN/m，计算实验用水在石蜡上的展开系数和接触角。查得 27.5℃ 时水的密度为 0.997g/cm³。

解： $S = -\dfrac{1}{2}\rho g h^2 = -\dfrac{1}{2} \times 0.997 \times 981 \times (0.435)^2 = -92.5 (\text{mN/m}) < 0$

水不能在石蜡上自发展开。

根据式(10-121)：

$$S = \gamma_{IV}(\cos\theta - 1)$$

$$\cos\theta = \left(\frac{S}{\gamma_{IV}}\right) + 1 = \left(\frac{-92.5}{69.2}\right) + 1 = -0.337$$

$$\theta = 110°$$

展开系数是一种液体在固体表面上展开能力大小的量度，同时也可以是一种液体在另一种不相混溶的液体上展开能力大小的量度。当展开不能瞬间完成时，刚开始展开时的展开系数称为初始展开系数。至于一种液体能否在一种互不相容的液体上展开就要由各液体本身的表面张力及两液相之间的界面张力的大小决定。与固液界面上展开的情况相似，若以 $S_{O/W}$ 表示油水界面的展开系数，则：

$$S_{O/W} = \gamma_W - \gamma_O - \gamma_{W/O} \tag{10-128}$$

当 $S_{O/W} > 0$ 时，表面自由能 ΔG 降低，则该种油能在水面上展开，反之则不能，而是在水面上形成一个"透镜"形状的油滴。表 10-3 列出了若干液体在水面上的展开系数。苯、长链醇、酸、酯等都能在水面上展开，而 CS_2 CH_2I_2 等不能在水面上展开。

表 10-3　若干种液体在水面上的展开系数

液体	$S_{O/W}$	液体	$S_{O/W}$
异戊醇	44.0	硝基苯	3.8
正辛醇	35.7	己烷	3.4
庚醇	32.2	邻溴甲苯	−3.3
油酸	24.6	二硫化碳	−8.2
苯	9.3	二碘甲烷	−26.5

应当注意，两液体不溶实际上有时也会有少许溶解，这时展开系数就不能只由纯液体的液-液表面张力决定，还要考虑溶解后溶液的表面张力，这时展开系数就会有所变化。例如纯水的表面张力为 72.75mN/m，纯苯的表面张力为 28.9mN/m，但二者互相饱和后，水的表面张力变为 62.2mN/m，苯的表面张力变为 28.8mN/m，已知苯和水的界面张力为 34.6mN/m，根据式(10-128) 可得：

初始 $S_{O/W} = 72.75 - 28.9 - 34.6 = 9.3 > 0$

饱和后 $S_{O/W} = 62.2 - 28.8 - 34.6 = -1.2 < 0$

所以我们会观察到开始时苯可以在水面上展开，但经过一段时间后，已经展开的苯又缩回形成"透镜"形状的油滴。

10.5.5　液体对固体的浸湿

将固体小方块（S）按图 10-22 的方式浸入液体（L）中，则固体表面上的气体全部被液体所置换，此过程称为浸湿。

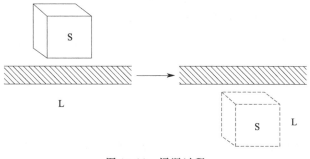

图 10-22　浸湿过程

在浸湿过程中体系消失了固-气界面，产生了固-液界面。若固体小方块的总表面积为单位面积，则此过程引起的体系自由能的变化为：

$$\Delta G = \gamma_{sl} - \gamma_{sV} \tag{10-129}$$

且有

$$-\Delta G = \gamma_{sV} - \gamma_{sl} = W_i \tag{10-130}$$

式中，W_i 为浸湿功，若 $W_i > 0$，$\Delta G < 0$，过程可自发进行。可以看出只有当固体的表面自由能比固-液界面的自由能大时，浸湿过程才能自发进行。

1930 年 Osterhof 和 Barttel 把润湿现象分成沾湿、浸湿和展开三种类型，按此分类，图 10-14 所示即为沾湿，也称为黏附。润湿原理在许多领域获得了广泛的应用，例如，在农业上喷洒药剂时，加入润湿剂使药液在植物蜡质层面上的润湿状况得到改善甚至可以在其上铺展。若农药是普通水溶液，喷在植物上不能润湿叶子，即接触角大于 90°，成水滴淌下，达不到杀虫效果，加表面活性剂后，使农药表面张力下降，接触角小于 90°，能润湿叶子，提高杀虫效果。在稠油开采和输送中，加入含有润湿剂的水溶液，即能在油管、抽油杆和输油管道的内表面形成一层亲水表面，从而使器壁对稠油的流动阻力降低，以利于稠油的开采和输送。这种含润湿剂的水溶液即为润湿降阻剂等。

10.5.6　润湿与水处理

水处理工艺常利用液体对固体润湿的原理。含油废水处理的粗粒化法常使用疏油材料为填料，使分散油发生润湿聚结。过滤是一种常用的含油废水深度处理方法，常作为单元操作与其他方法联合使用，例如隔油—过滤—生化曝气流程，隔油—过滤—生物渗滤流程，隔油—过滤—活性污泥—生物滤塔流程等。含油废水通过这些方法的处理可使水质达到生活杂用水甚至循环冷却水的标准，这对消除污染，节约水资源具有重要意义。在上述流程的过滤单元操作中，滤料的品种及其表面性质对处理效果有重要的影响。其中滤料的润湿性是最重要的影响因素之一，若油污对滤料润湿性好，则过滤净化效果好，但反冲洗效果则会差，反之则过滤净化效果差，但反冲洗效果则会好。研究滤料表面润湿接触角 θ 与含油废水处理效果之间的关系，并通过对滤料表面微观结构的分析从深层次揭示上述内在联系，可以为含油废水过滤处理工艺条件的优化及筛选或开发适用于含油废水处理的滤料新品种提供科学依据。

膜过滤是当今水处理的重要方法之一，包括反渗透、超滤、微滤、纳滤等，广泛应用于海水和苦咸水淡化、纯水制备及多种工业废水的处理。但膜污染是膜过滤技术中存在的最大的问题，它导致膜孔及表面堵塞，通量下降。膜污染的程度及膜通量的大小与膜表面的润湿性有直接的关系，常用聚偏氟乙烯膜和聚丙烯膜疏水性较强，易发生污染，如果能通过表面改性的方法提高其亲水润湿性，则会降低污染，提高通量。

海上原油泄漏事故频发，造成严重的海水污染，为了在事故发生后修复海水，人们研发了一些超疏水或超亲油的材料以有效地吸附和收集海面上的污染油。近年来特殊润湿性材料（包括超疏水超亲油表面和超疏油超亲水材料）的研究引起了广泛的关注，此类材料的表面可以通过对油水混合物中某一相进行吸附对另一相排斥及油水两相在网孔中毛细压力差达到油水高效分离的目的。其中超疏水材料的表面与水的接触角须大于150°而滚动接触角小于10°，此处滚动接触角是指液滴在固体表面开始滚动时的临界表面倾斜角度。特殊润湿性表面的制备主要涉及表面化学修饰和表面粗糙度的构筑。目前制备超疏水表面的途径有两种：①在具有低表面能的物质表面构建粗糙微纳米结构；②以低表面能物质修饰具有微纳米粗糙表面结构的物质表面。目前所制备的有超疏水网、超疏水薄膜、超疏水颗粒、超疏水海绵与织物等。

10.6 吸附剂性能参数的测定

10.6.1 比表面积的测定

单位质量固体的总表面积称为比表面积，常用单位为 m^2/g。比表面积是吸附剂的重要性能参数之一，直接与吸附能力有关。

气体吸附法是测定比表面积最常用的方法，它实际上是以测定出的吸附等温线数据，应用一定的吸附模型和吸附等温式求出单层饱和吸附量，再乘以分子截面积就得到吸附剂的比表面积。

（1）BET 二常数法

直到目前，测定比表面积的公认标准方法还是 BET 氮气吸附法。这个方法的基础是在低温（-195℃）下令样品吸附氮气，按经验在氮气的相对压力 p/p_0 为 0.05～0.35 范围内测定 5～8 个不同 p/p_0 下的平衡吸附量[mL(STP)/g]，然后用 BET 二常数直线式处理就会得比表面积，处理方法如【例 10-3】所示。

（2）BET 一点法

由 BET 二常数公式知，当 $c \gg 1$ 时，式(10-55) 可化简为：

$$\frac{p}{V(p_0 - p)} = \frac{1}{V_m} \times \frac{p}{p_0} \tag{10-131}$$

以 $\frac{p}{V(p_0 - p)}$ 对 $\frac{p}{p_0}$ 作图可得通过原点的直线，该直线的斜率即 $\frac{1}{V_m}$。或者式(10-131) 可写为：

$$V_m = V\left(1 - \frac{p}{p_0}\right) \tag{10-132}$$

根据式(10-131) 式(10-132) 可见，只要测出一个吸附量 V 与平衡压力 p 的实验结果，作 $\frac{p}{V(p_0 - p)}$ 对 $\frac{p}{p_0}$ 的点，连接此点与原点得直线，其斜率即 $\frac{1}{V_m}$，由此得 V_m，或直接用此点的数据按式(10-132) 计算出 V_m，进而计算出表面积 S：

$$S = V\left(1 - \frac{p}{p_0}\right) N_A \sigma \tag{10-133}$$

式中，V 为在一定的 $\frac{p}{p_0}$ 时，1g 吸附剂所吸附的吸附物的物质的量，mol；N_A 为阿伏伽德罗常数；σ 为一个吸附物分子的横截面积。

用"一点法"所得的 V_m 与"多点法"比较，误差常在 5% 以内。对于硅胶、氧化铝吸附剂常可得到满意的结果，显然"一点法"可以大大加快实验进度，节省工作量。

10.6.2 孔体积的测定

（1）四氯化碳吸附法

此法以 CCl_4 作为吸附质，由样品吸附 CCl_4 的质量来计算样品的孔体积，亦即样品内部的微孔总体积 V（mL/g），实验装置如图 10-23 所示。

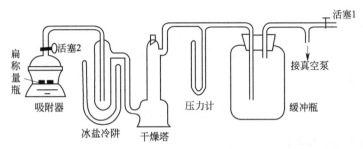

图 10-23　四氯化碳吸附法测定孔体积的装置

实验时在吸附器（可用真空干燥器）中加入 CCl_4 与正十六烷的混合液 200mL，二组分的体积比为 86.9:13.1。此溶液中 CCl_4 的相对压力 $\frac{p}{p_0}$ 约为 0.95。在上述溶液中再加入 CCl_4 10mL，然后将盛有样品的扁称量瓶放入吸附器内（另外放一只同样大小的称量瓶以校正吸附在瓶上的 CCl_4 的质量），抽空，直至冷阱中凝结的 CCl_4 的量正好是 10mL，这样可以保持相对压力仍为 0.95。关闭活塞 2，停止抽气，令样品吸附 CCl_4 约 16h，以保证吸附平衡。然后打开吸附器迅速称量样品增加的质量。孔体积则为：

$$V = \frac{W_{\text{样（四氯化碳）}} - W_{\text{空（四氯化碳）}}}{W_{\text{样}}\,\rho} \tag{10-134}$$

式中，$W_{\text{样（四氯化碳）}}$ 为样品瓶吸附四氯化碳后的质量，g；$W_{\text{空（四氯化碳）}}$ 为空瓶吸附四氯化碳后的质量，g；$W_{\text{样}}$ 为样品质量；ρ 为吸附温度时四氯化碳的密度，g/mL。

实验证明，当 $\frac{p}{p_0}>0.95$ 时在颗粒之间的孔隙中会发生凝聚，这使 V 值偏高，所以通常采用 $\frac{p}{p_0}=0.95$。

（2）密度法

如果已经测得多孔物的颗粒密度 $d_{\text{颗}}$ 和真密度 $d_{\text{真}}$，则可以求得样品的孔体积 V：

$$V = \frac{1}{d_{\text{颗}}} - \frac{1}{d_{\text{真}}} \tag{10-135}$$

式中，$d_{\text{颗}}$ 为颗粒物质本身（包括大量微孔）单位体积的质量；$d_{\text{真}}$ 为颗粒物质骨架的密度；分子上的 1 指单位质量。此法测定方便，但样品必须具有大的颗粒，若为粉末状就不方便了，甚至不好测定。

10.6.3　平均孔半径的测定

研究显示多孔物质中孔的形状极为复杂，从硅胶的剖面照片上可看到圆形、椭圆形、三角形、哑铃形及各种不规则形状的孔，孔的立体结构更为复杂。在实际工作中为简化问题，常假定微孔是圆柱状的。圆柱体体积为：

$$V = \pi r^2 l$$

圆柱体内表面积为：

$$S = 2\pi r l$$

以上二式中，r 为圆柱体的半径；l 为圆柱体柱长。联立二式可得圆柱体的平均孔半径：

$$\bar{r} = \frac{2V}{S} \tag{10-136}$$

当 V 的单位为 mL/g，S 的单位为 m^2/g 时，有：

$$\bar{r} = \frac{2V}{S} \times 10^3 (\text{nm}) \tag{10-137}$$

若孔为圆锥形，则：

$$\bar{r} = \frac{3V}{S} \times 10^3 (\text{nm}) \tag{10-138}$$

有时也可以用两者的平均值：

$$\bar{r} = \frac{2.5V}{S} \times 10^3 (\text{nm}) \tag{10-139}$$

使用最多的是式(10-137)。

由式(10-137)～式(10-139) 可以看出，若测得样品的比表面积和孔体积，则可以计算多孔物质的平均孔半径。对孔径比较均匀的吸附剂（如硅胶吸附树脂，甚至微孔发达的活性炭）有意义，基本上能反映出它们的孔结构特点。

10.6.4　孔径分布的测定

IUPAC 采纳的孔大小分类标准为：孔宽度小于 2nm 为微孔（micropores），孔宽度在 2～50nm 间为中孔（mesopores），孔宽度大于 50nm 为大孔（macropores）。这一标准已被广泛认可。

孔径分布是孔体积与孔半径的关系，其变化曲线称为孔径分布的积分分布曲线，孔体积随孔半径的变化率与孔半径的关系曲线称为孔径分布的微分曲线。孔径分布的测定方法主要是气体吸附法和压汞法，前者适用于孔半径在 10nm 以下的样品，后者适用于孔半径在 10nm 以上的样品。

（1）气体吸附法

孔径分布的计算原理是利用 Kelvin 公式(10-64)。在第Ⅳ类和第Ⅴ类等温线滞后环部分的脱附分支上以适当的间距选点。根据所选点的 p_r/p_0，用 Kelvin 公式计算相应的孔半径 r 值，此 r 值即在相应 p_r/p_0 时发生毛细凝结的孔半径，称为 Kelvin 半径或临界半径。由于在发生毛细凝结前孔壁上有吸附层，其厚度为 τ，故真实半径 r_p 应为 Kelvin 半径 r 加上 τ。

在各选择点相应于 p_r/p_0 有一定的吸附量，将吸附量换算为吸附体积，即为根据 Kelvin 公式计算出的 r 孔的吸附体积 V_r（即所有孔半径小于 r_p 的总孔体积），V_r 对 r 的关系曲线称为孔径分布的积分分布曲线。在孔径分布的积分分布曲线上选择适宜的 r 间距，求出相应点处曲线的斜率，对 r 作图即为孔径分布的微分分布曲线。图 10-24 和图 10-25 所示的分别为一种细孔硅胶的孔径分布的积分分布曲线和孔径分布的微分分布曲线。

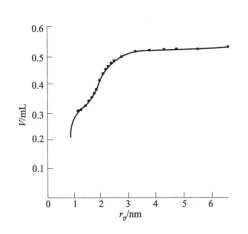

图 10-24　一种细孔硅胶的孔径分布
的积分分布曲线

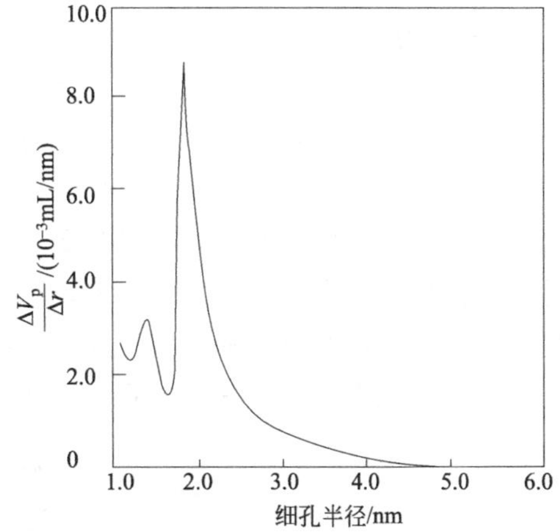

图 10-25　根据图 10-24 数据绘制的硅胶
孔径分布的微分分布曲线

还应说明两点：①计算孔径分布是用脱附线好还是吸附线好尚无定论，大多数人认为脱附线好，因为在脱附等温线的相对压力下，吸附状态更稳定，所得结果与其他方法所得结果相同；②未发生毛细凝结的孔中吸附层厚度与 p_r/p_0 有关。

（2）压汞法

气体吸附法适用于孔半径在 10nm 以下的样品，对于孔半径在 10nm 以上的样品需要用压汞法。压汞法不属于吸附方法，而是一种独立的测定较大孔径分布的方法。

汞对一般固体不润湿，故大于孔径的汞滴不能进入孔中。只有在加压下汞才能进入孔中。因为孔口面积为 πR^2，所以将汞压入的力为 $f = \pi R^2 p$，图 10-26 所示为将汞压入孔中的示意图。

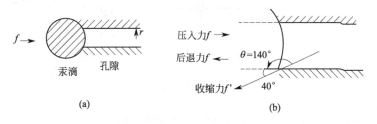

（a）　　　　　　　　　　　　（b）

图 10-26　将汞压入孔中的示意图

加压时汞表面要扩大，表面能也变大，因而产生缩小的趋势（即汞要往回缩），其方向如同图 10-26 中的 f'，根据表面张力的定义，$f' = 2\pi R\gamma$，为将它校正为水平方向的力，则：

$$f = f'\cos40° = 2\pi R\gamma\cos40° = -2\pi R\gamma\cos140°$$

平衡时压入力与回缩力相等，于是：

$$\pi R^2 p = -2\pi R\gamma\cos140°$$

$$R = -\frac{2\gamma\cos140°}{p} = -\frac{2\times0.480\times(-0.766)}{p} = \frac{7350\times10^5}{p} = \frac{7260}{p_{atm}}(nm) \tag{10-140}$$

式中，p_{atm} 为外加压力，大气压（atm）；γ 为汞的表面张力，通常取 0.480N/m；θ 为汞与固体的润湿接触角，通常取 140°。式(10-140) 是压汞法测孔径分布的基本公式。可以看出，若 $p = 1.013 \times 10^5$ Pa 时，R 等于 7260nm，表示对半径为 7260nm 的孔，必须以 0.1MPa 的压力才能把汞压入孔内。同样 $p = 1013 \times 10^5$ Pa（约 1000atm）时，R 等于 7.3nm，表示对半径为 7.3nm 的孔，必须以 101MPa 的压力才能把汞压入孔内，压力越高实验条件越困难，因而压汞法适合于测定孔径较大的多孔物质。

图 10-27 所示的是压汞仪的示意图，通常包括抽空系统、电子测量系统和加压系统。加压系统是核心，其中膨胀仪是关键设备，在膨胀仪中装有样品和汞。测试时通过加压把汞压入孔中。p 越大，进入孔中的汞越多，膨胀仪中的汞面越低，从而露出汞面的铂丝越长，铂丝的电阻越大，因此可以通过测量铂丝的电阻值计算压入孔中的汞体积。膨胀仪应事先校正，以确定铂丝电阻每变化 1Ω 时汞体积的变化。

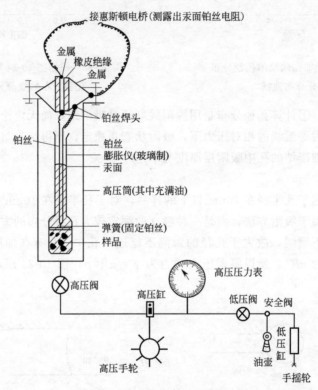

图 10-27　压汞仪的示意图

因为压汞仪实际使用压力最大约 200MPa，故根据式(10-140)，其可测的孔隙半径范围为 3.75～750nm。压汞法测定孔径分布比较快速，特别是对于大孔吸附剂更具有实际意义。但汞有毒是其主要缺点，某些能和汞生成汞齐的金属催化剂不能用压汞法测定。

10.7　吸附剂表面分析

通常情况下，吸附剂的表面是指一个或几个原子厚度的表面。表面分析的基本原理是用一个探束（光子、原子、电子、离子）或探针（机械加电场）去探测样品表面，在两者相互作用时，从样品表面会发射或散射出电子、离子、光子及中性粒子等，检测这些粒子的能量、质荷比、束流强度等就可以得到表面的各种信息。表面分析可以分为表面形貌分析、表面成分分析和表面结构分析三类。

10.7.1 表面形貌分析

正常人在距离观察物 25cm 时，能分清两点中心之间的最小距离是 2×10^5 nm，因此人眼的分辨率是 2×10^5 nm（0.2mm），而光学显微镜的分辨率为 2×10^2 nm，因此用光学显微镜观察胶体或固体表面的细节是不可能的，为此人们发明了以电子束为光源的电子显微镜。

（1）透射电子显微镜

透射电子显微镜（transmission electron microscope，TEM）是一种用高能电子束作光源，用电磁透镜作放大镜的大型电子光学仪器。当样品厚度小于入射电子穿透深度时，一部分入射电子透过样品从下表面射出，TEM 就是利用穿透样品的电子成像的。若样品很薄，（几十纳米的厚度），则透射电子的主要部分是弹性散射电子，成像清晰，电子衍射斑点敏锐，在白色背景上可观察到黑色颗粒。若样品较厚，则透射电子减少，且含有一部分非弹性散射电子，这时成像模糊，电子衍射斑点也不敏锐。目前影响电镜分辨本领的电磁透镜球差已减小到接近于零，使透射电子显微镜的分辨率得到了很大提高，达到了 0.1～0.2nm。

由于受限于电子束穿透固体样品的能力，要求必须把样品制成薄膜，对于常规透射电镜，如电子束加速电压在 50～100kV，样品厚度控制在 1000～2000Å 为宜，因此样品的制备比较复杂。

（2）扫描电子显微镜

扫描电子显微镜（scanning electron microscope，SEM）是利用极细电子束在样品表面作逐点扫描，使电子束轰击试样表面，产生的二次电子或背散射电子，采用不同的信号探测器接收从试样发出的这些信息后，经放大送到显像管上，形成二次电子信号。由于试样高低不平，从其表面上发出的二次电子信号随形貌不同而变化。SEM 在反映样品表面形貌的同时，还能以它的重要附属配套仪器 X 光微区分析仪（energy dispersive spectrometer，EDS）测出样品的元素分布。近年来，由于高亮度场发射电子枪及电子能量过滤器等的普遍应用，"冷场"扫描电镜的分辨率在加速电压为 1kV 时可达到 2.5nm，在加速电压 30kV 时已达到 0.6nm。扫描电镜的优点是景深大，样品制备简单，对于导电材料可直接放入样品室进行分析，对于导电性差或绝缘样品则需要喷镀导电层。

SEM 是研究固体材料表面三维结构形态的有效工具，虽然其分辨率不如 TEM，但对粗糙的试样表面仍可以构成细致的图像，且具有景深长、富有立体感、放大倍数连续可变，可放置大块试样进行观察等优点。

（3）扫描探针显微分析

扫描探针显微分析（scanning probe microscope，SPM）以扫描隧道显微镜（scanning tunneling microscope，STM）和原子力显微镜（atom force microscope，AFM）为代表，是继高分辨透射电镜之后的在原子尺寸上观察物质表面结构的显微镜，其分辨率在水平方向可达 0.1nm，在垂直方向可达 0.01nm。扫描隧道显微镜以量子隧道效应为基础，以针尖和样品间的距离和产生的隧道电流为指数性的依赖关系成像，所以要求样品必须是导体或半导体。具体原理是将原子限度的极细探针和被研究物质的表面作为两个电极，当试样与针尖非常接近时，在外加电场的作用下，电子会穿过两电极之间的势垒，流向另一电极，产生隧道电流，隧道电流的强度对针尖与表面之间的距离非常敏感，因此利用电子反馈线路控制隧道电流的恒定，并用压电陶瓷材料控制针尖在试样表面的扫描，则探针在垂直于样品方向上高低位置的变化就反映出试样表面的起伏。将针尖扫描时的运动轨迹直接在显像管或记录纸上显示出来，就得到表面密度的分布或表面原子排列的图像。这种扫描方式可用于表面起伏较大的试样，对于起伏不大的表面，则可控制针尖高度守恒扫描，通过记录隧道电流的变化也可得到表面密度的分布。原子力显微镜是根据极细的悬臂下针尖接近样品表面时，样品与针尖之间的作用力（原子力）以观察表面形态的装置，因此对非导体同样适用，弥补了隧道显微镜之不足。扫描探针显微分析的优点是可以在大气中高倍率地观察材料表面形貌。逐渐缩小扫描范围，可以由"宏观"的表面形貌观察过渡到表面原子、分子的排列分析。

10.7.2 表面成分分析

许多物理化学方法都能测定材料的化学成分，但常规分析方法得到的结果往往是一个平均值，由于材料的表面与内部组成并不相同，为不均匀样品，因而无法获得表面特征微区的化学组成。上述表面形貌分析技术虽然可以提供微观形貌、结构等信息，却无法直接测定化学组成，而显微电子能谱则是特征微区成分分析的有力工具。

（1）俄歇电子能谱分析

常规俄歇电子能谱分析（auger electron spectroscopy，AES）是利用能量大于内层电子结合能的入射电子束使原子内层能级电子激发到 Fermi 能级的非占据态，外层电子迅速填补内层空穴，与此同时要放出剩余的能量，这可以通过两种方式来实现，一是发射出能量等于两个能级能量差的光子，此即为特征 X 射线；二是不伴有光子的发射过程，而是将较高能级上的电子电离，产生无辐射俄歇跃迁，按此方式产生的电子称为俄歇电子。俄歇电子逃逸到真空中，用电子能谱仪在真空中对其进行探测，得到俄歇电子能谱。每种元素都具有特定的俄歇电子能谱，它只反映被激发原子本身的特性，因此俄歇电子能谱可用于试样的元素成分分析。在固体样品中，可以作为探测信号的具有化学特征的俄歇电子产生的表面深度为$10\sim30\mathring{A}$，所以它能对表面化学成分进行灵敏分析，分析速度快，不仅能定量分析，而且能提供化学结合状态。

随着 SEM、SPM 等技术的发展，俄歇电子能谱分析也已进入显微分析阶段，产生了场发射俄歇电子能谱（FE-AES）和扫描俄歇电子能谱探针（SAM）等技术。使俄歇电子能谱分析的分辨率达到了 10nm（CuLMM 俄歇峰）。由于一系列新技术的应用，SAM 的能量分辨率和空间分辨率得到了大大提高，不但能对表面元素成像，同时还能对元素的化学状态进行分析。

（2）X 射线光电子能谱分析

X 射线光电子能谱分析（X-ray photoelectron spectroscopy，XPS）是利用 X 射线源产生的很强的 X 射线轰击样品，从样品中激发电子，并将其引入能量分析器，探测经过能量分析的电子，做出 X 射线光电子能谱图。对于一定的光激发源，只要测定出光电子的动能，就可以利用公式计算出相应内层电子能级或价电子能带上电子的束缚能，每种原子、分子的各轨道具有确定的束缚能，由光电子能谱得出的束缚能可以用来鉴别各种分子、原子。XPS 可以用于区分非金属原子的化学状态和金属的氧化状态，所以又叫作化学分析光电子能谱仪（electron spectroscopy for chemical analysis，ESCA）。

利用 XPS 可以进行除氢以外全部元素的定性、定量和化学状态分析。其探测深度决定于电子平均自由程，对于金属及其氧化物，探测深度为 $0.5\sim2.5nm$。XPS 的绝对灵敏度很高，是一种超微量分析技术，分析所需要的样品很少，一般为 $1\times10^{-8}g$ 左右。

近年来，由于波带环片和同步辐射的应用，使扫描式光电子能谱显微仪得以产生并应用，大大提高了光电子能谱的能量和空间分辨率，使其应用扩展到了纳米级。

（3）红外光谱分析

红外光谱是分子吸收光谱的一种。物质分子可以有不同类型的运动，其中一种就是分子内原子的振动，包括化学键的各种弯曲振动和伸缩振动。当分子发生振动时，所吸收的光的波长落在红外区，提供了分子中存在什么官能团的丰富信息。常用的红外光谱计的测量范围为 $400\sim4000cm^{-1}$。其中高波数段 $1300\sim4000cm^{-1}$ 范围内的吸收峰比较少，但特征性很强，被称为官能团或集团的特征吸收峰；在 $1300\sim4000cm^{-1}$ 范围内还有许多吸收峰，它们的位置、强度和形状随每一个具体化合物的种类而变化，好像每个人的指纹各不相同一样，常把这一区域称为分子的"指纹区"。红外光谱被广泛用于结构鉴定，主要发挥两个功能，其一是指出官能团的归属，其二是做"指纹鉴定"。在吸附剂的研发、表面改性及吸附前后变化的研究中，赋予红外光谱的主要任务是指出吸附剂表面可能存在的官能团、环和双键。

Fourier 变换红外光谱（FTIR）具有快速、高灵敏度和高分辨率的显著优点，在吸附法水处理吸附剂研究中得到了广泛的应用。

10.8 天然水中的吸附现象和水处理中的吸附

10.8.1 天然水中常见的吸附现象

天然水中发生的吸附现象及水处理中的吸附是固体界面化学原理的具体体现。颗粒物的吸附作用在天然水中是非常普遍的现象，包括在金属氧化物、金属氢氧化物、水合氧化物及腐殖质颗粒表面上发生的物理吸附、离子交换及表面配合等。这些表面上多有 OH 基团，表现出弱酸性，其质子化程度决定颗粒表面电荷的性质，当水的 pH 值高于表面等电点时，颗粒表面的净电荷为负，并随 pH 值和电解质浓度的升高而增强。此负电荷可以被水中金属离子的吸附所平衡，例如重金属离子的吸附。许多研究表明天然水中的重金属多是与水中的悬浮颗粒物结合存在的，天然水中的大部分持久性有机污染物（POPs）也非常容易与悬浮无机物相结合。污染物与悬浮颗粒物结合后很容易从水中转入沉积物中，从而使水体底泥中的污染物含量升高。

10.8.2 水处理吸附的工艺及设备

吸附在水处理中的应用很多，主要是用各种吸附剂去除水中的微量有害杂质，常用于水的深度处理及水污染突发事件的应急处理，应用范围包括脱色、脱臭、脱除重金属离子、脱除溶解性有机物及脱除放射性物质等。工业规模的水处理一般采用动态吸附操作，其设备主要有固定床和移动床两种。

（1）固定床

将吸附剂填充到罐或柱中，让水连续地通过罐或柱，水中的杂质就会被吸附。使用一段时间后，出水中的杂质浓度就会逐渐升高，至一定值后须停止通水，将吸附剂再生，然后再通水使用。吸附和再生可在同一设备中进行，也可将失效的吸附剂排除，送至再生设备内再生。在固定床中水流方向可以是自上而下，也可以自下而上；可以是单床式、多床串联式或多床并联式，固定床的工艺流程如图10-28所示。

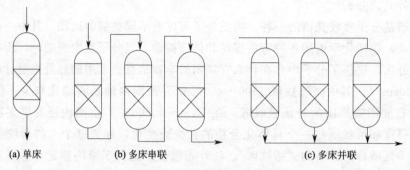

(a) 单床　　　　(b) 多床串联　　　　(c) 多床并联

图 10-28　固定床的工艺流程

（2）移动床

移动床的工艺流程如图10-29所示。原水从吸附罐底部流入，与吸附剂逆流接触，处理后的水从罐顶部流出，再生后的吸附剂也从罐顶加入，接近饱和的吸附剂从罐底间歇排出。移动床能够更充分地利用吸附剂的吸附容量，不需要反冲设备。移动床要求罐内吸附剂上下不能混合，操作管理要求高。

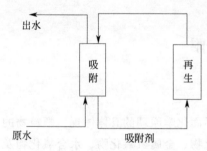

图 10-29　移动床的工艺流程

固体自溶液中的吸附作用在水的过滤处理中也占有很重要的地位。设滤床中表层细砂粒径为 0.5mm，以球体计，滤料颗粒之间的空隙尺寸约为 80μm，但进入滤池的悬浮物颗粒的尺寸大部分小于 30μm，仍然能被滤层截留，而且在滤层深处（空隙大于 80μm）也能被截留，说明过滤不是机械筛滤的结果。经过众多学者的研究，认为过滤主要是污染物在滤料颗粒之间的迁移、滤料表面对污染物吸附作用的结果，其作用力包括范德华力、静电作用力、疏水作用和配位作用等，均属于固体界面化学的原理。因此改善过滤的化学条件可以使过滤变得更加快速和更加有效，比如加入絮凝剂可提高污染物颗粒与滤料颗粒的有效碰撞概率。一些情况下加入适量的絮凝剂使过滤可在较高的滤速下操作，因为在提高滤速时虽然悬浮颗粒与滤料颗粒之间的接触机会减少，但由于絮凝剂的加入提高了有效碰撞概率，起到了补偿作用，因而可保持出水质量不下降。目前对各种不同性质的污染物已有许多具有不同表面性质的滤料种类可供选择，例如果壳、锰砂、陶粒、石英砂、无烟煤、沸石及磁石等。

由于界面过程存在的普遍性，固水界面化学几乎贯穿所有水处理领域，以氧化还原为主要原理的水处理方法也离不开固水界面化学的知识，例如，近年来环境催化得到了迅速的发展，特别是 TiO_2 光催化已成为水处理研究的重要分支领域。实际上光催化也属于界面化学反应，TiO_2 光催化剂的表面特性，包括粒径、形貌、比表面积、孔隙度、表面成分和结构，必然会影响催化剂的活性。因此固水界面化学对光催化水处理的研究是不可缺少的理论和方法之一。

10.8.3 水处理常用吸附剂

吸附操作中使用最多的吸附剂是活性炭，此外还有硅胶、活性氧化铝、活化沸石、吸附树脂、天然物质及其改性产品、工农业废弃物及其改性产品、生物吸附剂、某些黏土矿物等。

（1）活性炭

活性炭是一种多孔性含碳物质。活性炭吸附是去除水的臭味、形形色色的天然和人工合成有机物、微污染物的有效措施，这是因为活性炭具有极大的比表面积，每克活性炭的表面积可达 1000m^2，但 99.9% 以上的面积都在活性炭颗粒内部。活性炭就主体而言为非极性吸附剂，因此极易从水溶液中吸附非极性物和长链有机物。但活性炭表面有含氧基团，所以对某些极性物也有吸附作用（特别是在非水溶剂中）。活性炭几乎可以用含有碳的任何物质作为原材料来制造，例如木材、锯末、煤、泥炭、果壳、蔗渣等。活性炭的制造分碳化和活化两步。碳化也称热解，是在隔绝空气的条件下对原材料加热，一般温度在 600℃ 以下，其作用是使材料分解放出水汽、一氧化碳、二氧化碳及氢等气体，并形成稳定结构。活化是在有氧化剂的作用下对碳化后的材料加热，氧化温度在 800～900℃ 时，一般用蒸汽为氧化剂，当温度在 600℃ 以下时，一般用空气作氧化剂。在活化过程中，烧掉碳化时吸附的烃类化合物和孔隙边上原有的碳原子，起到扩大孔隙的作用。活化可以增大活性炭的比表面积，使活性炭具有良好的多孔结构。活性炭一般有粒状、粉末状和纤维状三种产品，可供不同的用途。粒状活性炭可填充成吸附柱应用，粉末活性炭可直接投入水中，吸附后分离出来。纤维状活性炭可制成纤维布或纤维板使用。活性炭工作后会达到吸附饱和，需要再生。再生方法有沸腾炉热分解再生和蒸汽吹洗再生，前者再生效果在 90% 以上，后者再生效果较差，只能再生几次。

（2）硅胶

硅胶的全称是硅酸凝胶，是典型的多孔吸附剂。硅胶广泛地用于工业生产和科学研究中，作为干燥剂、吸附剂和载体。通常可以先用稀释的水玻璃和硫酸溶液反应生成硅酸，硅酸分子间缩合形成聚硅酸溶胶，然后经过胶凝、老化、洗涤、氨水浸泡、干燥和活化制成。在胶凝过程中形成多孔性水凝胶，老化中出现"出汗"离浆现象，将网架结构中的部分水挤出。水凝胶老化后为块状，应适当切割粉碎，以利于在洗涤过程中除去反应生成的盐、剩余的酸（或碱）及杂质，氨水浸泡是一种扩孔过程，有利于形成粗孔硅胶。在干燥过程中，毛细管中的水不断蒸发溢出，凝胶骨架收缩，活化的目的是提高硅胶的活性，无论是干燥还是活化，都应能去除硅胶的吸附水而又不改变其物理性质和结构。

（3）活性氧化铝

活性氧化铝是具有吸附和催化性能的多孔大表面氧化铝，广泛用作炼油、橡胶、化肥及石油化工中的吸附剂、干燥剂、催化剂及载体。活性氧化铝具有优良的吸水能力，对水中氟离子去除效果显著。据电子显微镜观察，氧化铝是由大小不同的粒子堆积而成，粒子间的空隙就是孔的来源。孔的粗细可以通过在制备时控制氧化铝晶粒的大小来控制，通常增大晶粒可以增大孔半径，比表面积则会相应减小。在氢氧化铝沉淀时加入水溶性有机聚合物作为造孔剂也会增大孔径。造孔剂吸附在氢氧化铝小晶粒表面，经搭桥形成大晶粒，煅烧后会形成贯通的大孔隙。活性氧化铝一般由氢氧化铝加热脱水制得，加热未达到分解温度时，无脱水孔形成，表面积很小，达到分解温度后大量脱水，形成脱水孔。

（4）活化沸石

沸石原是天然铝硅酸盐矿物的名称，后来人工合成了与天然沸石结构、性质相似的物质，称为人工沸石或分子筛。沸石是以 SiO_2 和 Al_2O_3 为主要成分的结晶铝硅酸盐，其晶体中有许多一定大小的空穴，空穴之间有许多直径相同的孔相连，因为能将比孔径小的分子吸附到空穴内部，而把比孔径大的分子排斥在外面，起到筛分分子的作用，所以称为分子筛。分子筛的用途十分广泛，不仅用作吸附剂干燥、纯化和分离气体和液体混合物，还可用作催化剂。合成沸石之所以称为分子筛，就是因为它具有选择吸附功能，既可以根据分子大小和形状的不同选择吸附，也可以根据分子极性、不饱和度及极化率的不同选择吸附。由于分子筛是一种极性吸附剂，故它对极性分子及不饱和分子有很高的亲和力。在非极性分子中，对极化率大的分子有较高的选择吸附作用。分子筛在高温或低水蒸气压或高速气流中仍具有高吸水量，相对于其他吸附剂具有优势。在用分子筛做吸附剂时必须首先加热脱水活化，在反复使用时，必须加热再生。

（5）吸附树脂

随着大孔离子交换树脂的发展，大孔吸附树脂应运而生，它是一种不含离子交换基团的高交联度体型高分子珠粒，其内部有许多分子水平的孔道，提供吸附和扩散场所。

（6）其他吸附剂

近年来人们研究各类生物材料用于水中重金属的吸附，包括细菌、丝状菌、酵母、藻类、工农业生物废弃物（废弃酿酒酵母、秸秆、玉米芯等）及其改性产品（如生物炭）等，总称为生物吸附剂。一些黏土矿物也具有吸附性能，例如漂白土、经活化的蒙脱土、凹凸棒土等。

乳状液、泡沫、凝胶

乳状液、泡沫、凝胶都是热力学不稳定的粗分散体系，有一定的动力学稳定性，有显著的界面电性质和聚结不稳定性，也存在巨大的界面和界面自由能，界面现象对它们的形成和应用起着重要的作用，由于这些性质与胶体分散系相似，所以一般被纳入胶体与界面化学研究的范畴。乳状液、泡沫、凝胶在工农业生产、日常生活和水处理中有着广泛的应用。本章介绍乳状液、泡沫、凝胶的形成、结构、性质及它们在水处理中的应用。

11.1 乳状液

11.1.1 乳状液的形成与类型

把一种液体分散到另一种互不相溶的或部分互不相溶的液体中得到的分散体系称为乳状液，例如牛奶和橡胶汁都是乳状液。如果乳状液是由两种均匀的纯液体形成，相分离就会迅速地发生，特别是当分散相浓度较高时更容易发生。一般要形成稳定的乳状液需要有乳化剂存在，比如表面活性剂和固体粉末就是常见的乳化剂。乳化剂的功能是促进乳化和提高乳化液的稳定性。

乳状液按分散相和分散介质的种类可以分为以下两类：

① 水包油型（O/W）　水为外相即连续相，油为内相；

② 油包水型（W/O）　油为外相即连续相，水为内相。

此处"油"为广义油，泛指有机液体。以上类型可以用以下 3 种方法鉴别。

（1）染色法

将一种油溶性红色染料加入乳状液中，在显微镜下观察，如果微粒呈红色，周围是明亮液体，则可以判断为 O/W 型乳状液；如果微粒明亮，而周围液体呈现红色，则可以判断为 W/O 型乳状液。

（2）电导法

乳状液的电导率的大小决定于外相的电导率，O/W 型乳状液的电导率一般高于 W/O 型乳状液，所以根据测得的电导率的大小可做出判断。

（3）稀释法

用一种油去稀释乳状液，如果容易掺和，说明油为外相，是 W/O 型乳状液，反之是 O/W 型乳状液；如果用水去稀释乳状液，如果容易掺和，说明水为外相，是 O/W 型乳状液，反之是 W/O 型乳状液。

11.1.2 乳状液类型的理论

乳状液类型的理论介绍如下 3 种。

（1）相体积理论

把分散相微粒看作是圆球状，从几何计算可知最为密堆时，圆球的体积分数 ϕ 为

74.02%，介质占25.98%。从此计算可知，当$\phi > 74.02\%$时则应发生变型；当$\phi = 0.26 \sim 0.74$时，O/W型和W/O型都可能生成；当$\phi > 0.74$时或$\phi < 0.26$时，仅有一种可能，或者是O/W型，或者是W/O型。相体积理论有时预测不准，原因有两个：一个是当液珠体积大小不相等时，ϕ可大于0.74，而保持不变型；另一个是当球形液珠变形时，ϕ可大于0.74，而保持不变型。

（2）定向楔界面理论

表面活性剂分子定向排列在分散相液珠的表面上，极性基伸向水相，非极性基伸向油相，一方面使界面自由能降低，另一方面形成界面保护膜，因而使乳状液得以稳定存在。因为分散相液珠表面上排列的表面活性剂分子越多，界面自由能越低，界面膜越牢固，则乳状液越稳定，称为密堆原则。为了符合这一原则，一价金属的皂类作表面活性剂时，体积较粗大的极性基伸向外相，而细长的碳链则伸向内相，这样界面上容纳的表面活性剂分子才较多，反之则较少，因此外相必为水相，内相必为油相，于是形成O/W型乳状液，如图11-1(a)所示；二价金属的皂类有两支碳链，当它作表面活性剂时较粗的碳链伸向外相，体积相对较小的极性基则伸向内相，这样界面上容纳的表面活性剂分子才较多，反之则较少，因此外相必为油相，内相必为水相，于是形成W/O型乳状液，如图11-1(b)所示。在这种解释中，将表面活性剂分子比作了一头大、一头小的"木楔"，故称为定向楔界面理论。

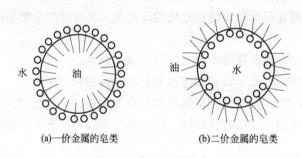

(a)一价金属的皂类　　　　(b)二价金属的皂类

图11-1　表面活性剂类型对乳状液类型的影响

（3）优先润湿理论

优先润湿理论是最为完满的乳状液类型理论，最初是针对被细微固体颗粒稳定的乳状液而提出的，后来被扩展说明其他乳化剂。该理论认为，如果细微固体颗粒可被两液相中的一相优先润湿，则相界面会形成凸向此优先润湿液体的曲面，由此安置更多的固体颗粒，使界面自由能降低更多，这就意味着优先润湿液体为分散介质。被固体微小颗粒稳定的乳状液如图11-2所示，若水对固体的润湿性相对较强，则水为外相，且固体大部分被拉入水中，例如膨润土颗粒（优先被水润湿）易形成O/W型的乳状液；若油对固体的润湿性相对较强，则油为外相，固体大部分被拉入油中，例如炭黑（优先被油润湿）易形成W/O型乳状液。各种黏土、SiO_2、$CaCO_3$、氢氧化铁等粉末可以作为O/W型乳化剂，而石墨、烟煤、硫化汞、硫化银、松香等粉末可以作为W/O型乳化剂。

上述优先润湿理论可以扩展到包括其他类型的乳化剂，乳状液倾向于何种类型取决于乳化剂的亲水性和亲油性之间的平衡，碱金属皂有利于O/W乳状液的形成，原因是它的亲水性强于亲油性，而重金属皂类的情况则相反。

(a)优先被水润湿   (b)优先被油润湿

图 11-2   被固体微小颗粒稳定的乳状液

11.1.3   乳状液的稳定与破坏

(1) 乳状液的稳定性

乳状液的不稳定性体现在分层、絮凝及聚结等现象上。分层是由于油相和水相的密度不同所造成，在重力的作用下，液珠会上浮或下沉，结果是分为两层，如图 11-3(a) 所示。应该指出，分层不仅仅是乳状液的均匀性遭到破坏，乳状液实际上变成了两个乳状液。乳状液的液珠也会像溶胶一样，在电解质或絮凝剂的作用下发生絮凝，形成絮团，如图 11-3(b) 所示。但絮凝是可逆的，搅动可以使絮团重新分开。倘若絮团中的液珠发生凝并，形成大的液珠则称为聚结，如图 11-3(c) 所示。聚结是不可逆的，它导致乳状液的完全破坏。

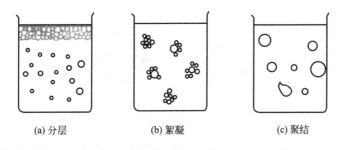

(a) 分层   (b) 絮凝   (c) 聚结

图 11-3   乳状液不稳定的几种表现

影响乳状液稳定性的主要因素有如下几个方面。

① 界面自由能的降低   如果降低油水的界面张力（界面自由能），会使体系的自由能降低，乳状液趋于稳定。例如将石蜡油分散在水中时，界面张力是 41mN/m，乳状液很难形成。如果加入少量橄榄油作乳化剂，界面张力降至 0.002mN/m，体系会自动乳化。

② 界面膜的强度   界面膜的强度也起着重要的作用。例如低碳醇的表面活性很高，可以显著降低油水界面张力，但以它做乳化剂形成的乳状液并不稳定，原因是碳链短，界面膜薄，强度低，液珠相互碰撞后界面膜破裂导致凝并，生成比表面小，界面自由能低的大液珠。固体粉末也可以作乳化剂，虽然其表面活性较低，但形成的乳状液很稳定，原因是界面膜的强度较高。

③ 其他因素   其他一些因素也会影响乳状液的稳定性。当乳化剂是离子型表面活性剂时，因为液滴带电，相互接近时互相排斥，防止了相互凝并，提高了乳状液的稳定性。增大电解质浓度会使液珠发生絮凝；外相的黏度影响液珠的运动速度，从而影响它们之间的碰撞频率，导致乳状液稳定性的改变。

(2) 乳状液的变型与破坏

① 乳状液的变型　　在某种因素的作用下，一种乳状液自 O/W（W/O）型变为 W/O（O/W）型，这种现象称为乳状液的变型。实质上变型是原来的乳状液分散相液滴聚结成连续相，而原来的分散介质分裂为液滴的过程。图 11-4 说明了 O/W 乳状液的变型机制。

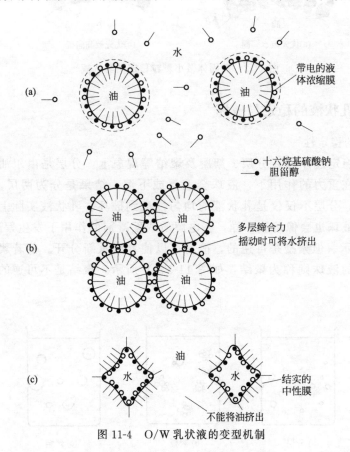

图 11-4　O/W 乳状液的变型机制

由图 11-4 可以看出，在一个被阴离子乳化剂稳定的 O/W 型乳状液中，加入高价阳离子，表面电荷则被中和，因而油珠聚结在一起，水相陷于油珠的包围之中。界面膜上的乳化剂分子重新进行排列，将水相包围成不规则的水珠，油珠则凝并为连续相，完成了乳状液由 O/W 型到 W/O 型的转变。影响变型的主要因素如下。

a. 相体积　　将内相体积增大到一定体积分数以上可引起变型。

b. 乳化剂类型　　将一价金属的皂类改变为二价金属的皂类或将二价金属的皂类改变为一价金属的皂类可引起变型。

c. 温度　　改变温度就会改变乳化剂的亲水亲油性，一般亲和力强者为外相。此效应对非离子表面活性剂尤为显著。发生型变的温度称为相转变温度（PIT）。在温度高于 PIT 时，亲水性变弱，亲油性变强，乳状液变为 W/O 型；在温度低于 PIT 时，亲水性变强，亲油性变弱，乳状液变为 O/W 型。

d. 电解质　　电解质可以使离子型皂类的离解度降低，因而亲水性变弱，导致变型。

② 乳状液的破坏

a. 物理法　　离心法被应用于自牛奶中分离奶油；静电破乳被应用于原油脱水，原理是原油中的水珠带电，在高压静电场中向电极运动，在电极处放电并聚结；超声波法可以加速液珠的聚结。

b. 物理化学法　加入酸破坏乳化剂，将酸加到以碱金属皂类稳定的乳状液中，使它变成脂肪酸，乳状液因而被破坏。加入表面活性很高但分子链较短或带有支链的表面活性剂，取代原有表面活性剂所形成的新的界面膜较薄且不能紧密排列，因而容易破裂，导致聚结。一种常用的原油破乳剂是环氧乙烷和环氧丙烷共聚而形成的聚醚表面活性剂（pluronic），它的表面活性很高，很容易吸附在油水界面上，但分子柔性甚强，极性基（聚氧乙烯链）和非极性基（聚氧丙烯链）部分都很大，分子不容易紧密排列，界面膜强度较差，油滴容易聚结。加润湿剂，如果乳化剂是固体粉末，可加润湿剂，使之完全为一相所润湿，从而脱离界面，或进入水相，或进入油相，导致乳状液破坏。

● 【例 11-1】乳状液

固体粉末为什么可以作为乳化剂？$CaCO_3$、松香等粉末可以形成何种类型的乳状液？

答：当固体粉末同时被水和油润湿时，可以处在两相界面上，形成坚固的界面膜，保护了分散相液滴，使其稳定。亲油性较强的粉末做乳化剂时，应得外相为油的乳状液，亲水性较强的粉末做乳化剂时，应得外相为水的乳状液，$CaCO_3$ 粉末形成 O/W 型乳状液，松香粉末形成 W/O 型乳状液。

11.1.4　HLB 体系

(1) HLB 的概念

HLB（hydrophile-lipophile balance）是表面活性剂的亲油亲水平衡值，一般在 1～40 之间，其值越小，亲油性越强；其值越大，亲水性越强。

(2) 不同用途所需的 HLB 值

当 HLB 值在 3～6 范围时，表面活性剂适用于形成 W/O 型乳状液；HLB 值在 8～18 范围时，表面活性剂适用于形成 O/W 型乳状液；适合于其他用途的 HLB 值见表 11-1。

表 11-1　HLB 的应用范围

HLB 范围	用　途	HLB 范围	用　途
3～6	W/O 乳化剂	13～15	洗涤剂
7～9	润湿剂	15～18	加溶剂
8～18	O/W 乳化剂		

(3) HLB 值的估算

表面活性剂的 HLB 值可以从查阅手册或专著得到，也可以由组成基团的 HLB 值估算得到，估算公式如下：

$$HLB = 7 + \sum 基团的\ HLB \tag{11-1}$$

各基团的 HLB 见表 11-2。

表 11-2　各基团的 HLB

基　　团	HLB	基　　团	HLB
—SO$_4$Na	38.7	—OH(自由)	1.9
—COOK	21.1	—O—	1.3
—COONa	19.1	—OH(失水山梨醇环)	0.5
—N(叔胺)	9.4	—C$_2$H$_4$O—	0.33
酯(失水山梨醇环)	6.8	—C$_3$H$_6$O—	0.15
酯(自由)	2.4	=CH—,—CH$_2$—,—CH$_3$	0.475
—COOH	2.1		

(4) HLB 的应用

HLB 具有加和性质。例如表面活性剂 Tween80 的 HLB 值等于 15，表面活性剂 Span80 的 HLB 值等于 4.3，如果将 Tween80 与 Span80 按 7：3 的比例混合，得到的混合乳化剂的 HLB 值可以按下式计算：

$$混合乳化剂的 HLB 值 = 15 \times 0.7 + 4.3 \times 0.3 = 11.8$$

利用 HLB 的加和性可以确定特定油水体系的最佳 HLB 值，方法是采用一对具有不同 HLB 的表面活性剂，按不同的比例混合，得到 HLB 不同的一系列混合表面活性剂，分别实验它们对特定油水体系的乳化效果，得图 11-5，图中的峰值所对应的 HLB 值即该油水体系的特征值，也就是它的最佳 HLB 值。

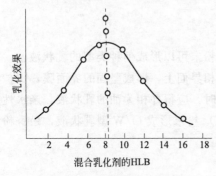

图 11-5　油水体系的最佳 HLB 值

● 【例 11-2】　HLB 值

已知将甲苯乳化成水包油型乳化液，需乳化剂 HLB 值为 12.5，今有 4％的油酸钠和 4％的 Span20 水溶液，问配制 10mL HLB=12.5 的混合乳化剂溶液，取上述油酸钠和 Span20 水溶液各多少？

解：查附录 6 知，油酸钠的 HLB=18，Span20 的 HLB=8.6。设 x 为混合后油酸钠的摩尔分数，则：

$$HLB_{混} = 18x + (1-x)8.6$$
$$x = (HLB_{混} - 8.6)/(18 - 8.6) = 0.42$$

现二水溶液浓度相同，混合乳化剂总体积为 10mL，故应取 4％的油酸钠 4.2mL 和 4％的 Span20 水溶液 5.8mL。

11.1.5　乳状液理论在废水处理中的应用

乳状液理论与含油废水的处理有密切的关系。含油废水是一种常见的量大面广的工业废水，石油的开采及加工运输、机电及机械加工、石油化工等行业每天排出大量的含油废水，由于它具有色、气味、高 COD 及 BOD、可氧化性等特征，严重危害着水环境的安全。含油废水中油的存在形态分为：浮油（直径大于 $100\mu m$）、分散油（直径在 $10\sim100\mu m$ 之间）、乳化油（直径小于 $10\mu m$）、固体附着油（直径大于 $10\mu m$）及溶解油五种。其中乳化油的稳定性较强，是含油废水处理的各种方法均难于去除的形态，因而研究乳状液稳定性破坏的原理和方法对提高含油废水处理效率具有重要的意义。当前含油废水可以采用多种技术处理，例如气浮、过滤、絮凝、粗粒化法、膜分离及生化法等。在所有这些处理技术中，都涉及乳状液稳定性和不稳定性的原理，它们显著影响油的去除效率。所以研究乳状液稳定性和不稳定性的原理将会帮助我们提高含油废水处理的效率，大大改进处理技术。

液膜分离技术是在乳状液形成原理的基础上研发的。在废水处理中最典型的例子是从废水中去除低浓度的酚。实施时首先制备一种 W/O 型乳状液（初始乳状液），其中水相是 2％的 NaOH 溶液，而油相含有一种表面活性剂（98％ S100N 油＋2％Span80），然后将初始乳状液分散于低浓度含酚废水中，就会得到 W/O/W 多重乳状液，液膜分离法去除水中的酚，如图 11-6 所示。

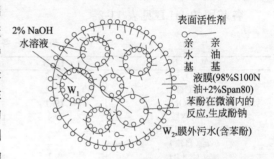

图 11-6　液膜分离法去除水中的酚

图 11-6 中位于初始乳状液内相和多重乳状液连续外相（废水）之间的区域被称为液膜。由于酚在一定程度上溶解于油，因而可以从液膜之外的水相穿透液膜，进入液膜中的碱性水滴，然后与 NaOH 反应产生酚钠。由于酚钠不溶解于油，所以不能扩散进入液膜外的水中，结果污染物酚就会从废水中被除去。

11.2 泡沫

11.2.1 泡沫的结构和形成条件

泡沫是以气体为分散相的分散体系。分散介质可以是固体，也可以是液体。前者是固体泡沫，后者是常见泡沫。泡沫属于粗分散体系，其中内相的浓度较大，常为多面体，由薄层液膜隔开。由于分散相和分散介质的密度相差很大，因此泡沫中的气泡会很快上升至液面，形成被薄层液膜隔开的气泡聚集体。

泡沫形成时常需要起泡剂，它们是表面活性剂、高分子聚合物、蛋白质和固体粉末等，这些物质可以降低液膜的表面张力，增强液膜的强度，有利于泡沫的稳定，泡沫的结构如图 11-7 所示。

图 11-7　泡沫的结构

11.2.2 泡沫的稳定性

泡沫是热力学不稳定体系，泡沫的破坏主要起因于液膜排液变薄和泡内气体的扩散。以下因素可导致泡沫稳定性降低：

① 重力排液　由于重力的作用，液体向下流动，液膜变薄，如图 11-8 所示。图中 A 表示凹液面，B 表示平液面；

② 表面张力排液　由于泡沫由多面体堆积构成，在气泡交界处会形成凹液面，根据 Young-Laplace 公式，在凹液面处附加压力 $\Delta P < 0$，因而液体会由平液面处向凹液面处流动，从而使液膜变薄，如图 11-8 所示；

③ 气泡内气体扩散　根据 Young-Laplace 公式，小气泡的曲率半径比大气泡的小，因而小气泡内压力大于大气泡内压力，所以气体由小气泡进入大气泡，小气泡越来越小，大气泡越来越大，最终气泡消失。

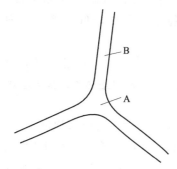

图 11-8　重力排液和
表面张力排液

在实际中发现一些表面张力很低的液体并不易起泡，而蛋白质虽然表面活性不高，但可形成稳定的泡沫，因而得到以下看法。

① 对于泡沫的稳定，降低界面张力并非最重要的因素，这是因为液体的表面张力不可能降至很低，降低表面张力所起的作用是有限的。例如表面张力较低的一些有机液体并不容易起泡，但蛋白质等物质的表面活性并不高，但却很容易引起泡沫。

② 增大液膜的黏度，如果加少量极性有机物，形成黏度很大的混合膜，可以使排液困难，从而增强泡沫的稳定性。

例如在表面活性剂（起泡剂）中加入少量极性有机物（稳泡剂），形成表面黏度很高的混合膜，可以大大提高泡沫的稳定性。稳泡剂最好与起泡剂具有大致相同的分子长度，如用十二烷基硫酸钠作起泡剂时可以加入十二醇。由图11-9可以看出在月桂酸钠溶液中加入少量月桂酸异丙醇胺，其表面黏度增加，泡沫的寿命也相应提高。稳泡剂分子中常常含有羧基、羟基及各类酰胺基等能生成氢键的官能团，目的是生成黏度较高的液膜。

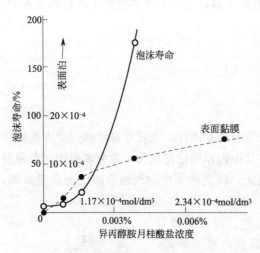

图 11-9　月桂酸异丙醇胺对泡沫寿命的影响

③ 如果液膜具有较高的弹性，具有自动修复功能，则不易发生气泡的脆裂，有利于泡沫的稳定。泡沫受到外界扰动时，液膜会发生局部变薄的现象，这可以从图 11-10 中 A 处和 B 处的比较看出。变薄之处的液膜被拉长，界面上吸附分子的浓度会减小，从而使变形区的表面张力暂时升高，$\gamma_A > \gamma_B$，产生表面张力梯度，在表面压 $\pi = \gamma_A - \gamma_B$ 的作用下，B 处的液体向 A 处流动，结果使因扰动而变薄的 A 处重新变厚，升高的表面张力得到降低，其效果如表面膜有一定的弹性，可以自动修复因扰动而发生的变形，这就是 Marangoni 效应。

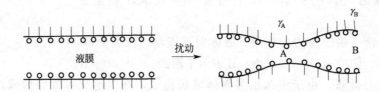

图 11-10　Marangoni 效应

Marangoni 效应取决于 $\mathrm{d}\gamma/\mathrm{d}A > 0$（$A$ 为表面积）。纯液体的 $\mathrm{d}\gamma/\mathrm{d}A = 0$，因此无修复作用，外界扰动引起的变形会无阻碍地发展下去，故不能形成稳定的泡沫。对于表面活性剂溶液，浓度低时，溶液的 γ 与溶剂相差不大，$\mathrm{d}\gamma/\mathrm{d}A$ 也不会很大；如果浓度过高，变形区吸附分子浓度的降低会从垂直方向得到补充，在 CMC（临界胶团浓度）以上，浓度的降低并不引起表面张力的明显变化，泡沫的稳定性往往降低，因此起泡剂的浓度要适中。

④ 以离子型表面活性剂作起泡剂时，因液膜带电，两界面互相排斥，可阻止排液，增强泡沫的稳定性。非离子型表面活性剂稳定泡沫的能力一般较差，一方面是因为缺少电学因素，另一方面是因为分子截面积大，不易形成牢固的界面膜。

⑤ 当表面活性剂分子具有支链时，往往表面活性强，扩散系数大，因而起泡能力强。但支链结构不利于形成结实的界面膜，膜的机械强度较小，泡沫的稳定性差。当表面活性剂分子为直链时，膜的强度随碳链长度增加而增加，但碳链过长，界面膜刚性过大，失去弹性，表面活性剂溶解性也差，由于这些原因，膜的稳定性随碳链长度的增加显示一最高值，一般以 $C_{12} \sim C_{14}$ 为宜。

良好的起泡剂应有以下特点：较低的 CMC 值，能形成牢固的、紧密的、能抗拒机械或其他物理条件改变、有一定弹性的薄膜。起泡剂的疏水链应是长而直的碳氢链，烷基硫酸盐和其他皂最好有 10～12 个碳原子的直链，在高温下碳氢链应加长，如 60℃时可以用 16 个碳原子的，接近水沸点时可以用 18 个碳原子的。

11.2.3 消泡及消泡剂

许多工业生产过程常产生大量的泡沫，如肥皂生成中的加热过程，食糖生产中的浓缩过程、纺织助剂、染色剂的使用过程及淀粉废水的产生过程等。泡沫的产生给生产造成严重的问题，因而阻止泡沫的生成和消泡具有重要的实践意义。这些泡沫可以用加入阻泡剂和消泡剂的方法除去，阻泡剂和消泡剂的作用机理是对抗增强泡沫稳定性的各种因素，从而削弱泡沫的生成。

一般来讲，阻泡剂和消泡剂是那些能相对起泡剂优先发生吸附但不会促使稳定泡沫形成的物质，它们能有效阻止泡沫的生成主要取决于它们快速的吸附，例如将磷酸三丁酯加入油酸钠水溶液，显著地减少了达到平衡表面张力所需的时间，因而减小了 Marangoni 表面弹性和泡沫的稳定性。此外，有的阻泡剂可以降低液膜双电层之间的排斥力，或减少液膜与其下方溶液之间的氢键，从而促进排液。

另一些消泡剂具有很好的吸附功能。它们溶于泡沫溶液中，由于表面活性高，极易吸附到泡沫表面顶替原来的泡沫稳定剂分子，但它们本身不能形成牢固的保护膜，例如环氧丙烷和环氧乙烷聚合成的非离子表面活性剂，聚醚 L-61 本身不能形成泡沫，将其加入，可以大大减小原体系的发泡能力，称为抑泡剂。表 11-3 列出了消泡剂的种类及主要用途。

表 11-3 消泡剂的种类及主要用途

种　　类	名　　称	主　要　用　途
矿物油	液体石蜡	造纸
油脂类	动物油、芝麻油、葵花籽油、菜籽油	食品、发酵
脂肪酸酯类	乙二醇二硬脂酸酯、二乙烯二乙醇月桂酸酯、甘油蓖麻油酸酯、山梨醇单月桂酸酯、天然蜡	纸浆、染色、涂料、发酵、石油炼制、锅炉水、黏合剂、食品
醇类	辛醇、己醇、乙二醇类、二异丁基甲醇、环己醇	造纸、制胶、染色、发酵、涂料
酰胺类	二硬脂酰乙二胺、二棕榈酰乙二胺、二硬脂酰癸二胺	锅炉水、造纸
磷酸酯类	磷酸三丁酯、磷酸三辛酯	酪朊、纤维
金属皂类	硬脂酸铝、油酸钙、油酸钾	润滑油、造纸、纤维
有机硅类	二甲基硅油、硅脂、改性聚硅氧烷、硅乳液、氟硅油	食品、发酵、润滑油、造纸、涂料、胶乳、黏合剂、石油工业、化学工业

固体颗粒作为消泡剂首要条件是固体颗粒必须是疏水性的。当疏水二氧化硅颗粒加入泡沫体系后，其表面与起泡剂和稳泡剂疏水链吸附，而亲水基伸入液膜，这样二氧化硅的表面由原来的疏水表面变为了亲水表面，于是亲水的二氧化硅颗粒带着这些表面活性剂一起从液

膜的表面进入了液膜的水相中，使液膜表面的表面活性剂浓度减低，从而全面地增加了泡沫的不稳定性因素，大幅地缩短了泡沫的"寿命"而导致泡沫的破坏。

总之，在消泡过程中，膜的表面状态发生了变化，消泡剂使膜的表面黏度降低，排液速度和气体扩散速度大为提高，从而使泡沫稳定特征消失。

除使用消泡剂外，改变 pH 值、盐析或添加与起泡剂反应的化学试剂也可以除去泡沫；也可以采用物理方法，如改变温度、使液体蒸发或冻结、急剧改变压力、离心分离、超声波振动及过滤等破坏泡沫。

● 【例 11-3】 乳状液、泡沫

乳状液、泡沫、悬浮物与胶体的区别是什么？为什么要将乳状液、泡沫、悬浮物作为胶体化学的研究对象？

答：一般来说乳状液、泡沫和悬浮物都是分散度较低的体系，其微粒尺度大于甚至远大于胶体的尺度 1～1000nm，与胶体的高度分散条件不符，但它们都具有不均匀性和聚结不稳定性，界面现象较突出，所以将乳状液、泡沫、悬浮物作为胶体化学的研究对象。

● 【例 11-4】 泡沫

从降低液膜表面张力和生成氢键两方面简述消泡剂的消泡机理。

答：（1）消泡剂具有较强的表面活性，当加入泡沫后，消泡剂微滴与泡沫的液膜接触，使液膜局部的表面张力降低，而液膜其余部分的表面张力不变，表面张力降低的部分被强烈地向四周牵引、延展，由于表面张力的降低，液膜失去弹性和自修复作用，导致液膜破裂；

（2）如果用不能产生氢键的表面活性剂将能产生氢键的表面活性剂从泡沫液膜上取代下来，就会降低液膜的表面黏度，使排液速度和气体扩散速度加快，导致泡沫破裂。

11.2.4 泡沫在水处理中的应用

水中的悬浮物可以通过沉降法去除，但是沉降速度决定于颗粒的大小和密度，如果颗粒非常细小，或其密度接近或小于水的密度，沉降速度就会太小而无实际意义，例如对天然水中的藻类、植物残体、染料颗粒、短纤维、油滴及废水中的活性污泥等，以沉降法是很难处理的。为了从水中除去这些污染物，人们开发了水处理的空气气浮法。实施时空气压缩机或真空泵被用来在水中产生微气泡，也可以用旋转叶轮和多孔板扩散造成微气泡。这些微气泡可以吸附微小颗粒和液滴，并将它们带至水面，从而将这些污染物从水中分离出来。例如微气泡可吸附携带水中油滴上升至水面，达到油水分离。

微细油滴自由上浮的速度约为 $1\mu m/s$，而气泡上浮的速度可达到 $1mm/s$，提高近千倍。当水溶液中生成大量气泡时，溶液中的表面活性物质会富集在气泡的界面上，这些气泡上浮后在水面上形成泡沫层，将表面活性物质分离出来，称为泡沫分离法。各种重金属离子也可以利用泡沫分离法加以富集分离，也可以用此法来处理含有机杂质的造纸、橡胶工业废水等；马铃薯加工产生的淀粉废水由于蛋白质的存在，造成大量的泡沫，给淀粉废水的处理带来很大的困难，因此必须设法降低泡沫的稳定性，使之遭到破坏；在给水处理和废水处理中常用过滤法去除污染物，当滤床饱和后，以水反冲、气反冲和气水联合反冲等操作再生恢复，这里也涉及泡沫的知识，在给水处理中气浮法已成功用于去除藻类、浮游生物及低浊度；在其他行业中，泡沫还用于分离甜菜汁中的蛋白质和树脂类物质，使糖能更好地结晶；泡沫也用来使灭火剂中硫酸铝和碳酸氢钠混合时产生的二氧化碳气体稳定，将火源与空气隔开；泡沫在冶金中用于矿物浮选，提高矿物品位；泡沫还用来制造重量轻，保温和隔音性能好的新型建筑材料等。

气浮法工艺包括两个阶段，其一是气-固吸附，其二是固-液分离。在涉及气-固吸附时，必须考虑界面张力、界面自由能、接触角及润湿理论。悬浮颗粒的疏水性越强，则越容易黏附到微气泡上。如果悬浮颗粒与水之间的接触角小于 90°，则黏附不易发生。在这种情况下，常常需要加入一种表面活性剂，改变颗粒的表面性质，使之变为疏水性颗粒。因为絮体在一定程度上具有疏水性，在气浮法处理中我们常常将絮凝剂加入水中生成絮体，然后通过与微气泡黏附上升达到去除。对于溶解性污染物，如重金属离子，首先应该加入化学品将其变为不溶物，然后用气浮法将其收集至水的表面。

11.3 凝胶

11.3.1 基本概念

胶体微粒或高聚物分子相互连接搭起架子形成的空间网状结构即凝胶，属于胶体分散系的一种。在自然界、生活和生产中可以看到许多凝胶，例如，将明胶溶液冷却得到的冻胶；钻井用的泥浆原来流动性很好，但静置后逐渐变稠，失去流动性而成为膏状物；豆浆加卤水得到的豆腐、水玻璃加酸得到的硅胶等都属于凝胶。分析以上四例，体系虽然不同，但其共同之处是：外界条件（温度、外力、电解质、化学反应）的变化使体系由溶液、溶胶转变为一种特殊的半固体状态，其网状结构中充满了液体（分散介质）。

自凝胶的定义可以得到两个结果。其一，凝胶与溶胶（溶液）有很大的不同，溶胶或溶液中的胶体微粒或大分子是独立运动的单位，可以自由行动，因而溶胶或溶液具有良好的流动性；凝胶则不同，分散相微粒互相连接，在整个体系内形成结构，液体包在其中。随着凝胶的形成，体系不仅失去流动性，而且显示出固体的力学性质，具有一定的弹性、强度、屈服值等。其二，凝胶和真正的固体又不一样，凝胶由固液两相组成，属于胶体分散体系，结构强度有限，易于遭受破坏，发生不可逆形变，结果产生流动。总之，凝胶是分散体系的一种特殊形式，其性质介于固体和液体之间。

凝胶可以分为刚性凝胶和弹性凝胶。

① 刚性凝胶　大多数无机凝胶属于刚性凝胶，如 SiO_2、TiO_2、Fe_2O_3 等。刚性凝胶的活动性小，吸收或释出液体时体积变化小，具有非膨胀性，对吸收的液体无选择性。

② 弹性凝胶　柔性的线性高分子形成的凝胶属于弹性凝胶，例如橡胶、明胶、琼脂等。因分散相微粒具有柔性，易于流动，故吸收或释出液体时往往发生体积改变，具有膨胀性，变形后能恢复原状。弹性凝胶对吸收的液体有选择性，例如橡胶吸收苯而膨胀，在水中则不膨胀，明胶则恰恰相反。

也可以根据凝胶中含液量的多少，分为冻胶和干凝胶。冻胶的含液量很多，常常在90%以上，琼脂冻胶中 99.8%是水。冻胶常由柔性大分子构成，具有弹性。干凝胶中液体含量少，市售的明胶、树胶及水处理用的半透膜属于干凝胶。高聚物干凝胶在吸收合适的液体膨胀后变为冻胶。

11.3.2 凝胶的结构

凝胶内部为三维网状结构，有如下4种情况，如图11-11所示。

① 球形微粒相互连接，如图11-11(a)所示，例如 TiO_2 凝胶；

② 板或棒状微粒相互搭接，如图11-11(b)所示，例如 V_2O_5 凝胶、白土浆体、石墨浆体等；

③ 线性高分子相互吸引，其中部分长链有序排列，形成微晶区，如图11-11(c)所示，例如明胶凝胶；

④ 线性高分子通过化学桥键形成网状结构，如图11-11(d)所示，例如硫化橡胶等。

(a)球形微粒连接 (b)板或棒状微粒搭接 (c)线性高分子吸引连接 (d)线性高分子化学连接

图 11-11 凝胶的结构

微粒的形状对形成凝胶所需的最低浓度值有显著的影响。微粒越不对称，所需浓度越低。球形微粒形成三维结构的最小体积分数为0.056。许多不对称微粒所需最小体积分数远小于此值，例如明胶为0.007，洋菜为0.002，V_2O_5 凝胶可低至0.00005。

微粒的性质对凝胶的结构性质也有影响。柔性大分子形成弹性凝胶，刚性微粒形成刚性凝胶。

微粒间作用力的本性对凝胶性质的影响最为显著，可分为以下3种情况。

① 微粒间靠范德华力形成凝胶结构　此类结构不稳定，在外力作用下容易被破坏，静置后又可恢复，表现出触变性。白土、石墨、$Fe(OH)_3$ 等均属于此类。线性大分子也有类似情况，例如未经硫化的橡胶、聚苯乙烯等。当它们吸收液体膨胀时，因为分子间的连接薄弱，结构被破坏，形成溶液。

② 大分子间靠氢键连接形成结构　此类结构较第一种稳定。蛋白质就属于此类，例如明胶，低温时可发生有限膨胀，高温时可发生无限膨胀。

③ 分子间靠化学键形成网状结构　此类结构非常稳定，加热时仅表现有限膨胀。属于此类的有硅胶、硫化橡胶等。

11.3.3 凝胶的膨胀作用

膨胀作用是指凝胶吸收液体后体积增大的现象，是弹性凝胶特有的性质。凝胶的膨胀有两种类型，一种是无限膨胀，另一种是有限膨胀。

（1）无限膨胀

无限膨胀，即开始时凝胶吸收液体后体积增大，但最终成为溶液，例如生橡胶在苯中的膨胀，在这种类型的膨胀中大分子的膨胀过程是溶解过程的第一阶段，称为溶胀。

（2）有限膨胀

有限膨胀，即凝胶吸收一定量的液体后并不转变成溶胶，如明胶在冷水中膨胀，硫化橡胶在苯中膨胀。膨胀进行的程度与凝胶内部结构的连接强度有关，升高温度或改变介质成分可以使有限膨胀转变为无限膨胀，例如室温下的明胶可发生有限膨胀，加热到 40℃以上就完全溶解；若将介质改为 2mol/L 的 KSCN 或 KI 水溶液，在室温下明胶也能发生无限膨胀而溶解。

（3）膨胀的两个阶段

凝胶的膨胀分为两个阶段。第一个阶段是溶剂分子钻入凝胶中与大分子相互作用形成溶剂化层，这个阶段时间很短，速度很快，表现出的特点有：①液体的蒸气压很低，体系的体积收缩，指凝胶体积的增加比吸收的液体的体积小，说明这部分液体与大分子结合很紧密；②伴有放热反应，此即膨胀热。随着膨胀度的增加，微分膨胀热（凝胶吸收 1g 液体所放出的热量）迅速下降，各种凝胶的微分膨胀热的最大值与低分子物质的熔解热相近。膨胀的第二个阶段是液体的渗透作用，这时液体的吸收量可达到干物质质量的几倍甚至几十倍，凝胶的体积大大增加。膨胀的这个阶段几乎没有热效应和体积收缩现象，凝胶被干燥时这部分液体也容易释出。

溶剂分子进入凝胶的速度比大分子扩散到溶剂中的速度快得多，这使凝胶内外溶剂的浓度差别很大，即溶剂的活度有很大的差异，溶剂在凝胶内外的浓度差表现为渗透压，导致了凝胶与溶剂接触时产生的膨胀压，此膨胀压的数值相当可观，例如明胶浓度为 46％时，膨胀压是 $2.06×10^5$Pa；明胶浓度是 50％时，膨胀压是 $1.28×10^6$Pa；明胶浓度是 66％时，膨胀压高达 $4.4×10^6$Pa。膨胀压很早就被人类所利用，古代埃及人将木头塞入岩石裂缝，借助木头吸水后产生的很大的膨胀压来开采建造金字塔所用的石料，此即湿木裂石。

● 【例 11-5】　凝胶的膨胀

实验测得不同 pH 值的明胶凝胶的吸水量并作图如下，解释明胶凝胶吸水膨胀的原因。

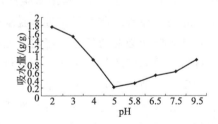

答：由图可见 pH 值等于 5 时，明胶吸水量最小，相应之 pH 值即明胶的等电点。明胶的吸水膨胀可予以解释：（1）在等电点处明胶不离解，明胶凝胶的网状结构作为半透膜，其内部小离子很少，无附加渗透压形成，因而溶剂不会向凝胶渗透；（2）当介质的 pH 值大于或小于等电点时，明胶分子的羧基或氨基电离，使明胶膜内的小离子浓度增大产生附加渗透压，溶剂分子向膜内扩散，引起膨胀。

11.3.4　凝胶中的扩散

和液体一样，凝胶也可以作扩散介质。小分子在低浓度凝胶中的扩散速度与在纯液体中的几乎一样。凝胶浓度大时，物质的扩散速度变小；在交联度较大的凝胶中，扩散系数降低更甚；分子越大扩散系数越小，大分子的扩散系数在凝胶中显著降低，起因于凝胶骨架空隙所起的筛分作用，它使得分子尺度不同所引起的扩散速度差别变得更加显著，利用这一点，可以达到分离不同大分子的目的。自20世纪60年代迅速发展起来的两项重要的实验技术，凝胶电泳和凝胶色谱，就是基于此原理。其中凝胶色谱是采用凝胶颗粒填充色谱柱，待分离的大分子样品中尺度小的分子容易进入凝胶孔洞，尺度大的就比较困难。当用溶剂淋洗时，分子量最大的部分首先被淋洗出，分子量最小的部分最后被淋洗出。根据淋洗液的体积-浓度关系，并与标准样品对比，可以方便地得到分子量分布曲线。此法方便、迅速，样品不需要分级。

20世纪开始研发的膜分离技术，例如电渗析、反渗透、超滤、微滤、纳滤等，在水处理中得到了非常广泛的应用。该技术中使用的半透膜，如醋酸纤维膜、聚丙烯膜、聚偏氟乙烯膜等，都是凝胶或干凝胶。半透膜的渗析作用就是利用了凝胶孔形结构的筛分作用进行分离。在凝胶中小分子能经过孔道自由扩散，大分子则被阻留在膜内。膜孔的大小可以在制备时人为调节。当膜带电时，离子的扩散与透过有选择性，膜带正电时，负离子能透过；膜带负电时，正离子能透过。

高吸水性凝胶具有重要的应用价值，例如在农业上为抗旱研发的土壤保水剂曾经得到了广泛的应用。高吸水性凝胶不仅应含有相当多的亲水基因，而且本身还要不溶于水。超强吸水剂吸水后形成水凝胶，为弹性凝胶。凝胶的种类不同，结构不同，其吸水能力也大有不同。离子性聚合物的亲水性比非离子性聚合物强，吸水能力强。离子性聚合物离子化程度越高，吸水能力越强。超强吸水剂有很强的吸水能力，但从使用角度考虑，应不溶解于水。聚丙烯酸类吸水剂有很强的吸水能力，但易水溶，为解决此问题，合成时应加入适量交联剂甲醛（或环氧氯丙烷等）。在制备超强吸水剂时，同种类型凝胶的一般规律是：交联度增加，吸水能力降低；但交联度太低，又会使凝胶吸水时成为无限膨胀。

11.3.5 污泥的调理与脱水

随着给水和废水处理事业的发展和普及，当今在给水处理厂和污水处理厂中每天都产生大量的污泥。自来水生产厂产生的污泥含水率一般在99％以上，来自二级处理的废弃生物污泥常含有不到2％的悬浮固体，如此低的固含量使自来水生产厂在获得排放许可上遇到了越来越多的困难，迫使一些水处理公司在排放前对污泥进行脱水作业，因此无论对于给水处理还是废水处理，脱水均成了非常重要和必要的任务。当前，最佳的脱水方法有压滤、真空过滤及离心。从本质上讲，产自给水处理厂的絮体污泥、产自污水处理厂的活性污泥及消化污泥都属于凝胶，所以凝胶的性质显著地影响着污泥脱水的工作。在实际脱水开始前一般都采用各种不同的污泥调理方法使污泥浓缩，改善污泥的脱水性质，最常用的方法是加入化学絮凝剂，扩张污泥的孔隙，促使污泥释放出更多的水分。污泥调理厂常用的絮凝剂为硫酸铝、铁盐及聚电解质，如聚丙烯酰胺（PAM）。

（1）利用无机絮凝剂调理污泥

无机絮凝剂在污泥调理中所使用的剂量与污泥的类型有密切的关系，难脱水的污泥需投加的剂量较大，易脱水的污泥需投加的剂量较小。现将城市污水处理的各种污泥按调理时所需剂量增加的顺序排列如下：

① 未处理的初次污泥；

② 未处理的初次污泥和生物滤池污泥的混合污泥；

③ 未处理的初次污泥和废活性污泥的混合污泥；

④ 厌氧消化污泥；

⑤ 好氧消化污泥。

在美国城市污水处理厂中，最常用的污泥调理无机絮凝剂是三氯化铁，在英国城市污水处理厂中则为硫酸亚铁和水合氯化铝。其他金属盐如硫酸铝及助凝剂石灰等也可用于污泥调理。

氢离子浓度会影响污泥颗粒和絮凝剂的性质，污泥的 pH 值越高，絮凝效率越差。所以 pH 值会影响污泥化学调理的效率。一般投加金属离子絮凝剂会降低污泥的 pH 值，但对高度缓冲的污泥而言，絮凝剂的投加量往往很大，这个问题常在消化污泥中遇到，因为消化污泥的碱度可高达 2000～6000mg/L（以 $CaCO_3$ 计）。因此改用其他方法降低污泥的缓冲度，比单独使用金属离子絮凝剂可获得更经济、更有效的污泥调理效果。

污泥调理时常常投加石灰，投加石灰有一个优点，即析出的碳酸钙要比金属离子沉淀物的过滤性能好。三氯化铁与石灰的投药顺序对污泥脱水有影响，例如：在 100s 的过滤时间里，先投三氯化铁，后投石灰，则三氯化铁的剂量为污泥干重的 1.5% 即可，但如果先投放石灰，再投放三氯化铁，则三氯化铁的剂量要增加到污泥干重的 2.5%。

三氯化铁的投放剂量一般取决于污泥的碱度和有机固体含量。由碱度决定的三氯化铁的剂量 D_1 可用下式估算：

$$D_1 = 1.08 \times \frac{p_w}{p_s} \times \frac{A}{10^4} \tag{11-2}$$

式中，p_w 为污泥含水率，%，p_s 为污泥固体含量，%；A 为污泥的碱度（以 $CaCO_3$ 计），mg/L。由有机固体含量决定的三氯化铁的剂量 D_2 可用式（11-3）估算：

$$D_2 = 1.6 \times \frac{S_0}{S_m} (\%) \tag{11-3}$$

式中，S_0 为污泥固体中的有机物的含量，%，S_m 为污泥固体中的无机物含量。在进行真空过滤时，总的三氯化铁投放剂量为：

$$D = D_1 + D_2 \tag{11-4}$$

通常每 $1m^3$ 生活污水污泥可用 2～3kg $FeCl_3 \cdot 6H_2O$ 加上 7～10kg $Ca(OH)_2$ 或 10kg $FeSO_4 \cdot 7H_2O$ 加上 10～15kg $Ca(OH)_2$ 就可达到良好的调理效果。

利用无机絮凝剂进行污泥调理时，投加量较大，约为 20% 固体重量，而利用高分子聚合物时，投加量仅为固体重量的 1%，甚至更少。因而利用高分子聚合物进行污泥调理得到了越来越多的重视，但聚合物的单价比无机化学药剂贵，因此不能简单地说投加量小，处理成本就一定低。

（2）利用有机高分子絮凝剂调理污泥

有机高分子絮凝剂也可用于污泥的调理，改善污泥的脱水性能。污水经沉淀处理后产生的污泥可以在聚电解质的作用下经过重力沉降或气浮法予以浓缩，在重力浓缩中添加阳离子型聚电解质可以提高浓缩池的负载能力，提高浓缩后污泥的密度，减少回流污水中固体的物质含量。一般来说，浓缩每吨（干重）污泥的阳离子型聚电解质约为 0.2～2.0kg（干重）。气浮法对浓缩含有油脂的污泥很有效。当进入浮选池的污泥浓度较大时，使用阳离子聚电解质絮凝剂可以有效地提高固态物质的回收率。

污泥脱水中使用高分子量及高电荷密度的阳离子型聚电解质可以大大提高脱水效率。在真空过滤中，添加聚电解质可以改善滤瓶的透气性，提高固体物质的回收率，大大降低回流污泥水中固态物质的含量。阳离子聚电解质与石灰及三氯化铁合用可以克服单用无机絮凝剂时生成污泥过多的缺点。污水处理厂在真空过滤中由无机絮凝剂改用聚电解质时，要考虑絮体大小的变化，选择适用的滤布，防止絮体从滤布孔中泄漏；在离心脱水中，可使用氨甲基聚丙烯酰胺等阳离子型聚电解质，以改善絮体强度，提高固液分离效率。聚电解质的投加剂量在离心脱水中为每吨（干重）污泥1.8～4.5kg（干重）；在压滤脱水中，也应使用阳离子型聚电解质，如氨甲基聚丙烯酰胺，以增加污泥稠度及絮体的尺寸和强度。典型的压滤脱水聚电解质投加剂量是每吨（干重）污泥1.8～9.0kg（干重）。但困难的是如何选择适宜的聚电解质，并在不同条件下对其投量进行控制，这一问题存在于各种污泥调理中。

在实验中以不同种类的聚电解质对多种污泥进行的脱水研究，证明聚电解质的效能因污泥不同而异，甚至对来自同一污水厂的同一类型污泥因取样的时间不同而异，因其悬浮和溶解物质的浓度和类型而存在差异。对这些污泥的性质进行直接比较并不能容易地说明影响污泥脱水的因素。此外，聚电解质的类型、分子量、电荷等因素也具有显著的影响。以下从化学条件和力学条件的结合及相互作用上对此问题进行说明。

① 污泥固体含量的影响　K. Roberts 将水和废水处理中所产生的污泥看作是由两种级分物质所构成，一种是 $100\mu m$ 以上的颗粒物，此处称为固体；另一种是悬浮于污泥水分中的胶体物质，其粒径在 $10\mu m$ 以下。K. Roberts 以聚丙烯酯酰胺的阳离子衍生物 Zetag92 为絮凝剂，研究了固体含量对活性污泥脱水的影响，其中固体含量最高为 0.82%，最低为 0.4%。污泥的 CST（毛吸时间）值是评价污泥调理效果的指标之一，水的 CST 为 $6～7s$，污泥的 CST 在 $10～500s$ 范围内变化。实验证明，随聚电解质的加入量变化，污泥表现出了最佳脱水性能，即使在固体含量为 0.4% 时，也能在 10×10^{-6} 聚电解质投量下达到一极小 CST 值。在 100×10^{-6} 投量以内，聚合电解质的投加对 CST 值的影响较小，但固体含量不同的各种污泥都有一相同的最佳聚电解质投量。实验证明，在上述最佳聚电解质投量下，胶体悬浮粒子的电脉淌度接近于零。

在另一组实验中，污泥固体含量为 0.9%，在 100×10^{-6} 投量处得最佳 CST 值 60s，将其中 50% 的胶体悬浮液用蒸馏水置换，即进行稀释，在经过一短暂的平衡时间后，对聚电解质脱水性进行实验。在静置平衡 45s 后，最佳 CST 值变化到 75×10^{-6} 的 15s，但经 4min 静置平衡，最佳 CST 值又恢复到 100×10^{-6} 的 40s。Roberts 认为这是由于在平衡期间，胶体物质从固体上解吸再度达到平衡而造成。

总结上述实验结果，可以认为，对于固体含量较低的活性污泥，聚电解质的需要量与污泥固体含量无关，由悬浮胶体微粒决定。这时阳离子聚电解质同带负电的胶体微粒之间的反应以及阳离子聚电解质同溶解阴离子物质的反应为决定性机理。

② 污泥含盐量的影响　对于消化污泥，研究发现污泥中盐的含量对其脱水具有决定性的影响，一般来说，高的含盐量会造成不良的脱水效果。

对于消化污泥中负电胶体，例如对 pH=7 下 200×10^{-6} 的酪朊酸钠，加入不同分子量及不同带电程度的阳离子聚合物，在一系列絮凝步骤之后，蛋白质被去除。实验表明，蛋白质的高去除率发生于盐的含量在 $10^{-6}mol/L$ 以上及 $10^{-3}mol/L$ 以下的范围内。在 $10^{-4}mol/L$ 下，最佳絮凝范围最宽。对阳离子度为 40% 和 100% 的阳离子聚合物，得到相似的结果，但是当聚合物中阳离子度增大时，最佳絮凝的范围移向高含盐量区域，对 40% 的阳离子聚合物，范围为 $5\times10^{-5}～2\times10^{-2}mol/L$，对于 100% 阳离子聚合物，范围为 $10^{-4}～10^{-1}mol/L$ 以上。当盐浓度高于上限时，半溶解性的蛋白质的絮凝沉淀作用迅速减弱，结果在盐浓度为上限的 5 倍时，去除率降低到 20% 以下。这意味着，如果污泥消化良好，就会得到高的含盐量，脱水就要求阳离子度更高的阳离子聚合物量。高含盐量会使絮凝受到损害的原因与聚合物上带电基团被异电荷离子屏蔽的作用有关，这种屏蔽作用引起带电基团间相互吸引作用的减弱。

③ 聚合物性质的影响 聚合物分子的性质对污泥脱水有着显著的影响，特别是分子量和分子电荷密度尤为重要。表 11-4 中列出了 5 种分子量的电荷密度各不相同的阳离子聚合物，均为线型结构。聚合物 A～D 是它们与丙烯酰胺的共聚物，其单体含有季胺基，所以其电荷密度在广泛的 pH 值范围内固定不变。聚合物 E 也为线型结构，但电荷来源于非季胺基氮原子的质子化作用，所以其电荷密度随 pH 值的降低而升高。以这些阳离子聚合物对数种工厂生物污泥进行脱水实验，并以吸滤器试验和毛吸时间（CST）试验测其水的滤过性，根据聚合物的最佳投量及在最佳投量时水的滤过性来判定聚合物的性能。

表 11-4　聚合物特征

聚合物	阳离子电荷密度	相对分子量
A	与 B 同	高
B	与 A 同	比 A 高
C	比 B 高	未报道
D	比 C 高	未报道
E	高	高

将上述 5 种聚合物的某些实验数据列于表 11-5 中进行比较，可以看出对一些工业生产中的生物污泥、聚合物的分子量及电荷密度对其脱水活性的影响。

表 11-5　聚合物性能的比较

生物污泥源	末处理时的比阻力 $\times 10^{-12}$ cm/g	聚合物									
		最佳剂量/(lb/干固体 t)					滤过时间[①]/s				
		A	B	C	D	E	A	B	C	D	E
某造纸厂 A	0.03	27	17	30	22	42	15	10	5	4	6
某精炼厂 A	1.0	C	13	14	10	17	160	82	36	29	20
某造纸厂 B	1.7	16	12	19	—	32	6.5	7	5	—	4
市政废水污泥	1.8	11	7	9	9	6	15	8	6	4	38
精炼厂 C	3.1	C	—	12	13	19	300	—	32	20	38
纤维厂	9.5	26	9	13	8	20	440	300	110	40	50

① 从 200mL 污泥样品中滤出 100mL 水所需时间。

注：1lb=0.45359237kg。

对表 11-5 中聚合物 A、B、C、D 和 E 的比较指出了阳离子电荷密度对聚合物脱水活性的影响。当分子中阳离子单体的百分含量增大时，分子量并不能保持为常数，因此要明确表示电荷密度与最佳剂量之间的关系是不可能的。在稀溶液中，线型聚合物的分子构型应该是随着其骨架上阳离子基团的增加而更加伸展。如果平均末端距是重要的，那么最佳分子量应随电荷密度而变化。

表 11-5 中的过滤时间指出，除了造纸厂 B 中的污泥外，对于其他污泥，增大电荷密度

会使脱水性得到改善。例如，虽然 B 和 D 的最佳剂量相似，但 D 的过滤时间比 B 约少 $50\% \sim 80\%$，单位长度聚合物分子上的阳离子电荷数显然在决定聚合物脱水活性时有重要作用。电荷密度可能影响到聚合物使胶体粒子脱稳的能力，从而影响到絮体的结构、滤瓶的孔隙率及滤布的堵塞状况。

④ 无机盐絮凝剂与有机高分子絮凝剂联合用于调理污泥 Roberts 在应用 Zetag92 对污泥做脱水研究时，同时投加了 0.5g/L 的硫酸铝，结果表示，在 25×10^{-6} 聚合电解质投量下得到最佳 CST 值为 18s，但在投入 0.5g/L 的铝矾时，仅需 10×10^{-6} 较低浓度的聚电解质就可达到，pH 值在加入铝矾后未发生变化。电泳淌度的测定表明，加入该剂量的铝矾使污泥胶体微粒的电泳淌度由 $-6.6 \mu m/$（$s \cdot V \cdot cm$）减小至 $-0.8 \mu m/$（$s \cdot V \cdot cm$），如无铝矾的加入，则需 18×10^{-6} 的聚电解质才可达此电泳淌度，而在 28×10^{-6} 下可得零电泳淌度。

附录

附录 1　中华人民共和国法定计量单位

我国的法定计量单位（以下简称法定单位）包括：

（1）国际单位制的基本单位（见附表 1-1）；

附表 1-1　国际单位制的基本单位

量的名称	单位名称	单位符号	量的名称	单位名称	单位符号
长度	米	m	热力学温度	开[尔文]	K
质量	千克(公斤)	kg	物质的量	摩[尔]	mol
时间	秒	s	发光强度	坎[德拉]	cd
电流	安[培]	A			

（2）国际单位制的辅助单位（见附表 1-2）；

附表 1-2　国际单位制的辅助单位

量的名称	单位名称	单位符号
平面角	弧度	rad
立体角	球面度	sr

（3）国际单位制中具有专门名称的导出单位（见附表 1-3）；

附表 1-3　国际单位制中具有专门名称的导出单位

量的名称	单位名称	单位符号	其他表示示例
频率	赫[兹]	Hz	s^{-1}
力,重力	牛[顿]	N	$kg \cdot m/s^2$
压力,压强,应力	帕[斯卡]	Pa	N/m^2
能量,功,热	焦[耳]	J	$N \cdot m$
功率,辐射通量	瓦[特]	W	J/s
电荷量	库[仑]	C	$A \cdot s$
电位,电压,电动势	伏[特]	V	W/A
电容	法[拉]	F	C/V
电阻	欧[姆]	Ω	V/A
电导	西[门子]	S	A/V
磁通量	韦[伯]	Wb	$V \cdot s$
磁通量密度,磁感应强度	特[斯拉]	T	Wb/m^2
电感	亨[利]	H	Wb/A
摄氏温度	摄氏度	℃	
光通量	流[明]	lm	$cd \cdot sr$
光照度	勒[克斯]	Lx	lm/m^2
放射性活度	贝可[勒尔]	Bq	s^{-1}
吸收剂量	戈[瑞]	Gy	J/kg
剂量当量	希[沃特]	Sv	J/kg

（4）国家选定的非国际单位制单位（见附表 1-4）；

（5）由以上单位构成的组合形式的单位；

（6）由词头和以上单位所构成的十进倍数和分数单位（词头见附表 1-5）；

法定单位的定义、使用方法等，由国家计量局另行规定。

量的名称	单位名称	单位符号	换算关系和说明
时间	分	min	$1min=60s$
	[小]时	h	$1h=60min=3600s$
	日,(天)	d	$1d=24h=86400s$
平面角	[角]秒	(″)	$1''=(\pi/648000)rad(\pi$ 为圆周率)
	[角]分	(′)	$1'=60''=(\pi/10800)rad$
	度	(°)	$1°=60'=(\pi/180)rad$
旋转速度	转每分	r/min	$1r/min=(1/60)s^{-1}$
长度	海里	n mile	$1n\ mile=1852m$(只用于航程)
速度	节	kn	$1kn=1n\ mile/h=(1852/3600)m/s$ (只用于航行)
质量	吨	t	$1t=10^3kg$
	原子质量单位	u	$1u\approx1.6605655\times10^{-27}kg$
体积	升	L,(l)	$1L=1dm^3=10^{-3}m^3$
能	电子伏	eV	$1eV\approx1.6021892\times10^{-19}J$
声压级差	分贝	dB	
线密度	特[克斯]	tex	$1tex=1g/km$

附表 1-5　用于构成十进倍数和分数单位的词头

所表示的因数	词头名称	词头符号	所表示的因数	词头名称	词头符号
10^{18}	艾[可萨]	E	10^{-1}	分	d
10^{15}	拍[它]	P	10^{-2}	厘	c
10^{12}	太[拉]	T	10^{-3}	毫	m
10^{9}	吉[咖]	G	10^{-6}	微	μ
10^{6}	兆	M	10^{-9}	纳[诺]	n
10^{3}	千	k	10^{-12}	皮[可]	p
10^{2}	百	h	10^{-15}	飞[母托]	f
10^{1}	十	da	10^{-18}	阿[托]	a

注:对附表 1-1 至附表 1-5 的几点说明。

1. 周、月、年(年的符号为 a)为一般常用时间单位。

2. [ ]内的字,是在不致混淆的情况下,可以省略的字。

3. ( )内的字为前者的同义语。

4. 角度单位度分秒的符号不处于数字后时,用括弧。

5. 升的符号中,小写字母 i 为备用符号。

6. r 为"转"的符号。

7. 人民生活和贸易中,质量习惯称为重量。

8. 公里为千米的俗称,符号位 km。

9. 10^4 称为万,10^8 称为亿,10^{12} 称为万亿,这类数词的使用不受词头名称的影响,但不应与词头混淆。

附录 2　部分法定计量单位与非法定计量单位的换算表

$1m=10^9nm=10^{10}Å$

$1N=105dyn$

$1Pa=10dyn\cdot cm^{-2}=7.501\times10^{-3}mmHg\ (Torr)=9.869\times10^{-6}atm$

$1J=10^7 erg=0.2390cal$

$1Pa \cdot s=10P=10^3 cP$

附录3 常用物理常数表

附表 3-1 一些常用物理常数

常数名称	符号	数值	单位(SI)	单位(CGS)
真空光速	c	2.99792458	10^8 m/s	10^{10} cm/s
真空介电常数	ε_0	8.85418782	10^{-12} F/m	
电子电荷	e	1.6021892	10^{-9} C	
		4.803242		10^{-10} esu
原子质量单位	u	1.6605655	10^{-27} kg	10^{-24} g
电子静质量	m_e	0.9109534	10^{-30} kg	10^{-27} g
质子静质量	m_p	1.6726485	10^{-27} kg	10^{-24} g
电子荷质比	e/m_e	1.7588047	10^{11} C/kg	
		5.272764		10^{17} esu/g
Bohr 磁子	μ_B	9.274078	10^{-24} J/T	10^{-21} erg/G
Avogadro 常数	N_A	6.022045	10^{23} mol^{-1}	10^{23} mol^{-1}
Boltzmann 常数	k	1.380662	10^{-23} J/K	10^{-16} erg/℃
Faraday 常数	F	9.648456	10^4 C/mol	
		2.8925342		10^{14} esu/mol
Planck 常数	h	6.626176	10^{-34} J·s	10^{-27} erg·s
气体常数	R	8.31441	J/(K·mol)	erg/(℃·mol)
万有引力常数	G	6.6720	10^{-11}(N·m^2)/kg^2	10^{-8}(dyn·cm^2/g
重力加速度	g	9.80665	m/s^2	10^2 cm^2/s^2

附录4 常见各种液体的表面张力

附表 4-1 常见各种液体的表面张力

液体	温度/℃	表面张力/(dyn/cm)	液体	温度/℃	表面张力/(dyn/cm)
异戊烷	20	13.7	甲酸	20	37.6
二乙醚	20	17.1	酚	20	40.9
正己烷	20	18.4	苯胺	20	44.0
乙醇	20	22.3	甘油	20	63.0
四氯化碳	20	26.7	水	20	72.75
氯仿	20	27.1	氯化钠	1000	98.0
醋酸	20	27.6	氯化银	452	125.5
甲苯	20	28.4	汞	0	470
苯	20	28.9	银	970	800
二硫化碳	20	32.3	铜	1130	1100

附录 5　水的物理化学常数

附表 5-1　水的物理化学常数

相对分子质量(H_2O)	18.015		蒸发热(100℃)			比热容/[J/(g·K)][cal/(g·℃)]		
重量组成/%			J/g		2256.7	0℃	4.2174	1.0073
氢	11.19		(cal/g)		(539.0)	14℃	4.1868	1.0000
氧	88.81		kJ/mol		40.7	100℃	4.2157	1.0069
冰点/℃	0.00		(cal/mol)		(9.710)	三相点		
沸点/℃	100.00		折射率(D线)			温度/℃		0.0098
最大密度点/℃	3.981		20℃		1.33330	压力/Pa		610.477
密度/(g/cm³)			电导率					(4.579mmHg)
冰−20℃	0.9403		℃	μS/cm	Ω⁻¹·cm⁻¹	临界常数		
−10℃	0.9186		0	1.5×10⁻²	1.5×10⁻⁸	温度/℃		374.2
0℃	0.9167		18	4.3×10⁻²	4.3×10⁻⁸	压力/MPa		22.12
水　0℃	0.9999		25	6.2×10⁻²	6.2×10⁻⁸	(atm)		(218.3)
3.98℃	1.0000		50	18.7×10⁻²	18.7×10⁻⁸	密度/(g/cm³)		0.324
100℃	0.9584		介电常数					
汽 100℃	0.5974×10⁻³		0℃		88.2	表面张力/(mN/m)(dyn/cm)		
101.325kPa(1atm)			10℃		84.3	0℃		75.83
黏度/Pa·s×10−4			20℃		80.4	20℃		72.75
0℃	17.94		25℃		78.5	100℃		58.80
20.2℃	10.00		30℃		76.8	音速(20℃)(m/s)		1483
25℃	8.94		热导率					
融解热(冰 0℃)				W/(m·K)	kcal/(cm·s·℃)	饱和蒸汽压/101.3kPa(1atm)		
J/g		333.56	0℃	0.502	0.00120	−10℃		0
(cal/g)		(79.67)	20℃	0.599	0.00143	0℃		0.0060
kJ/mol		6.0	75℃	0.645	0.00154	100℃		1.0000
(kcal/mol)		(1.437)						

附录 6　某些表面活性剂的 HLB 值

附表 6-1　一些表面活性剂的 HLB 值

表面活性剂	商品名称	类型	HLB
失水山梨醇三油酸酯	Span 85(司盘 85)	N	1.8
失水山梨醇三油酸酯	Arlacel 85	N	1.8
失水山梨醇三硬脂酸酯	Span 65	N	2.1
乙二醇脂肪酸酯	Emcol EO-50	N	2.7
丙二醇脂肪酸酯	Emcol PO-50	N	3.4
丙二醇单硬脂酸酯	("纯"化合物)	N	3.4
失水山梨醇单油酸酯	Arlacel 83	N	3.7
甘油单硬脂酸酯	("纯"化合物)	N	3.8
失水山梨醇单油酸酯	Span 80	N	4.3

表面活性剂	商品名称	类型	HLB
失水山梨醇单硬脂酸酯	Span 60	N	4.7
二乙二醇脂肪酸酯	Emcol DP-50	N	5.1
二乙二醇单月桂酸酯	Atlas G-2124	N	6.1
失水山梨醇单棕榈酸酯	Span 40	N	6.7
四乙二醇单硬脂酸酯	Atlas G-2147	N	7.7
聚氧丙烯硬脂酸酯	Atlas G-3608	N	8
失水山梨醇单月桂酸酯	Span 20	N	8.6
聚氧乙烯脂肪酸酯	Emulphor VN-430	N	9
聚氧乙烯月桂醚	Brij 30	N	9.5
聚氧乙烯失水山梨醇单硬脂酸酯	Tween 61(吐温61)	N	9.6
聚氧乙烯失水山梨醇单油酸酯	Tween 81	N	10.0
聚氧乙烯失水山梨醇三硬脂酸酯	Tween 65	N	10.5
聚氧乙烯失水山梨醇三油酸酯	Tween 85	N	11
聚氧乙烯单油酸酯	PEG 400 单油酸酯	N	11.4
烷基芳基磺酸盐	Atlas G-3300	A	11.7
三乙醇胺油酸盐		A	12
烷基酚聚氧乙烯醚	Igepal CA-630	N	12.8
聚氧乙烯单月桂酸酯	PEG 400 单月桂酸酯	N	13.1
聚氧乙烯蓖麻油	Atlas G-1794	N	13.3
聚氧乙烯失水山梨醇单月桂酸酯	Tween 21	N	13.3
琥珀酸二异辛酯磺酸钠	AOT	A	14
聚氧乙烯失水山梨醇单硬脂酸酯	Tween 60	N	14.9
聚氧乙烯失水山梨醇单油酸酯	Tween 80	N	15
聚氧乙烯失水山梨醇单棕榈酸酯	Tween 40	N	15.6
聚氧乙烯失水山梨醇单月桂酸酯	Tween 20	N	16.7
油酸钠		A	18
油酸钾		A	20
N-十六烷基-N-乙基吗啉基乙基硫酸盐	Atlas G-263	C	25～30
月桂基硫酸钠（十二烷基硫酸钠）	（纯化合物）	A	40
聚醚 L31	Pluronic L31	N	3.5
聚醚 L61	Pluronic L61	N	3
聚醚 L81	Pluronic L81	N	2
聚醚 L42	Pluronic L42	N	8
聚醚 L62	Pluronic L62	N	7
聚醚 L72	Pluronic L72	N	6.5
聚醚 L63	Pluronic L63	N	11
聚醚 L64	Pluronic L64	N	15
聚醚 L68	Pluronic L68	N	29
聚醚 L88	Pluronic L88	N	24
聚醚 L108	Pluronic L108	N	27
聚醚 L35	Pluronic L35	N	18.5

注：1. 表面活性剂类型：N—非离子；A—负离子；C—正离子。

2. 本表主要选自赵国玺编著《表面活性剂物理化学》，北京大学出版社，1984。

附录 7　常用数学公式

（1）微分

$$y = a \qquad \frac{\mathrm{d}y}{\mathrm{d}x} = 0$$

$$y = au \qquad \frac{\mathrm{d}y}{\mathrm{d}x} = a\frac{\mathrm{d}u}{\mathrm{d}x}$$

$$y = x^n \qquad \frac{\mathrm{d}y}{\mathrm{d}x} = nx^{n-1}$$

$$y = u^n \qquad \frac{\mathrm{d}y}{\mathrm{d}x} = nu^{n-1}\frac{\mathrm{d}u}{\mathrm{d}x}$$

$$y = uv \qquad \frac{\mathrm{d}y}{\mathrm{d}x} = u\frac{\mathrm{d}v}{\mathrm{d}x} + v\frac{\mathrm{d}u}{\mathrm{d}x}$$

$$y = \frac{u}{v} \qquad \frac{\mathrm{d}y}{\mathrm{d}x} = \frac{v\dfrac{\mathrm{d}u}{\mathrm{d}x} - u\dfrac{\mathrm{d}v}{\mathrm{d}x}}{v^2}$$

$$y = e^x \qquad \frac{\mathrm{d}y}{\mathrm{d}x} = e^x$$

$$y = a^x \qquad \frac{\mathrm{d}y}{\mathrm{d}x} = a^x \ln a$$

$$y = \ln x \qquad \frac{\mathrm{d}y}{\mathrm{d}x} = \frac{1}{x}$$

$$y = e^u \qquad \frac{\mathrm{d}y}{\mathrm{d}x} = e^u\frac{\mathrm{d}u}{\mathrm{d}x}$$

$$u = f(x,y) \qquad \mathrm{d}u = \left(\frac{\partial u}{\partial x}\right)_y \mathrm{d}x + \left(\frac{\partial u}{\partial y}\right)_x \mathrm{d}y$$

（2）积分

$$\int \mathrm{d}x = x + c$$

$$\int x^n \mathrm{d}x = \frac{x^{n+1}}{n+1} + c$$

$$\int \frac{1}{x}\mathrm{d}x = \ln x + c$$

$$\int \frac{\mathrm{d}x}{x+a} = \ln(x+a) + c$$

$$\int e^x \mathrm{d}x = e^x + c$$

$$\int a^x \mathrm{d}x = \frac{a^x}{\ln a} + c$$

$$\int \ln x \,\mathrm{d}x = x\ln x - x + c$$

$$\int au \,\mathrm{d}x = a\int u \,\mathrm{d}x$$

$$\int (u + v)\, dx = \int u\, dx + \int v\, dx$$

$$\int u\, dv = uv - \int v\, du$$

（3）函数展成级数

$$\ln(1+x) = x - \frac{1}{2}x^2 + \frac{1}{3}x^3 - \frac{1}{4}x^4 + \cdots$$

$$\ln(1-x) = -(x + \frac{1}{2}x^2 + \frac{1}{3}x^3 + \frac{1}{4}x^4 + \cdots)$$

$$e^x = 1 + x + \frac{x^2}{2!} + \frac{x^3}{3!} + \cdots$$

$$\ln x = \frac{\lg x}{\lg e} = 2.303 \lg x$$

$$e = 2.71827$$

$$(1+x)^n = 1 + nx + \frac{n(n-1)}{2!}x^2 + \frac{n(n-1)(n-2)}{3!}x^3 + \cdots$$

$$(1-x)^n = 1 - nx + \frac{n(n-1)}{2!}x^2 - \frac{n(n-1)(n-2)}{3!}x^3 + \cdots$$

（4）几何级数求和

$$\sum_{i=1}^{\infty} x^i = \frac{x}{1-x}$$

参 考 文 献

[1] American Water Works Association. Coagulation Committee. Coagulation as an integrated water treatment process. Journal of American Water Works Association，1989，81（10）：72-78.

[2] Alan J Rubin. Chemistry of wastewater technology. Michigan：Ann Arbor Science Publishers，Inc.，1978.

[3] Per M. Claesson，Hugo K. Christenson. Very long range attractive forces between uncharged hydrocarbon and fluoro-carbon surfaces in water. Journal of Physical Chemistry，1988，92：1650-1655.

[4] 陈宗淇，王光信，徐桂英. 胶体与界面化学. 北京：高等教育出版社，2001.

[5] 常青. 水处理絮凝学. 2版. 北京：化学工业出版社，2011.

[6] 常青. 论疏水絮凝与疏水作用力，环境科学学报，2018，38（10）：3787-3796.

[7] Chang Qing，Wei Bigui，He Yingdong. Capillary pressure method for measuring lipophilic hydrophilic ratio of filter media. Chemical Engineering Journal，2009，150：323-327.

[8] Chang Qing，Wang Hongyu. Preparation of PFS coagulant by sectionalized reactor. Journal of Environmental Sciences，2002，14（3）：345-350.

[9] Chang Qing. Study on the oxidation rate in the preparation of polyferric sulfate coagulant. Journal of Environmental Sciences，2001，13（1）：104-107.

[10] Ching-Ju Chin，Sotira Yiacoumi，Costas Tsouris. Shear-induced flocculation of colloidal particles in stirred tanks. Journal of Colloid and Interface Science，1998，206：532-545.

[11] D. R. Bérard，Phil Attard，G. N. Patey. Cavitation of a Lennard-Jones fluid between hard walls，and the possible relevance to the attraction measured between hydrophobic surfaces. Journal of Chemical Physics，1993，98：7236-7244.

[12] 戴树桂. 环境化学. 北京：高等教育出版社，1996.

[13] D. J. Shaw. Introduction to colloid and surface chemistry. 2nd Ed. London：Butterworth and Co.（Publishers）Ltd，1978.

[14] Dental S K. Application of the precipitation-charge neutralization model of coagulation. Enviromental Science Technolology，1988，22（7）：825-832.

[15] Dental S K，Gossett J M. Mechanisms of coagulation with aluminium salts. Journal of American Water Works Association，1988，80（4）：187-198.

[16] Dentel S K，Azize A，Ayse F. Modern rheometric characterization of sludges. Residuals Science and Technology，2005，2（4）：239-246.

[17] Dentel S K. Evaluation and role of rheological properties in sludge management. Water Science Technolology，1997，36（11）：1-8.

[18] 董玉婧，王毅力. 给水厂浓缩污泥的稳态流变特征研究. 环境科学学报，2012，32（3）：678-682.

[19] 冯敏，石松. 工业水处理技术. 北京：海洋出版社，1992.

[20] 傅献彩，沈文霞，姚天扬. 物理化学. 4版. 北京：高等教育出版社，1990.

[21] 傅玉普，林青松，曹殿学，等. 物理化学解题指导. 大连：大连理工大学出版社，1995.

[22] 顾惕人，朱步瑶，李外郎，等. 表面化学. 北京：科学出版社，1994.

[23] 高廷耀，顾国伟. 水污染控制工程. 北京：高等教育出版社，1999.

[24] 高继贤，王铁峰，舒庆，张念，王金福. ZL50活性炭吸附烟气脱硫过程的内扩散机制及其动力学模型. 高校化学工程学报，2010，24（3）：402-409.

[25] 国家环境保护总局. 水和废水监测分析方法. 4版. 北京：中国环境科学出版社，2002.

[26] Hammer Malt U，Anderson Travers H，Chaimovich Aviel，et al. The search for the hydrophobic force law. Faraday Discuss，2010，146：299-308.

[27] 何铁林. 水处理化学品手册. 北京：化学工业出版社，2000.

[28] 何燧源. 环境化学. 上海：华东理工大学出版社，2005.

[29] Jacob Isrelachvili，Richard Pashley. The hydrophobic interaction is long range，decaying exponentially with distance. Nature，1982，300（25）：341-342.

[30] Jayaprakash Saththasivam, Kavithaa Loganathan, Sarper. An overview of oil-water separation using gas flotation systems. Chemosphere, 2016, 144: 671-680.

[31] 近藤精一, 石川达雄, 安部郁夫. 吸附科学. 原著第 2 版. 李国希, 译. 北京: 化学工业出版社, 2010.

[32] John Bratby. Coagulatuon and flocculation in water and wastewater treatment. Second edition. London: IWA Publishing, 2006.

[33] John L. Parker, Per M. Claesson. Bubble, cavities, and the long-ranged attraction between hydrophobic surface. Journal of Physical Chemistry, 1994, 98: 8468-8480.

[34] 江龙. 胶体化学概论. 北京: 科学出版社, 2002.

[35] Kenneth J Ives. The scientific basis of flocculation. The Netherlands: Sijthoff and Noordhoff Alphen aan den Rijn, 1978.

[36] 李文斌. 物理化学解题指南. 天津: 天津大学出版社, 1993.

[37] 李国珍. 物理化学练习 500 例. 北京: 高等教育出版社, 1985.

[38] 刘成宝, 李敏佳, 刘晓杰, 等. 超疏水材料的研究进展. 苏州科技大学学报 (自然科学版), 2018, 35 (4): 1-8.

[39] Miroslav S, Jan S, Massimo M. Investigation of aggregation, breakage, and restructuring kinetics of colloidal dispersions in turbulent flows by population balance modeling and static light scattering. Chemical Engineering Science, 2006, 61: 2349-2363.

[40] 马伟. 固水界面化学与吸附技术. 北京: 冶金工业出版社, 2011.

[41] M. Yurdakoç, Y. Seki, S. Karahan, et al. Kinetic and thermodynamic studies of boron removal by Siral 5, Siral 40, and Siral 80, Journal of Colloid Interface Science, 2005, 286: 440-446.

[42] Nataliya A. Mishchuk. The model of hydrophobic attraction in framework of classical of DLVO forces. Advances in Colloid and Interface Science, 2011, 168: 149-165.

[43] P. 贝歇尔. 乳状液理论与实践. 北京大学化学系胶体化学教研室译. 北京: 科学出版社, 1978.

[44] Philipp Stock, Thomas Utizig, Markus Valtiner. Direct and quantitative measurements of concentration and temperature dependence of the hydrophobic force law at nanoscopic contacts. Journal of Colloid Interface Science, 2015, 446: 244-251.

[45] P. C. Hiemenz, R. Rajagopalan. Principles of colloid and surface chemistry. New York: Taylor and Francis Group. 1997.

[46] 潘祖仁. 高分子化学. 2 版. 北京: 化学工业出版社, 1997.

[47] Qing Chang. Colloid and Interface Chemistry for Water Quality Control, Elsevier, Inc., 2016.

[48] Roe-Hoan Yoon, S. A. Ravishankar. Long-range hydrophobic forces between mica surface in Dodecylammonium chloride solutions in the presence of dodecanol. Journal of Colloid Interface Science, 1996, 179: 391-402.

[49] R. M. Pashlea, J. N. Israelachvili. A comparison of surface forces and interfacial properties of mica in purified surfactant solutions. Colloids and Surfaces, 1981, 2: 169-187.

[50] 沈钟, 赵振国, 康万利. 胶体与表面化学. 4 版. 北京: 化学工业出版社, 2012.

[51] 石国乐. 给水排水物理化学. 北京: 机械工业出版社, 2007.

[52] 天津大学物理化学教研室. 物理化学. 2 版. 北京: 高等教育出版社, 1982.

[53] 汤鸿霄. 用水废水化学基础. 北京: 中国建筑工业出版社, 1978.

[54] 汤鸿霄. 无机高分子絮凝理论与絮凝剂. 北京: 中国建筑工业出版社, 2006.

[55] 唐恢同. 有机化合物的光谱鉴定. 北京: 北京大学出版社, 1994.

[56] Walter J Moore. Physical chemistry. London: Loogman Group Limited, 1972.

[57] W. Stumm, J. J. Morgan. Aquatic chemistry. New York: John Wiley and Sons, Inc., 1981.

[58] W. J Moore. Physical chemistry. London: Longman Group Limited, 1972.

[59] 魏立国, 谢丽萍, 李哲, 等. 霍林河褐煤吸附铬离子的动力学分析. 黑龙江科技学院学报, 2012, 22 (5): 485-488.

[60] 王宇, 高宝玉, 岳文文, 等. 改性玉米秸秆对水中磷酸根的吸附动力学研究. 环境科学学报, 2008, 29 (3): 703-708.

[61] 王晓蓉. 环境化学. 南京: 南京大学出版社, 1993.

[62] 许保玖. 当代给水与废水处理原理讲义. 北京：清华大学出版社，1983.

[63] 徐晓军. 化学絮凝剂作用原理. 北京：科学出版社，2005.

[64] 严煦世，范瑾初，许保玖. 给水工程. 4 版. 北京：中国建筑工业出版社，1999.

[65] Yang Binwu, Chang Qing. Wettability studies of filter media using capillary rise test. Separation and Purification Technology, 2008, 60：335-340.

[66] 周振，邢灿，郭江波，等. 膜浓缩污泥的流变学特性研究. 水处理技术，2013，39（3）：54-57.

[67] 赵振国. 胶体与界面化学——概要、演算与习题. 北京：化学工业出版社，2004.

[68] 张玉亭，吕彤. 胶体与界面化学. 北京：中国纺织出版社，2008.

[69] 周本省. 工业水处理技术. 北京：化学工业出版社，2002.

[70] 周祖康，顾惕人，马季铭. 胶体化学基础. 北京：北京大学出版社，1996.

[71] 钟世德，王书运. 材料表面分析技术综述. 山东工业学院学报，2008，22（2）：59-64.